"十二五"职业教育国家规划教材
经全国职业教育教材审定委员会审定
全国高职高专院校机电类专业规划教材

变频器应用与维护

葛惠民 主 编
汤皎平 副主编
蔡炯炯 朱玉堂 参 编

中国铁道出版社有限公司
CHINA RAILWAY PUBLISHING HOUSE CO., LTD.

内 容 简 介

本书为“十二五”职业教育国家规划教材及浙江省重点建设教材，是根据高等职业技术院校自动化类等专业的人才培养方案和教学大纲，由学校教师和企业技术人员共同编写而成。本书主要内容包括变频器的认识与操作、变频器的基本应用、变频器的典型工程实施、变频器的维护与维修4个学习情境。学习情境1、学习情境2主要介绍了三菱FR-E540变频器；学习情境3、学习情境4兼顾了其他品牌的变频器。每个学习情境由若干个任务组成，适合“教、学、做”一体的项目化教学。

本书适合作为高职高专院校自动化类、机电类、电气类专业教材，也可作为企业员工培训、师资专业技能培训的教材，并可供工程技术人员参考。

图书在版编目(CIP)数据

变频器应用与维护/葛惠民主编. —北京：中国铁道出版社，2015.6(2024.7重印)

“十二五”职业教育国家规划教材　全国高职高专院校机电类专业规划教材

ISBN 978-7-113-19920-3

Ⅰ.①变…　Ⅱ.①葛…　Ⅲ.①变频器-高等职业教育-教材　Ⅳ.①TN773

中国版本图书馆CIP数据核字(2015)第024132号

书　　名：变频器应用与维护
作　　者：葛惠民

策　　划：祁　云　　　　**编辑部电话**：(010)63549458
责任编辑：祁　云
编辑助理：绳　超
封面设计：付　巍
封面制作：白　雪
责任校对：王　杰
责任印制：樊启鹏

出版发行：中国铁道出版社有限公司(100054，北京市西城区右安门西街8号)
网　　址：https://www.tdpress.com/51eds/
印　　刷：河北宝昌佳彩印刷有限公司
版　　次：2015年6月第1版　　2024年7月第6次印刷
开　　本：787 mm×1 092 mm　1/16　**印张**：12.25　**字数**：294千
书　　号：ISBN 978-7-113-19920-3
定　　价：26.00元

出版说明

随着我国高等职业教育改革的不断深化发展，我国高等职业教育改革和发展进入一个新阶段。2006年，教育部下发的《关于全面提高高等职业教育教学质量的若干意见》的16号文件，旨在进一步适应经济和社会发展对高素质技能型人才的需求，推进高职人才培养模式改革，提高人才培养质量。

教材建设工作是整个高等职业院校教育教学工作中的重要组成部分，教材是课程内容和课程体系的知识载体，对课程改革和建设既有龙头作用，又有推动作用，所以提高课程教学水平和质量的关键在于建设高水平高质量的教材。

出版面向高等职业教育的“以就业为导向的，以能力为本位”的优质教材一直以来就是中国铁道出版社优先开发的领域。我社本着“依靠专家、研究先行、服务为本、打造精品”的出版理念，于2007年成立了“中国铁道出版社高职机电类课程建设研究组”，并经过多年的充分调查研究，策划编写、出版本系列教材。

本系列教材主要涵盖高职高专机电类的公共平台课和6个专业及相关课程，即电气自动化专业、机电一体化专业、生产过程自动化专业、数控技术专业、模具设计与制造专业以及数控设备应用与维护专业，既自成体系又具有相对独立性。本系列教材在研发过程中邀请了高职高专自动化教指委专家、国家级教学名师、精品课负责人、知名专家教授、学术带头人及骨干教师。他们针对相关专业的课程设置融合了多年教学中的实践经验，同时吸取了高等职业教育改革的成果，无论从教学理念的导向、教学标准的开发、教学体系的确立、教材内容的筛选、教材结构的设计，还是教材素材的选择都极具特色。

归纳而言，本系列教材体现有如下几点编写思想：

(1)围绕培养学生的职业技能这条主线设计教材的结构，理论联系实际，从应用的角度组织内容，突出实用性，并同时注意将新技术、新工艺等内容纳入教材。

(2)遵循高等职业院校学生的认知规律和学习特点，对于基本理论和方法的讲述力求简单易于理解，多用图表来表达信息，以解决日益庞大的知识内容与学时偏少之间的矛盾。同时，增加相关技术在实际生产生活中的应用实例，引导学生主动学习。

(3)将“问题引导式”“案例式”“任务驱动式”“项目驱动式”等多种教学方法引入教材体例的设计中，融入启发式教学方法，务求好教好学爱学。

(4)注重立体化教材的建设。本系列教材通过主教材、配套素材光盘、电子教案等教学资源的有机结合，提高教学服务水平。

总之，在本系列教材的策划出版过程中得到了全国高职高专自动化教指委以及广大专家的指导和帮助，在此表示深深的感谢。希望本系列教材的出版能为我国高等职业院校教育改革起到良好的推动作用，欢迎使用本系列教材的老师和同学提出意见和建议，书中如有不妥之处，敬请批评指正。

中国铁道出版社

2014年8月

前言

FOREWORD

本书为国家精品课程建设和国家示范性高职院校建设项目成果之一。

本书根据高职自动化类专业的培养目标和特点，参照自动化类专业学生所从事的变频器的相关工作所必备的职业能力要求并结合编者长期的工程实践和教学经验编写而成。以培养学生变频器实际操作技能、工程实施能力、维修维护能力、自主学习能力及职业素养为目的。

本书被评为"十二五"职业教育国家规划教材，经全国职业教育教材审定委员会审定。

根据变频器的制造、应用、操作、维护及维修工作岗位要求，结合"先易后难、先简单后复杂、核心技能多重循环"的教学要求，以完成工作任务为主线，精心安排学习内容。教学内容选取与安排体现以下特点：

1. 教学内容"源于工作岗位且高于工作岗位"

以典型工作任务及其工作过程为依据，结合认知规律，整合、序化课程结构。工程实例来自企业工程设计调试人员，而后由教师和企业人员归纳、提炼、加工、实施。

2. 考核以"能否胜任工作任务，能否解决问题"为重点

重视过程考核、多元考核、量化指标和感性指标相结合，切实引起学生对"习惯养成、能力培养"的重视。

3. 适合"教、学、做"一体的项目化教学

每个学习情境或工作任务都具有可操作性，包括学习目标、任务描述、知识准备、任务实施、学习小结与自我评估等。

与本书配套的相关教学资源可参考浙江机电职业技术学院精品课程网站 http://jp.zime.edu.cn:8080/2009/bpq/index.asp 和中国大学精品开放课程网站 http://www.icourses.cn 中的相关内容。

本书由浙江机电职业技术学院葛惠民任主编，浙江机电职业技术学院汤皎平任副主编，蔡炯炯、朱玉堂参与了本书的编写。广州三晶电气有限公司刘斌工程师、杭州宏电自动化科技有限公司邵建群工程师、杭州大仁科技有限公司羊建平工程师、浙江天煌科技实业有限公司艾光波工程师为本书提供了丰富的案例，浙江高自成套设备有限公司开发了本书配套的实训教学设备，在此向相关人员表示衷心的感谢！

由于编者水平有限，书中难免存在不足之处，敬请读者多提宝贵意见。请将意见发至电子邮箱 ghm999@163.com，以便再版时修订。

编　者

2015 年 4 月

CONTENTS

目 录

学习情境1

变频器的认识与操作

学习目标

了解变频器的基本功能、基本结构，会操作变频器。

知识目标

- 熟悉变频器的基本功能、种类、特点、应用状况；
- 了解国内、外常见变频器的性能；
- 了解变频器的基本工作原理；
- 熟悉变频器的接口特性、面板操作方法和基本参数功能。

技能目标

- 能完成变频器的基本接线；
- 能进行面板操作和参数操作。

方法目标

- 会阅读相关变频器的产品使用手册；
- 会根据用户要求选用合适的变频器；
- 初步具备节能意识和环保意识。

任务1　初识变频器

任务描述

通过观察、操作、查阅资料，了解变频器的功能特性、外部结构、内部组成、铭牌参数及其应用背景等。

①熟悉 FR-E540 变频器的型号、参数等。

②熟悉 FR-E540 变频器外部结构等。

③查阅手册，熟悉实验室指定变频器的主要功能、技术参数、工作环境等。

知识准备

变频器通常是指将频率固定的工频交流电变换成频率可调的三相交流电的电力控制装置，其主要控制对象是电动机。从变频器本身来看，可把变频器看成是频率为0~50 Hz、电压为0~380 V可调的三相交流电源。从自动控制角度来看，可把变频器看成三相交流电动机的驱动

器。其可实现对三相交流电动机的转速与转矩的控制。变频器与三相交流电动机、减速机构等构成了完整的传动系统，如图 1-1-1 所示。在现代工业传动应用中，这种以变频器为中心的驱动解决方案具有明显的优势。

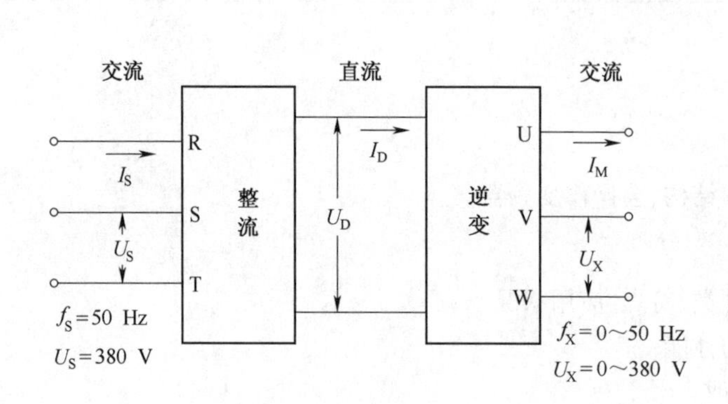

（a）输出可调的三相交流电源

（b）变频器外形

图 1-1-1　三相交流变频器

变频器的控制性能好、调速范围宽、效率高、维护方便，具有节能、改善工艺流程、提高产品质量和便于自动控制等优点，主要体现在以下几方面：

(1)调速范围大、精度高、平滑性好、效率高

以西门子 MM420 变频器为例，变频器可实现无级的连续调速，频率分辨率可达 0.01 Hz，调速范围可达 1∶1 000(矢量控制方式)，功率因数可达 0.98，效率在 96%，具有欠电压、过电压、过负载、接地、短路、电动机失步、电动机锁定、电动机过热等保护功能。

(2)节能降耗效果明显

采用变频器调速实现风机、水泵、压缩机等流量控制，一方面可以简化机构、降低成本、提高控制精度；另一方面还可大幅度节电。

(3)体积小，便于安装与调试

随着电路集成度的提高、IGBT 模块、IPM 的运用，变频器的体积不断缩小、可靠性也随之提高，方便了安装与调试。由于没有直流电动机电刷等因素的限制，还可用于易燃、易爆的环境。

(4)智能化程度高，易于实现过程自动化

采用了先进计算机技术和矢量控制、直接转矩控制、模糊控制、自适应控制等现代控制方法，变频器的控制性能不断提高。目前一般变频器都内置了参数自动辨识系统、PID 调节器、PLC 和通信单元等，可实现不同负载、闭环伺服、多机网络控制等功能。

下面以通用变频器为例，简要介绍变频器的基础知识、分类、组成及应用领域。

一、异步电动机调速基础知识

1. 异步电动机调速基本原理

根据电机学原理，异步电动机转速的计算公式如下：

$$n_M = n_0(1-s) = \frac{60f}{p}(1-s) \tag{1-1-1}$$

式中：f 为电流的频率，Hz；p 为电动机磁极对数；s 为转差率；n_0 为同步转速，r/min。式(1-1-1)中

$$n_0 = \frac{60f}{p} \tag{1-1-2}$$

$$s = \frac{\Delta n}{n_0} = \frac{n_0 - n_M}{n_0} \tag{1-1-3}$$

由式(1-1-1)可知，异步电动机的调速方法主要有3种：

①改变转差率 s。通常只能在绕线式异步电动机中使用，在转子绕组回路中串入电阻器(以下简称"电阻")，通过改变电阻值，可以改变转差率。电阻值越小，转差率越小，转速越高。调速范围一般为3：1。

②改变磁极对数 p。磁极对数可变的交流电动机称为多速电动机。通常磁极对数设计成4/2、8/4、6/4或8/6/4。磁极对数只能成对改变，无法实现无级调速。

③改变频率 f。通过改变电源三相交流电压(或电流)的频率，实现对交流电动机的调速。能改变电源频率的装置称为变频器。

上述3种调速方法各有特点，其中变频调速应用最为广泛。

2. 变频调速基本原理

在实际调速中，单纯改变频率是不够的，还要考虑负载等因素的影响。

交流电动机的主磁通 Φ_m 和输出转矩 T 满足下列关系：

$$\Phi_m = \frac{E_1}{4.44N_1f_1} \approx \frac{U_1}{4.44N_1f_1} \tag{1-1-4}$$

$$T = K\Phi_m I_2\cos\varphi_2 \tag{1-1-5}$$

由式(1-1-4)可知，在电动机参数不变的情况下，电动机的输出转矩与 E_1/f_1 的比值有关，由于电动势 E_1 不能直接控制，通常用输入电压 U_1 来近似。在输入电压 U_1 不变的情况下，电动机的主磁通 Φ_m 将随频率的变化而变化。而一般在电动机设计时，Φ_m 通常是根据工频额定电压的运行条件确定的，为了充分利用电动机的铁芯，通常把磁通量选在接近磁饱和的数值上。因此，在变频调速过程中，如果频率从工频往下调，由式(1-1-4)可知 Φ_m 将增加，会导致电动机的磁路过饱和，励磁电流增加，铁芯过热，功率因数下降，从而使电动机的带负载能力降低；而如果频率升高，电动机的主磁通 Φ_m 减小，将导致输出转矩 T 下降，最大转矩 T_m 也降低，严重时将使电动机堵转。为了避免出现上述问题，在改变频率的同时，必须保持主磁通 Φ_m 不变，即保持 U_1/f_1 不变。这种在改变频率的同时，协调控制电压以保持 U_1/f_1 不变的控制方式，称为 U/f 控制，其目的是维持 Φ_m 不变，如图1-1-2所示。

在实际控制时，要考虑2种情况：

在基频 f_N(如50 Hz)以下调速时，由于 U、f 都较小，定子绕组的感抗也较小，使得定子内阻的电压降相对增加，则电动机转矩不仅无法维持，反而下降。为此，必须通过检测定子电流来适当提高 U，以补偿定子的电压损失，所以这种调速近似为恒转矩调速。

在基频 f_N 以上调速时，由于电动机受到定子绕组绝缘强度的限制，U 不允许超过额定电压 U_N，所以 Φ_m 随着 f 的升高反而下降，导致转矩 T 减小。同时，电动机的同步机械角速度 Ω(Ω=

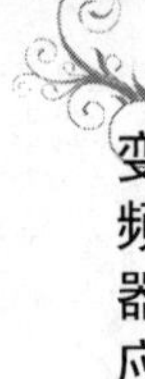

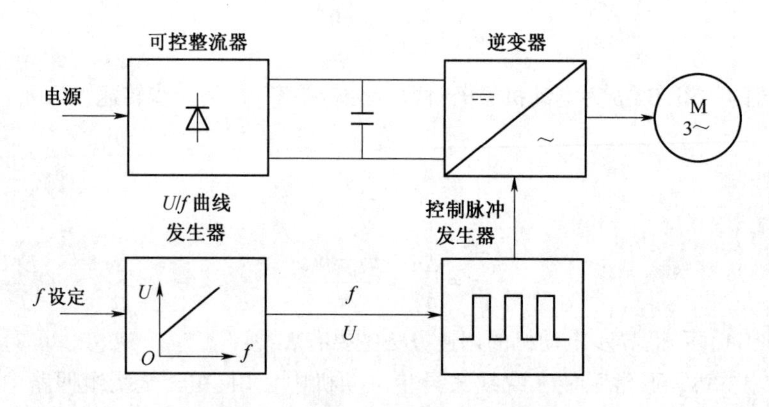

图 1-1-2　U/f 控制方式示意图

$2\pi f/P_d$)随 f 升高而增加。由电动机的功率 $P_d=T\Omega$ 可知,这种调速近似为恒功率调速。

一般来说,若电动机需要低于额定转速运行时,可采用恒转矩调速;若电动机需要高于额定转速运行时,应采用恒功率调速。变频器提供有多种的 U/f 曲线,用户可根据电动机的负载性质和运行状况加以设定。

二、变频器的分类

目前国内外变频器种类很多,可按以下几种方式分类。

1. 按变换环节分类

(1)交-直-交变频器

交-直-交变频器又称间接变频器。首先将频率固定的交流电转换成直流电,经过滤波,再将平滑的直流电逆变成频率连续可调的交流电。目前,此种变频器应用最为广泛。图 1-1-3 所示为交-直-交变频器的原理框图。

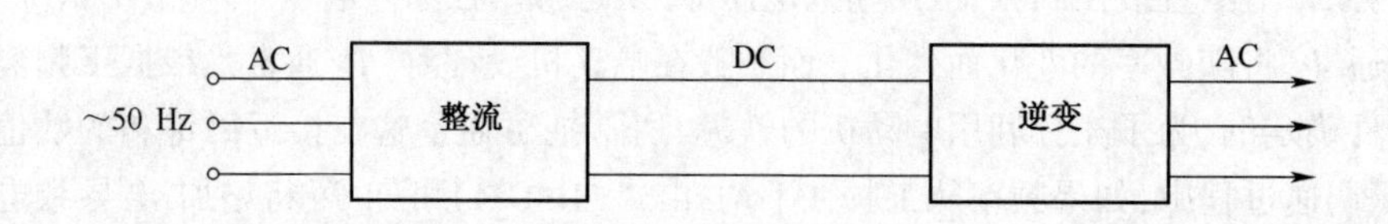

图 1-1-3　交-直-交变频器原理框图

(2)交-交变频器

交-交变频器把频率固定的交流电直接变换成频率连续可调的交流电。其主要优点是没有中间环节,变换效率高,但其连续可调的频率范围窄,一般低于额定频率的 1/20。故它主要用于低速大容量的拖动系统中。图 1-1-4 为交-交变频器原理框图。

2. 按电压等级分类

(1)低压型变频器

这类变频器电压有 3 种:单相 220~240 V、三相 220 V 或三相 380~460 V。通常用 200 V 类、400 V 类来标称这类变频器。容量一般为 0.2~500 kW。因此,这类变频器又称中小容量变频器。

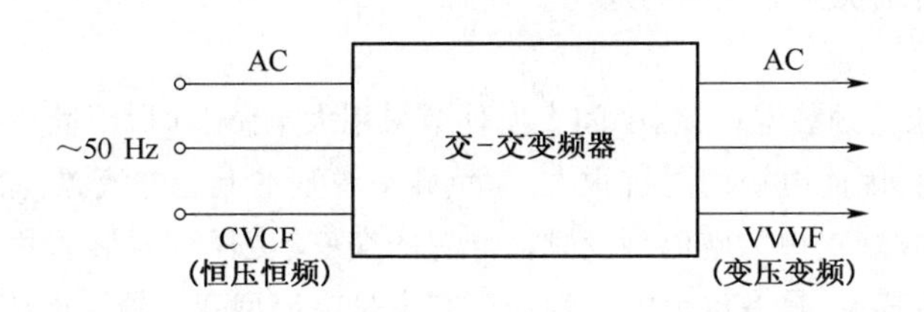

图 1-1-4　交-交变频器原理框图

(2)高压型变频器

高压型变频器有 2 种形式:一种采用升降压变压器形式,称为“高-低-高”式变频器,又称间接高压变频器;另一种采用高压大容量 GTO(门极可关断晶体管)或晶闸管功率元件串联结构,无输入、输出变压器,又称直接高压变频器。

3. 按电压的调制方式分类

(1)PAM

脉幅调制(Pulse Amplitude Modulation,PAM)是通过调节输出脉冲的幅值来调节输出电压的一种方式,调节过程中,逆变器负责调频,相控整流器或直流斩波器负责调压。目前,在中小容量变频器中很少采用。

(2)PWM

脉宽调制(Pulse Width Modulation,PWM)是通过改变输出脉冲的宽度和占空比来调节输出电压的一种方式。调节过程中,逆变器负责调频调压。目前,普遍应用 SPWM 方式,即脉宽按正弦规律变化的正弦脉宽调制方式。中小容量的通用变频器几乎全部采用此方式。图 1-1-5 所示为脉宽调制方式调压时输出的波形。

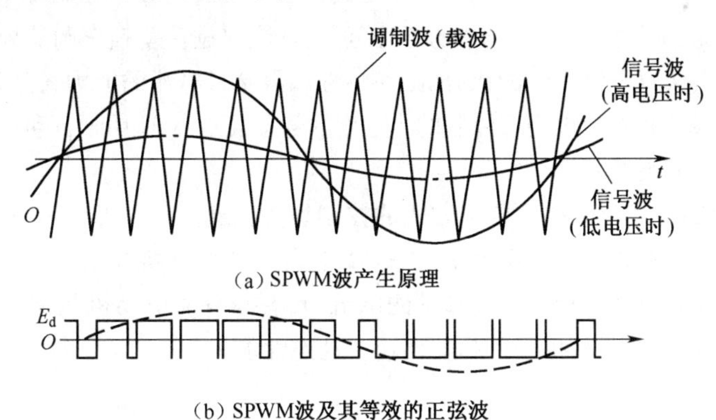

图 1-1-5　脉宽调制方式调压时输出的波形

4. 按滤波方式分类

(1)电压型变频器

在交-直-交变压变频装置中,当中间直流环节采用大电容器(以下简称“电容”)滤波时,直流电压波形比较平直,在理想情况下可以等效成内阻抗为零的恒压源,输出的交流电压是矩形波或阶梯波,这类变频装置称为电压型变频器。一般的交-交变压变频装置虽然没有滤波电容,但供电电源的低阻抗使它具有电压源的性质,也属于电压型变频器。电压型变频结构多用

于不要求频繁正反转或快速加减速的通用变频器。

(2)电流型变频器

在交-直-交变压变频装置中,当中间直流环节采用大电感器(以下简称“电感”)滤波时,直流电流波形比较平直,因而电源内阻抗很大,对负载来说基本上是电流源,输出交流电流是矩形波或阶梯波,这类变频装置称为电流型变频器。有的交-交变压变频装置用电抗器将输出电流强制变成矩形波或阶梯波,具有电流源的性质。它也是电流型变频器。电流型变频结构多用于要求频繁正反转或快速加减速的大容量变频器。

5. 按输入电源的相数分类

(1)三进三出变频器

变频器的输入侧和输出侧均为三相交流电,绝大多数变频器都属于此类。

(2)单进三出变频器

变频器的输入侧为单相交流电,输出侧为三相交流电,家用电器里的变频器都属于此类,通常容量较小。

6. 按控制方式分类

(1)U/f控制变频器

U/f控制是在改变变频器输出频率的同时控制变频器的输出电压,使电动机的主磁通保持恒定,在较宽的调速范围内,电动机的效率和功率因数保持不变。因为是控制电压和频率的比值,所以称为U/f控制。它是转速开环控制,无须速度传感器,控制电路简单,是目前通用变频器中使用较多的一种控制方式。

(2)转差频率控制变频器

转差频率控制须检测出电动机的转速,构成速度闭环。速度调节器的输出为转差频率,然后以电动机速度与转差频率之和作为变频器的给定输出频率。转差频率控制要求能够在控制过程中保持磁通中f_1恒定,能够限制转差频率的变化范围,且能通过转差频率调节异步电动机的电磁转矩的控制方式。与U/f控制方式相比,加减速特性和限制过电流的能力得到提高。另外,速度调节器是利用速度反馈进行速度闭环控制的。速度的静态误差小,适用于自动控制系统。

(3)矢量控制方式变频器

上述的U/f控制方式和转差率控制方式的控制思想都建立在异步电动机的静态数学模型上,因此动态性能指标不高。而矢量控制是一种高性能异步电动机控制方式。它基于电动机的动态模型,分别控制电动机的转矩电流和励磁电流,具有与直流电动机相类似的控制性能。采用矢量控制方式的目的主要是提高变频器调速的动态性能。

(4)直接转矩控制

直接转矩控制是继矢量控制之后发展起来的另一种高性能的异步电动机的控制方式。它具有健壮性强、转矩动态响应好、控制结构简单、计算简便等优点,在很大程度上解决了矢量控制中结构复杂、计算量大、对参数变化敏感等问题。它作为一种新技术,还存在不完善之处:一是在低速区,定子电阻的变化带来了一系列的问题,主要是电子电流和磁链的畸变非常严重;二是低速区转矩脉动大,进而限制了调速范围。目前,直接转矩控制已成功应用于电力机车牵引的大功率交流传动上。

7. 按用途分类

(1)通用变频器

低频下能输出大转矩功能，载波频率任意可调，调节范围为 1~12 kHz。有很强的抗干扰能力、噪声低。也有采用空间电压矢量随机 PWM 控制方法的，功率因数高、动态性能好、转矩大、噪声低。还有的设三段速、七段速、十五段速调节，具有转速提升功能和失速调节功能，有模拟电压、模拟电流、外部端子、多段速、通信指令等多种频率设定选择功能。通用变频器是用途最为广泛的变频器。

（2）风机、泵类专用变频器

这类变频器具有过电压、过电流、过载等自动检测与保护功能。泵类变频器还具有无水检测功能和“一拖一”“一拖多”等控制模式。*U/f* 补偿曲线更加适合风机、泵类的负载特性。内置 PID 调节器和软件制动等功能模块，简化了控制系统的外围电路设计。变频器运行前的制动保护功能可保护变频器、风机和泵不受损害。

（3）注塑机专用变频器

注塑机专用变频器具有更强的过载能力、更高的稳定性和更快的响应速度，且抗干扰性强；具有隔离双通道模拟输入、电压型或电流型分离变量的加权比例控制等功能，使控制更灵活、可靠；具有模拟量输入/输出补偿的电流补偿功能，可提供多种补偿方法和补偿参数，使控制精度更高。

（4）其他专用变频器

电梯专用变频器、能量可回馈变频器、地铁机车变频器、数控车床专用变频器、数控线切割机床专用变频器、锯床专用变频器等。

三、变频器的组成

变频器是把电压、频率固定的交流电变成电压、频率可调的交流电的一种电力电子装置。图 1-1-6 为“交-直-交”变频器的结构示意图。

变频器通常由主电路单元、驱动控制单元、中央处理单元、保护与报警单元、参数设定与监视单元等组成。

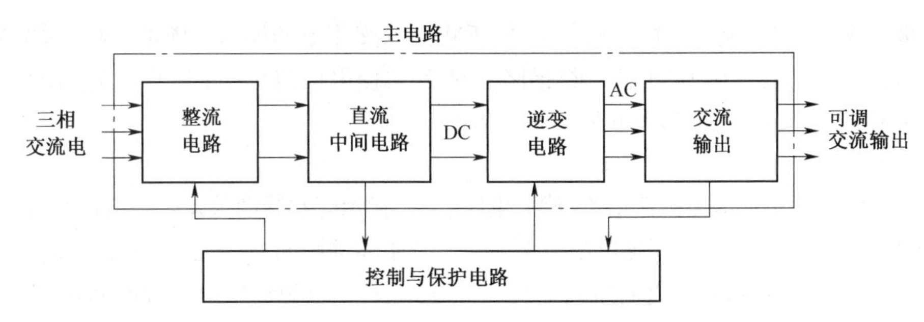

图 1-1-6 “交-直-交”变频器的结构示意图

（1）主电路单元

主电路单元主要包括整流电路和逆变电路 2 个主要功率变换单元，电网电压经整流电路整流成直流电压，然后由逆变电路逆变为电压、频率可调的交流电压，输出到交流电动机。

（2）驱动控制单元

驱动控制单元主要作用是产生逆变器开关管的驱动信号，受中央处理单元控制。

（3）中央处理单元

中央处理单元用来处理各种外部控制信号、内部检测信号以及用户对变频器的参数设定信号等，然后对变频器进行相关控制，是变频器的控制中心。

(4)保护与报警单元

保护与报警单元通过检测变频器的电压、电流、温度等信号，在信号显示异常时，改变或关断逆变器的驱动信号，使变频器停止工作，实现对变频器的自我保护。

(5)参数设定与监视单元

参数设定与监视单元主要由操作面板组成，用于对变频器的参数设定和监视变频器当前的运行状态。

通用变频器的主电路通常由整流电路、直流中间电路和逆变电路等组成，如图 1-1-7 所示。

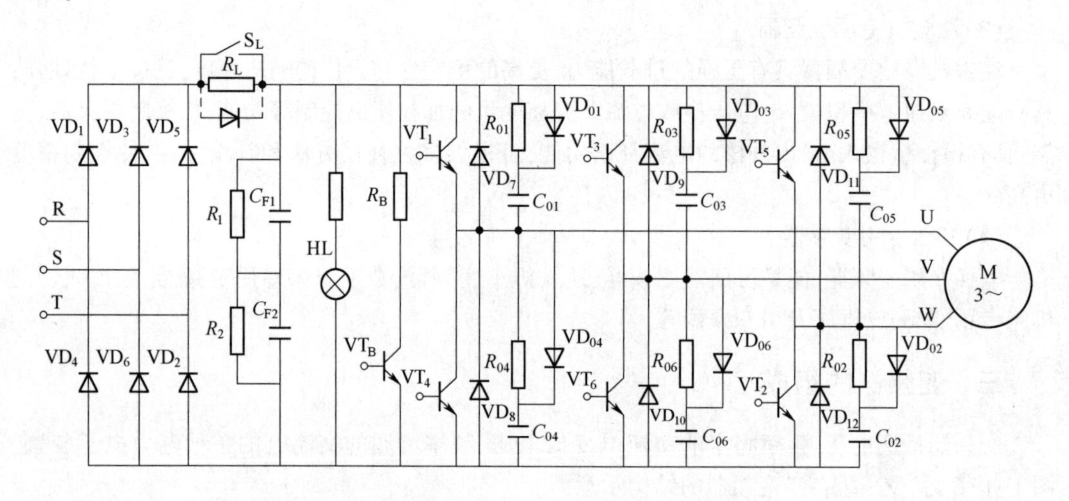

图 1-1-7　通用变频器主电路图

(1)整流电路

二极管 $VD_1 \sim VD_6$ 组成三相整流电路，用于将工频交流电变换为直流电，整流后的平均直流电压为 513 V、峰值电压为 537 V。根据国家规定，电源电压的允许上限误差为+10%，即 380 V×10%=418 V，则全波整流后的峰值电压可达 591 V。

(2)直流中间电路

直流中间电路由通流电限流电路、滤波电路、电源指示灯和制动单元电路组成。

①电阻 R_L 和开关 S_L 组成了通电限流电路。电源接通的瞬间，由于滤波电容 C_F 的充电电流很大，会损坏三相整流桥或对电网形成干扰。解决方法：在电源通电的一段时间内，开关 S_L 断开，电阻接入电路，使电流不会过大；当 C_F 充电到一定的电压时，由控制电路控制 S_L 闭合，旁路掉电阻 R_L。

②滤波电容 C_{F1}、C_{F2} 串联组成滤波电路。主要作用就是对整流电压进行滤波，同时还具有储能作用，它是电压型变频器的主要标志。

③电源指示灯(HL)主要有 2 个作用：一是显示电源是否接通；二是变频器切断电源后，显示电容 C_F 存储的电能是否已经释放完毕。

④制动电阻 R_B 和制动单元(VTB)组成制动单元电路。电动机在降速运行时，变频器处于

再生制动状态，回馈到直流电路中的能量将使直流母线电压升高，可能导致危险。由电压检测电路检测直流母线电压，当直流母线电压超过允许值，制动单元动作，多余电能经 R_B 消耗掉。

(3)逆变电路

逆变电路由逆变管 $VT_1 \sim VT_6$ 组成三相逆变桥，$VT_1 \sim VT_6$ 交替通断，将整流后的直流电压变成交流电压，这是变频器的核心部分。目前，常用的逆变管有大功率晶体管(GTR)、绝缘栅双极型晶体管(IGBT)等。二极管 $VD_7 \sim VD_{12}$ 起续流作用，$R_{01} \sim R_{06}$、$VD_{01} \sim VD_{06}$、$C_{01} \sim C_{06}$ 组成逆变管的缓冲电路，对逆变管起保护作用。

控制电路的功能是按要求产生和调节一系列的控制脉冲来控制逆变器开关管的导通和关断，从而配合逆变电路完成逆变任务。在变频技术中，控制电路和逆变电路同样重要，都是衡量变频器的重要指标。控制电路大多采用计算机技术，以实现自动控制和增强变频器的功能。保护电路主要包括输入和输出的过电压保护、欠电压保护、过载保护、过电流保护、短路保护、过热保护等。在不少应用场合，变频器自身还有过速保护、失速保护、制动控制等辅助电路。

四、变频器的应用领域

现代工业对节能的重视以及变频调速技术的飞速发展，使变频器的应用范围越来越大。早期一直由直流调速占领的应用领域，已经逐步被交流变频调速所取代。变频器在直流调速难以应用的超大容量、极高转速和环境恶劣的场合，发挥了重要作用。在使用交流传动不能调速的领域，变频调速系统具有良好的调速性能，而且节约了能源。因为变频调速具有节约能量损耗，提高生产效率和提升产品质量等主要特点，所以它的应用场合遍及国民经济的各行各业，主要涉及冶金机械、电气牵引、数控机床、矿井提升机械、起重和装卸机械、建筑电气设备、纺织和食品机械、家用电器等领域。下面列举 2 个应用实例。

1. 变频器在高炉卷扬机中的应用

在冶金高炉炼铁生产线上，一般是通过生产机械将炉料从地面运送到炉顶，如图 1-1-8 所示。在工作过程中，2 个料车交替上料，共用同一个卷扬机拖动，以节约能耗。因此，要求卷扬机能够频繁起动、制动、停车、反向运行，在运行过程中转速平稳，能够按照一定速度曲线运行，而且具有高可靠性以及较宽的调速范围。为此，选用变频器作为控制设备，可较好满足上述要求，而且便于控制。

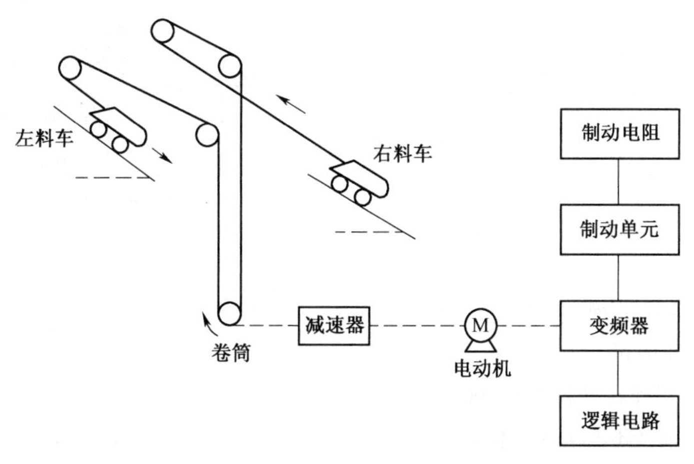

图 1-1-8　变频器在高炉卷扬机中的应用

根据高炉卷扬机的工作要求和电动机特性，选择相应变频器。例如，高炉卷扬机调速比通常为 1∶10，对应变频器的工作频率范围为 5~50 Hz；高炉卷扬机的料车为摩擦性恒转矩特性，拖动电动机在低频时的有效转矩必须满足它的要求。因此要求变频器具有恒转矩工作方式的功能，同时变频器的容量应按运行过程中可能出现的最大工作电流来选择，即变频器的额定电流大于电动机的最大工作电流。除此之外，保护是高炉卷扬机的重要环节，在拖动系统中应绝对保证安全可靠，而且高炉炼铁生产现场环境较为恶劣，所以要求系统还应有必要的故障检修和诊断功能。

2. 变频器节能应用案例

飞机场需要利用抽油泵从储油罐向飞机加油。安装变频器，抽油泵可根据实际负荷维持压力恒定，不但可以改善工况，还可以节能，如图 1-1-9 所示。以 3 台 375 kW、6.6 kV 变频器为例，替换变频器之前，年用电量为 3 kW·h, 387 kW·h, 748 kW·h；替换之后，年用电量为 1 kW·h, 387 kW·h, 627 kW·h, 节省率为 59%。

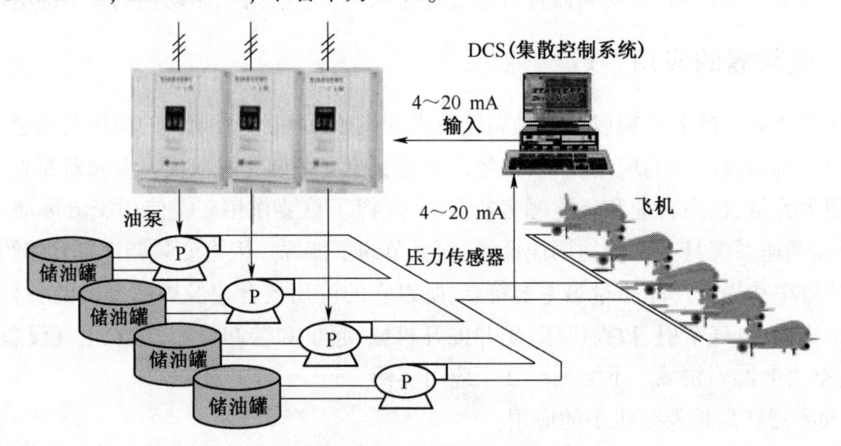

图 1-1-9　变频器在机场供油设备上的应用

任务实施

1. 变频器的认识

(1)外观与结构的认识

图 1-1-10 为 FR-E540 变频器的外部结构前视图。容量铭牌位于前盖板上，用于指示变频器的型号、容量及其编号。额定铭牌位于机身侧面，用于指示变频器的型号、输入参数、输出参数、序列号等，如图 1-1-11 所示。

图 1-1-12 列出了变频器容量铭牌上各参数的含义。

拆掉前盖板和辅助板，可看到变频器各接口插座，如图 1-1-13 所示。

①PU 接口用于连接选件 FR-PA02-02(操作面板)、FR-PU04 以及 RS-485 通信接口。

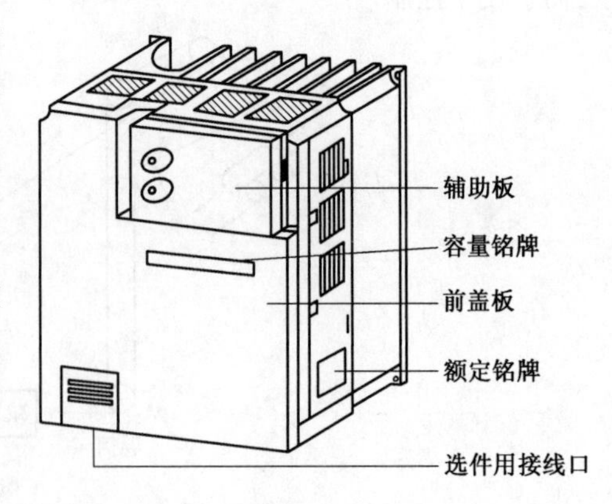

图 1-1-10　FR-E540 变频器的外部结构前视图

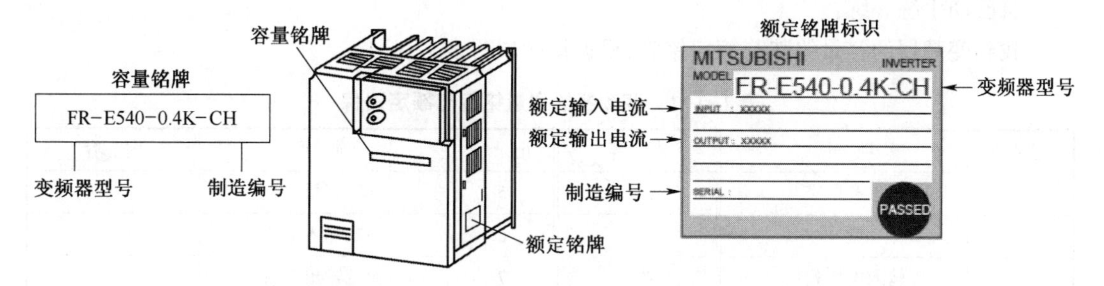

图 1-1-11　FR-E540 变频器的容量铭牌和额定铭牌

②控制回路端子排即变频器的控制信号输入/输出端子，每个接线排有 11 个控制端子，两排共 22 个控制端子。

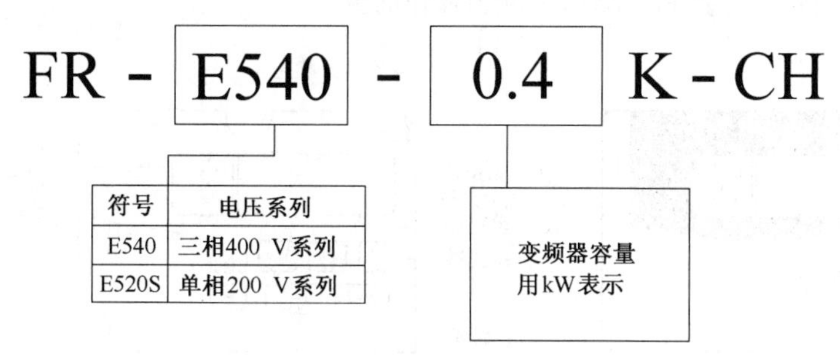

图 1-1-12　变频器容量铭牌含义

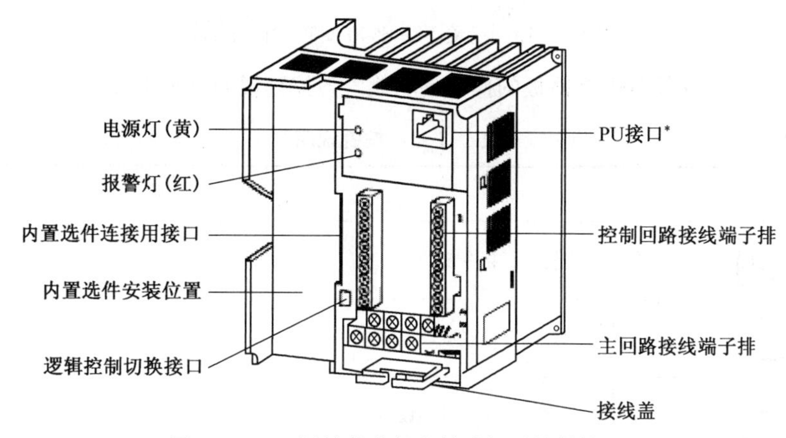

图 1-1-13　拆掉前盖板和辅助板后的结构图

③主回路接线端子排。L_1、L_2、L_3 为三相交流电源的输入端子；U、V、W 为输出接线端子，接三相电动机；-、P1 之间接直流电抗器，+、PR 之间接制动电阻，如图 1-1-14 所示。

	−	P1	+	PR	
L1	L2	L3	U	V	W

图 1-1-14　主回路接线端子排

自己动手练一练：

找到变频器的容量铭牌与额定铭牌，根据铭牌填写表 1-1-1。

表 1-1-1　变频器的容量铭牌与额定铭牌

记录号	项　目	内　容	记录号	项　目	内　容
1	生产厂家		5	容量	
2	型号		6	额定输入电流	
3	输入电压相数		7	额定输出电流	
4	输入电压等级		8		

(2)操作面板认识

图 1-1-15 所示为三菱 FR-E540 变频器操作面板。

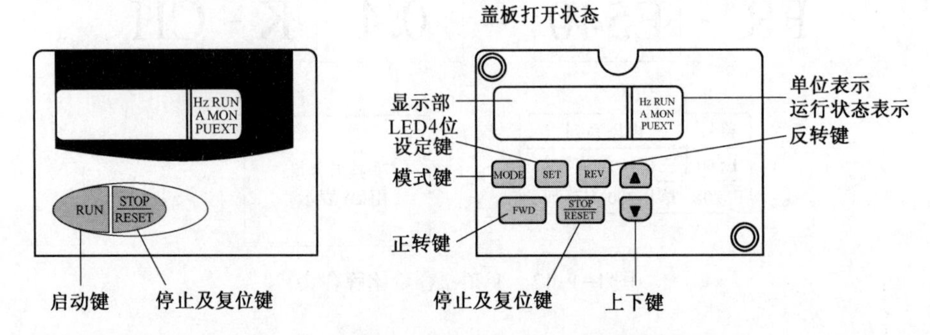

图 1-1-15　三菱 FR-E540 变频器操作面板

查阅手册，熟悉变频器操作面板的操作键功能。各按键说明见表 1-1-2。

表 1-1-2　按键说明

按　键	说　明
RUN	正转运行指令键
MODE	选择操作模式或设定模式
SET	确定频率和参数的设定
▲/▼	连续增加或降低运行频率，按下这个键可改变频率； 在设定模式中按下此键则可连续设定参数
FWD	给出正转指令
REV	给出反转指令
STOP/RESET	停止运行； 因保护功能动作而输出停止时复位变频器

2. 外围电路和接线端子的认识

变频器单独不能运行,必须正确连接相应的外部器件,不正确的系统配置和连接会导致变频器不能正常运行,或显著地降低变频器的使用寿命甚至会损坏变频器。

①参考图 1-1-16 检查实训电路接线,绘制变频器主电路和控制电路图。

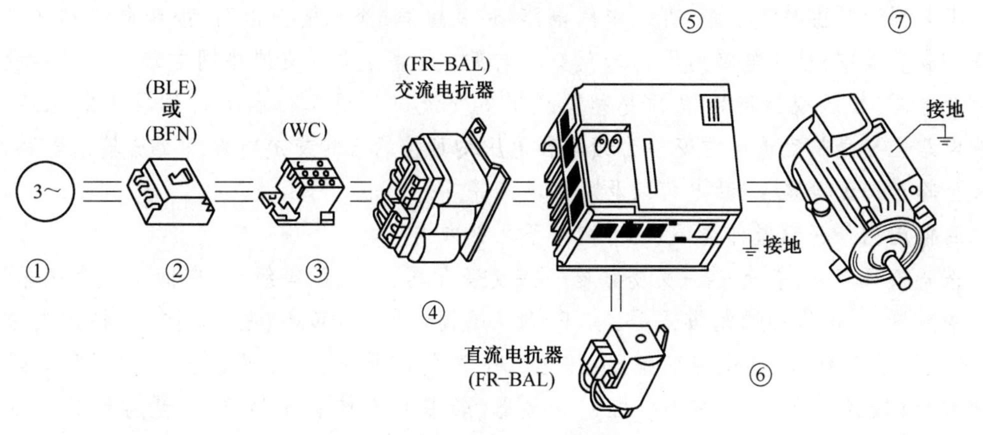

图 1-1-16　变频器外围器件图

在下面空白处绘制电路图:

绘制电路图区

②查阅手册,说明图 1-1-16 中各器件在电路中的功能和作用,典型外围器件功能见表1-1-3。

表 1-1-3　典型外围器件功能

编　号	器 件 名 称	功 能 作 用
①		
②		
③		
④		
⑤		
⑥		
⑦		

变频器是指将频率固定的工频交流电,变换成频率可调的三相交流电的电力控制装置。

变频器通常由整流电路、直流中间电路、逆变电路、交流输出电路、控制电路和保护电路等构成。其中,整流电路用于将工频交流电变换为直流电。直流中间电路用于提供稳定的直流电源(恒压或恒流),有的变频器还提供交流电动机反馈制动时的再生电流通路。逆变电路主要是将直流电源变换为频率和电压均可控的三相交流电源。交流输出电路,一般包括输出滤波电路、驱动电路以及反馈电路等。

目前国内外变频器种类很多,可按以下几种方式分类:

按变换环节分,有交-直-交变频器、交-交变频器;按电压等级分,有低压型变频器、高压型变频器;按电压的调制方式分,有 PAM (脉幅调制)、PWM (脉宽调制);按滤波方式分,有电压型变频器、电流型变频器;按输入电源的相数分,有三进三出变频器和单进三出变频器;按控制方式分,有 U/f 控制变频器、转差频率控制变频器、矢量控制方式变频器和直接转矩控制变频器等;按用途分,有通用变频器和专用变频器,专用变频器有风机泵类专用变频器、注塑机专用变频器、电梯专用变频器、能量可回馈变频器、地铁机车变频器等。

①为什么电动机的额定容量单位是 kW,而变频器额定容量单位是 kV · A?

②什么是 U/f 控制? 变频器在变频的同时为什么要变压?

③U/f 控制和矢量控制有什么区别? 各有何特点?

④简述变频器主电路主要由哪几部分组成,并分析(见图 1-1-7):

a. C_{F1} 与 C_{F2} 为什么要串联? R_1、R_2 有什么作用?

b. 电阻 R_L、开关 S_L 有什么作用?

c. 指示灯 HL 有什么作用?

d. 由 R_B 与 VT_B 组成的制动电路有什么作用?

⑤简述变频器的主要应用优势

⑥查阅资料,列举 5 个变频器品牌的功能特点和 5 个变频器的典型应用案例。

⑦查阅资料,简述实验室所用变频器的功能特点。

任务 2　安装与接线

通过观察、实际操作、查阅资料,掌握变频器的主回路、控制回路等各接线端子的功能,实际安装变频器并完成接线。

①掌握变频器的安装工艺。

②设计、绘制变频器控制基本电气原理图。

③按照规范要求,完成接线并通电试运行。

一、变频器的安装要求

为了使变频器稳定可靠地工作,并充分发挥其性能,必须确保设置环境能充分满足电气标准和国家标准对变频器所规定的允许值。变频器安装对环境的要求如下:

①环境温度要求。温度是影响变频器使用寿命及其可靠性的重要因素,一般要求为-10~40 ℃。如散热条件好,则上限温度可提高到 50 ℃;否则应安装空调。

②环境湿度要求。相对湿度不超过 90%(无结露现象)。

③安装场所要求。在海拔 1 000 m 以下使用。如海拔过高,则其散热能力会下降,从而影响变频器的性能,使用时应降低最大输出电流和电压。

在室内使用时,安装位置应选择无直射阳光、无腐蚀性气体及易燃气体、尘埃少的环境。潮湿、腐蚀性气体及尘埃是造成变频器内部电子器件生锈、接触不良、绝缘性能下降的重要因素。对于有导电性尘埃的场所,要采用封闭的结构。对有可能产生腐蚀性气体的场所,应对控制板进行防腐处理。安放的位置应不易受到震动(5. 9 m/s^2以下)。

④2 台或 2 台以上变频器以及通风扇安装在一起控制时,应注意正确的安装位置,以确保变频器周围温度在允许值以内。安装位置不正确会使变频器周围温度上升,影响通风效果。

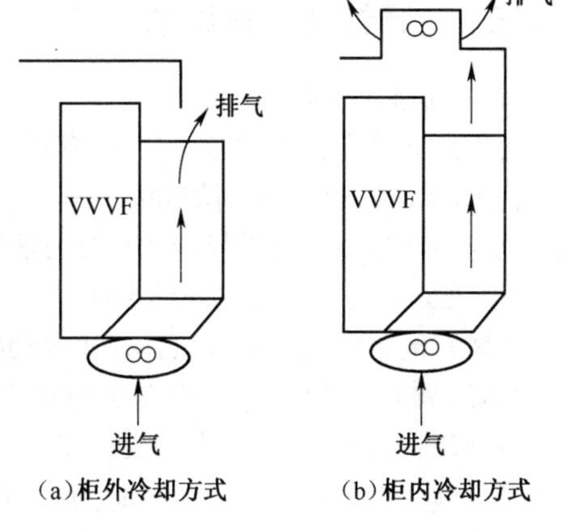

图 1-2-1　柜式安装变频器冷却方式

二、变频器的安装方法

1. 柜式安装

当周围尘埃较多时,或其他控制电器与变频器安装在一起时,通常采用柜式安装。柜式安装需要考虑柜内散热、通风、抗干扰等问题。

具体安装方法:

①在比较洁净、尘埃很少时,尽量采用柜外冷却方式,如图 1-2-1(a)所示。

②如果采用柜内冷却方式时,应在柜顶加装抽风式冷却风扇。冷却风扇的位置应尽量在变频器的上方,如图 1-2-1(b)所示。

③当一台控制柜内装有 2 台或 2 台以上变频器时,应尽量并排安装(横向排列方式),如图 1-2-2(a)所示;如必须采用纵向排列方式时,则应在 2 台变频器间加一块隔板,以避免下面变频器出来的热风直接进入到上面的变频器内,如图 1-2-2(b)所示。

变频器在控制柜内时,切勿上下颠倒或平放安装,变频控制柜在室内的空间位置,要便于变频器的定期维护。

2. 墙挂式安装

由于变频器本身具有较好的外壳,故在一般情况下,允许直接靠墙安装,即墙挂式安装,如图 1-2-3 所示。

为了确保良好的通风,变频器与周围阻挡物之间的距离应符合以下要求:

①两侧大于或等于 100 mm。

②上下方大于或等于 150 mm。

③为了防止异物掉在变频器的出风口而阻塞风道,最好在出风口的上方加装保护网。

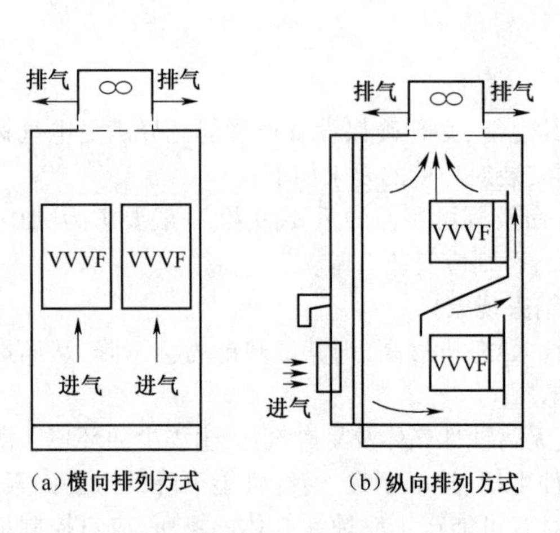

图 1-2-2　2 台变频器在电气柜中的安装

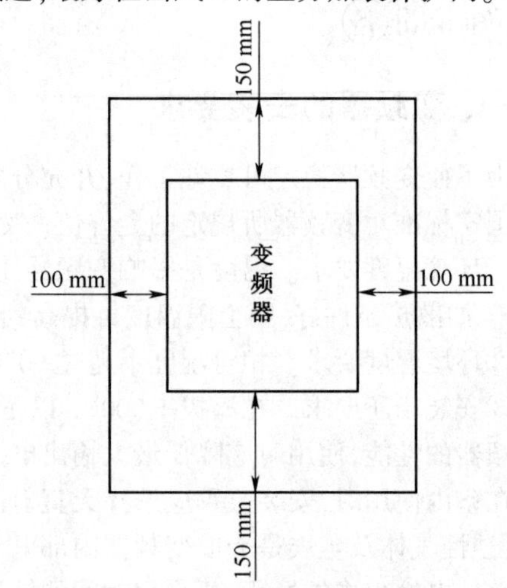

图 1-2-3　墙挂式安装的变频器

三、变频器的接线要求

1. 主电路导线选择

主电路导线包括电源与变频器、变频器与电动机之间的导线。

(1)电源与变频器之间的导线

电源与变压器之间的导线的选择方法和同容量普通电动机的导线选择方法相同。

(2)变频器与电动机之间的导线

变频器输入电流的有效值往往比电动机的电流大。变频器与电动机间的电缆铺设距离越长,电压降越大,有时会引起电动机转矩不足。特别是当变频器输出频率低时,其输出电压也低,电压降所占的比例会增大。变频器与电动机间的电压降以额定电压的 2%为允许值,可依此选择导线。在采用专用变频器时,如果有条件补偿变频器的输出电压,取额定电压的 5%左右为允许值。允许电压降给定时,主电路导线的电阻值必须满足下式:

$$R_C \leqslant (1\,000 \times \Delta U)/(\sqrt{3}lI)$$

式中:R_C为单位长导线的电阻,Ω/km; ΔU为允许线间电压降,V; l为单相导线的铺设距离,m; I为电流,A。

实际进行变频器与电动机之间的电缆铺设时,根据计算出的 R_C值,从厂家提供的相关资料中选用导线,见表 1-2-1。

表 1-2-1　常用导线电阻

导线截面积/mm²	2	3.5	5.5	9	14	22	30	50	90	100	125
单位长导线电阻值/(Ω/km)	9.24	5.20	3.33	2.31	1.30	0.924	0.624	0.379	0.229	0.190	0.144

2. 控制电路的接线要求

(1)模拟量控制线

模拟量控制线主要包括:输入侧的给定信号与反馈信号线,输入侧的频率信号线和电流信号线。

模拟量信号的抗干扰能力较差,因此必须使用屏蔽线。屏蔽线靠近变频器一侧应接控制电路的公共端(COM),而不是接到变频器的地端(E)或大地,屏蔽层的另一端应悬空。

布线时还应遵循以下原则:

①尽量远离主电路 100 mm 以上;

②尽量不要和主电路交叉,必须有交叉时,应采取垂直交叉的方法。

(2)开关量控制线

起动、点动、正转、反转等控制信号属于开关量信号。开关量信号的抗干扰能力比模拟量信号要强,因此在距离不远时,可以不使用屏蔽线,但同一信号的 2 根线必须双绞在一起。

(3)接地要求

变频器有专门的接地端子 E,用户应将此端子与大地相接。

四、变频器外部接口电路

变频器的外部接口电路通常包括逻辑控制指令输入电路、频率指令输入/输出电路、过程参数检测信号输入/输出和数字信号输入/输出电路,如图 1-2-4 所示。

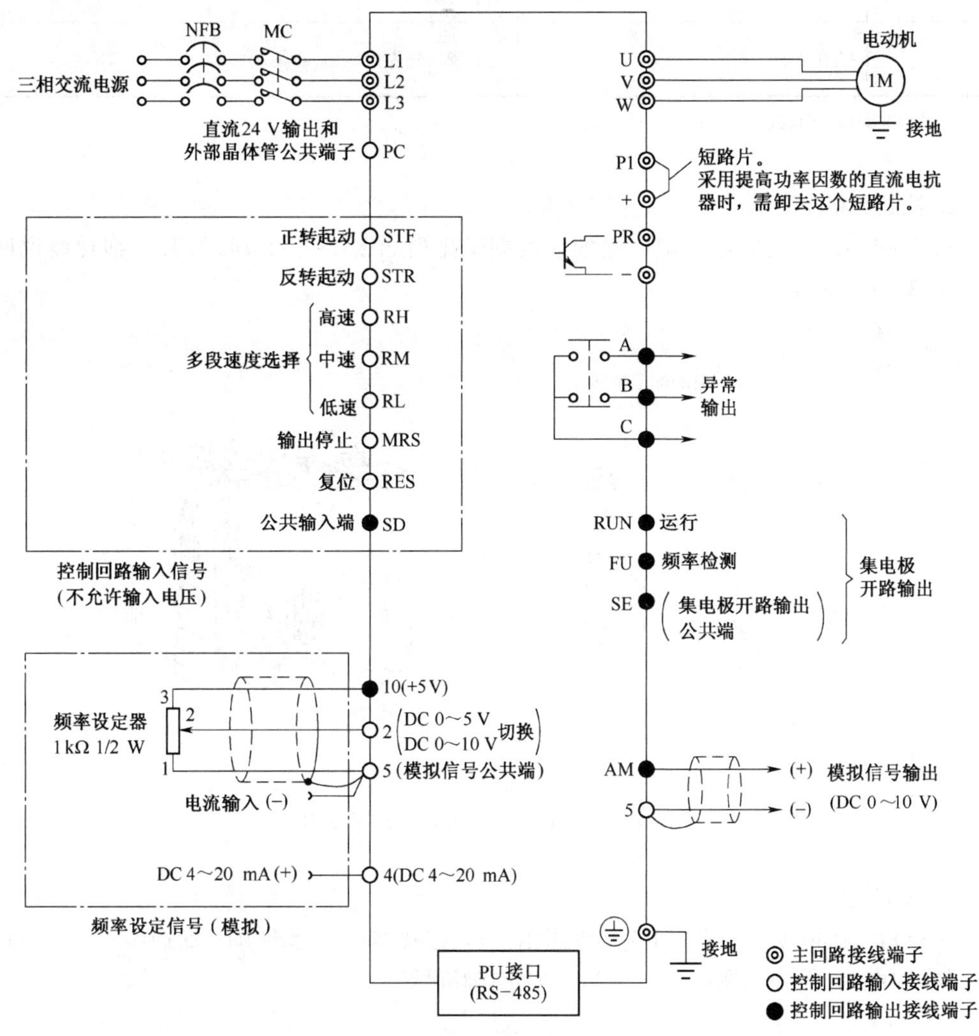

图 1-2-4　三菱 FR-E540 变频器外部接口电路

1. 主电路接线端子和接地端子

三菱 FR-E540 变频器主电路接线端子主要有电源输入端子、变频器输出端子及其连接制动单元或制动电阻的接线端子,表 1-2-2 列出了各接线端子的详细说明。

表 1-2-2 主电路接线端子和接地端子

端子标记	端子名称	说明
L_1,L_2,L_3	电源输入	连接工频电源
U, V, W	变频器输出	接三相电动机
+,PR	连接制动电阻	在端子+与 PR 之间,连接选件制动电阻
+,-	连接制动单元	连接选件制动单元或高功率因数整流器
+,P1	连接改善功率因数的直流电抗器	拆开端子+与 P1 间的短路片,连接选件改善功率因数用直流电抗器
⏚	接地	变频器外壳接地用,必须接大地

注:单相电源输入时,接 L_1、N 端子。

2. 控制回路接线端子

三菱 FR-E540 变频器控制回路的接线端子排列如图 1-2-5 所示,其详细功能说明见表 1-2-3、表 1-2-4。

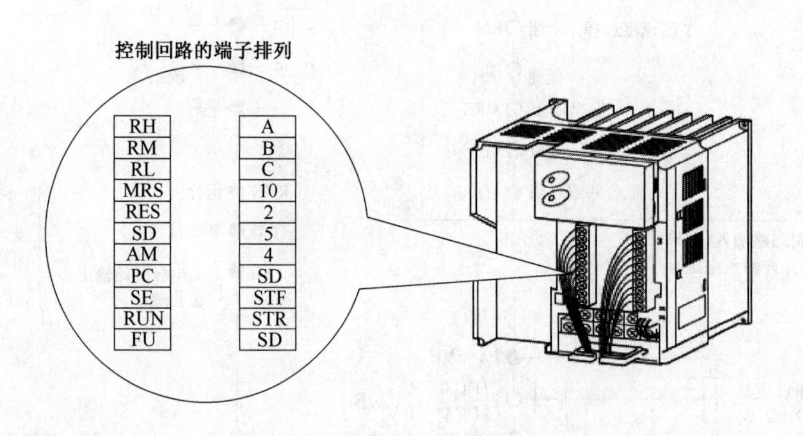

图 1-2-5 控制回路的接线端子排列

3. 通信接口

三菱 FR-E540 变频器采用 RS-485 通信接口,连接插座为标准 RJ-45 插座。通信接口各引脚如图 1-2-6 所示。图 1-2-6 中①~⑧为引脚编号。

表 1-2-3　控制回路输入端子功能

<table>
<tr><th colspan="2">类 型</th><th>端子标记</th><th>端子名称</th><th colspan="2">说　　明</th></tr>
<tr><td rowspan="9">输入信号</td><td rowspan="5">接点输入</td><td>STF</td><td>正转起动</td><td>STF 信号 ON 为正转,OFF 为停止</td><td rowspan="2">当 STF 和 STR 信号同时处于 ON 时,相当于给出停止指令</td></tr>
<tr><td>STR</td><td>反转起动</td><td>STR 信号 ON 为反转,OFF 为停止</td></tr>
<tr><td>RH/RM/RL</td><td>多段速选择</td><td>利用 RH、RM 和 RL 信号的组合,可以选择多段速</td><td rowspan="2">输入端子功能选择,(Pr. 180 ~ Pr. 183)用于改变输入端子的功能</td></tr>
<tr><td>MRS</td><td>输出停止</td><td>MRS 信号为 ON 20 ms 以上时,变频器输出停止。采用电磁制动停止电动机时,用于断开变频器的输出</td></tr>
<tr><td>RES</td><td>复位</td><td colspan="2">用于解除保护回路动作的保持状态。使端子 RES 信号处于 ON 在0. 1 s 以上,然后断开</td></tr>
<tr><td colspan="2">SD</td><td>公共输入端子(漏型)</td><td colspan="2">接输入端子的公共端 DC 24 V,0. 1 A(PC 端子)电源的输出公共端</td></tr>
<tr><td colspan="2">PC</td><td>电源输出和外部晶体管公共端、接点输入公共端(源型)</td><td colspan="2">当连接晶体管输出集电极开路输出时(如可编程控制器),将晶体管输出用的外部电源公共端接到 PC 端子,可以防止因漏电引起的误动作。端子 PC 与 SD 之间输出 DC 24 V,0. 1 A 电源</td></tr>
<tr><td rowspan="4">模拟信号</td><td rowspan="3">频率设定</td><td>10</td><td>频率设定用电源</td><td colspan="2">DC 5 V 或 DC 10 V, 容许负荷电流 10 mA</td></tr>
<tr><td>2</td><td>频率设定(电压)</td><td colspan="2">输入 0~5 V (或 0~10 V)时,5 V(或 10 V)对应于为最大输出频率。输入 DC 0~5 V(出厂设定)和 DC 0~ 10 V 的切换,用 Pr. 73 进行设置。输入阻抗 10 kΩ,容许最大电压为 20 V</td></tr>
<tr><td>4</td><td>频率设定(电流)</td><td colspan="2">输入 DC 4~20 mA 时,20 mA 为最大输出频率。只有 AU 端子与 SD 短接时,该输入信号才有效。输入阻抗约为 250 Ω,容许最大电流为 30 mA</td></tr>
<tr><td colspan="2">5</td><td>频率设定公共端</td><td colspan="2">频率设定信号(端子 2、端子 1 或端子 4)和模拟输出端子 AM 的公共端子,注意不要接大地</td></tr>
</table>

表 1-2-4　控制回路输出端子功能

<table>
<tr><th colspan="2">类 型</th><th>端子标记</th><th>端子名称</th><th colspan="2">说　　明</th></tr>
<tr><td rowspan="3">信号输出</td><td>接点</td><td>A/B/C</td><td>异常输出</td><td>指示变频器因保护功能动作而输出停止的转换接点(AC 230 V/0. 3 A, DC 30 V/0. 3 A)。异常时,B-C 间不导通(A-C 间导通);正常时,B-C 间导通(A-C 间不导通)</td><td rowspan="3">输出端子的功能选择,通过参数 Pr. 190 ~ Pr. 192 改变输出端子的功能</td></tr>
<tr><td rowspan="2">集电极开路</td><td>RUN</td><td>变频器正在运行</td><td>变频器输出频率大于启动频率(出厂时为 0. 5 Hz,可变更)时,为低电平;正在停止或正在直流制动时,为高电平。容许负荷为 DC 24 V/0. 1 A</td></tr>
<tr><td>FU</td><td>频率检测</td><td>输出频率大于设定的检测频率时为低电平;未达到时为高电平。容许负荷为 DC 24 V/0. 1 A</td></tr>
</table>

续表

类型		端子标记	端子名称	说明	
信号输出		SE	集电极开路输出公共端	端子 RUN、FU 的公共端子	
	模拟	AM	模拟信号输出	从输出频率、电动机电流或输出电压中选择一种作为输出，输出信号与各监视项目的大小成比例	出厂设定的输出项目：频率容许负荷电流1 mA，输出信号电压范围为 DC 0~10 V
通信	RS-485	—	PU 接口	通过操作面板的接口，进行 RS-485 通信： ①遵守 EIA RS-485 标准； ②通信方式：多任务通信； ③最大通信速率为 19 200 bit/s； ④最长通信距离为 500 m	

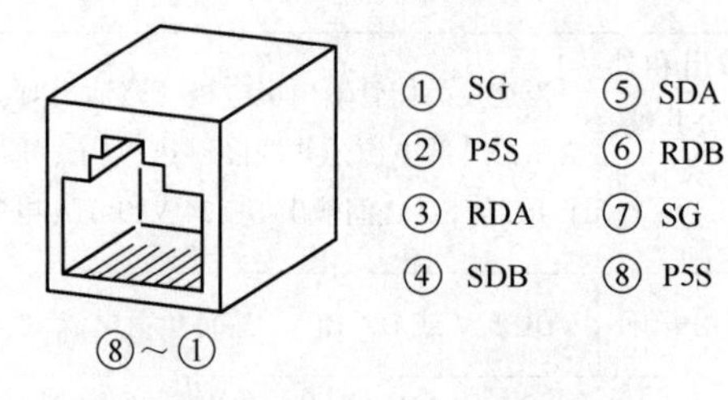

图 1-2-6　通信接口各引脚

任务实施

①在导轨上安装变频器、接触器及其控制开关。

②根据图 1-2-7 完成接线。注意：N 线不能接错！

③通电试运行，观测运行情况。

按 SB_2 按钮，KC_1 闭合，变频器通电，变频器工作于待机状态。

按 SB_1 按钮，KC_1 断开，变频器断电。

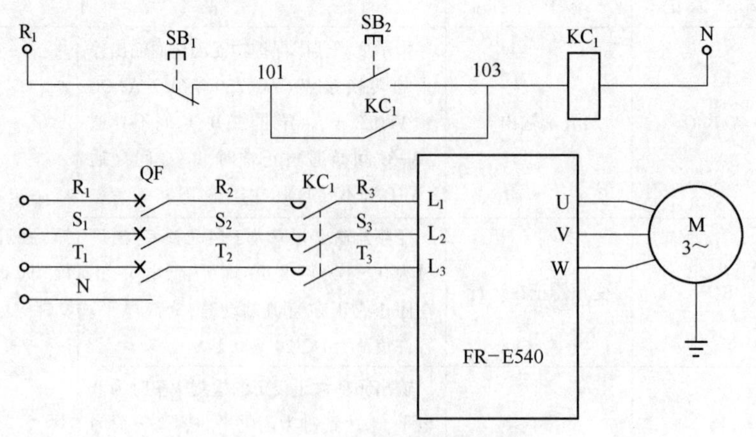

图 1-2-7　变频器基本接线图

学习小结

变频器的外部接口电路主要由主电路接线端子和接地端子、控制回路接线端子及通信接口组成。

主电路接线端子主要有电源输入端子、变频器输出端子及其连接制动单元或制动电阻的接线端子等。控制回路接线端子主要有频率设定输入端子、正反转等运行控制输入端子、功能选择输入和报警输出等输出端子等，按信号类型分为模拟量信号接线端子和开关量信号接线端子。模拟量信号因抗干扰能力较差必须使用屏蔽线，并在布线上应尽量避免与主电路交叉。开关量信号的抗干扰能力比模拟量信号要强，因此在距离不远时，可以不使用屏蔽线，但同一信号的 2 根线必须双绞在一起。

自我评估

①简述安装变频器的注意事项。

②结合图 1-2-4，说明变频器频率设定有哪几种方法？

③查阅资料，结合图 1-2-7 设计最简单的变频器应用电路。设计要求：2 个按钮（起动、停止），2 个开关（正转、反转），变频器转速固定，通过操作面板设定。

任务 3　面板操作与参数设置

任务描述

通过实际操作、查阅资料，熟练掌握变频器操作面板的操作方法和主要参数功能。

①根据要求，设置指定参数。运行频率由操作面板设置，设置运行频率为 45 Hz。

②运行变频器，进行运行状态监视。

知识准备

通过操作面板，可以进行变频器的参数设置、频率设定、运行、运行状态监视及报警显示等。掌握变频器的参数结构、主要参数功能及其设置方法，是应用变频器的基本要求。

下面以三菱 FR-E540 变频器为例说明。

一、操作面板说明

三菱 FR-E540 变频器的操作面板如图 1-1-15 所示。

操作面板各按键功能见表 1-1-2 。

二、操作面板的操作方法

操作菜单有 5 种模式，通过按 MODE 键轮流改变。5 种模式分别是监视模式、频率设定模式、参数设定模式、操作模式及帮助模式，操作步骤如图 1-3-1 所示。

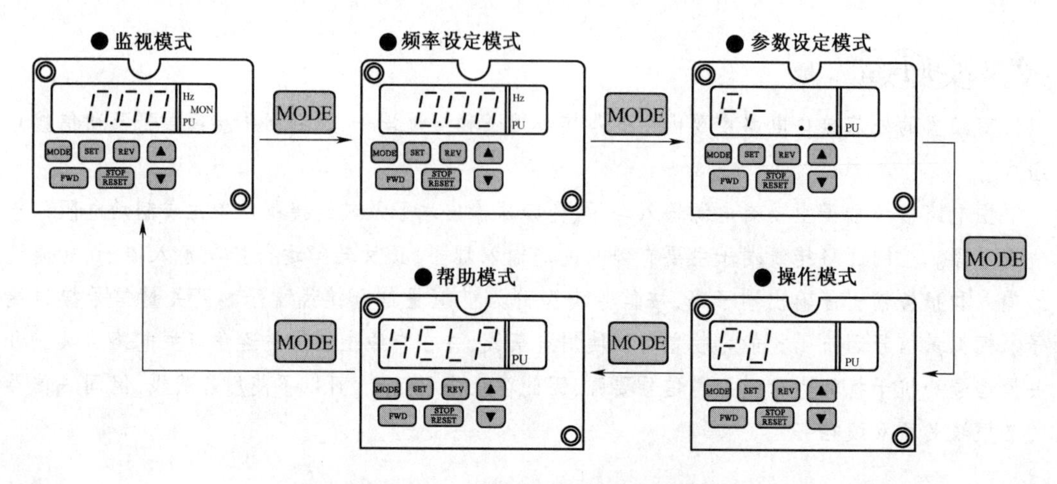

图 1-3-1　操作模式及其操作步骤

（1）监视模式

在监视模式下，监视器显示运转中的指令，EXT 指示灯亮表示外部操作，PU 指示灯亮表示 PU 操作，EXT 和 PU 指示灯同时亮表示 PU 和外部操作组合方式，监视显示在运行中也能改变。按 SET 键，可轮流进入频率监视、电流监视、电压监视、报警监视显示界面，操作步骤如图 1-3-2所示。

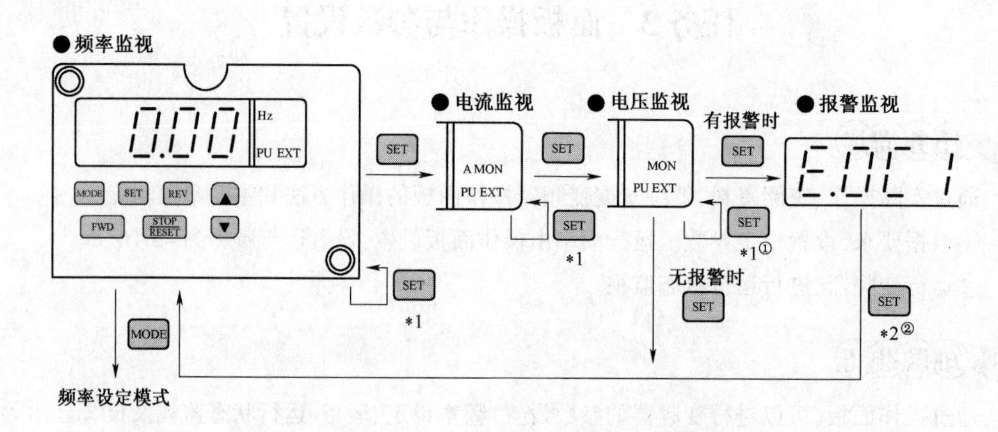

图 1-3-2　监视模式操作步骤

（2）频率设定模式

在 PU 操作模式下用 RUN 键 FWD 键或 ▲/▼ 键设定运行频率值，操作步骤如图 1-3-3 所示。

（3）参数设定模式

参数设定模式主要用于设置参数。

①按下标有 *1 的 SET 键超过 1.5 s 能把电流监视模式改为通电监视模式。

②按下标有 *2 的 SET 键超过 1.5 s 能显示包括最近 4 次的错误指示。

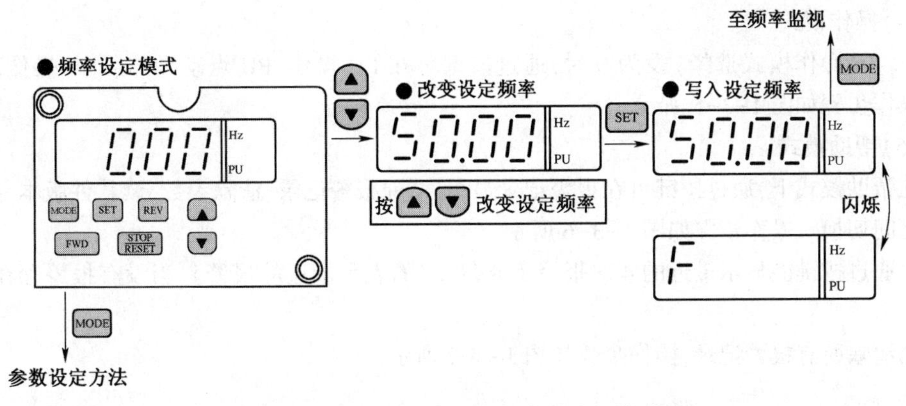

图 1-3-3　PU 模式下,运行频率设定操作步骤

举例:将 Pr. 79 “操作模式选择” 的设定值, 由“2”(外部操作模式)变更为“1”(PU 操作模式)的情况,操作步骤如图 1-3-4 所示。

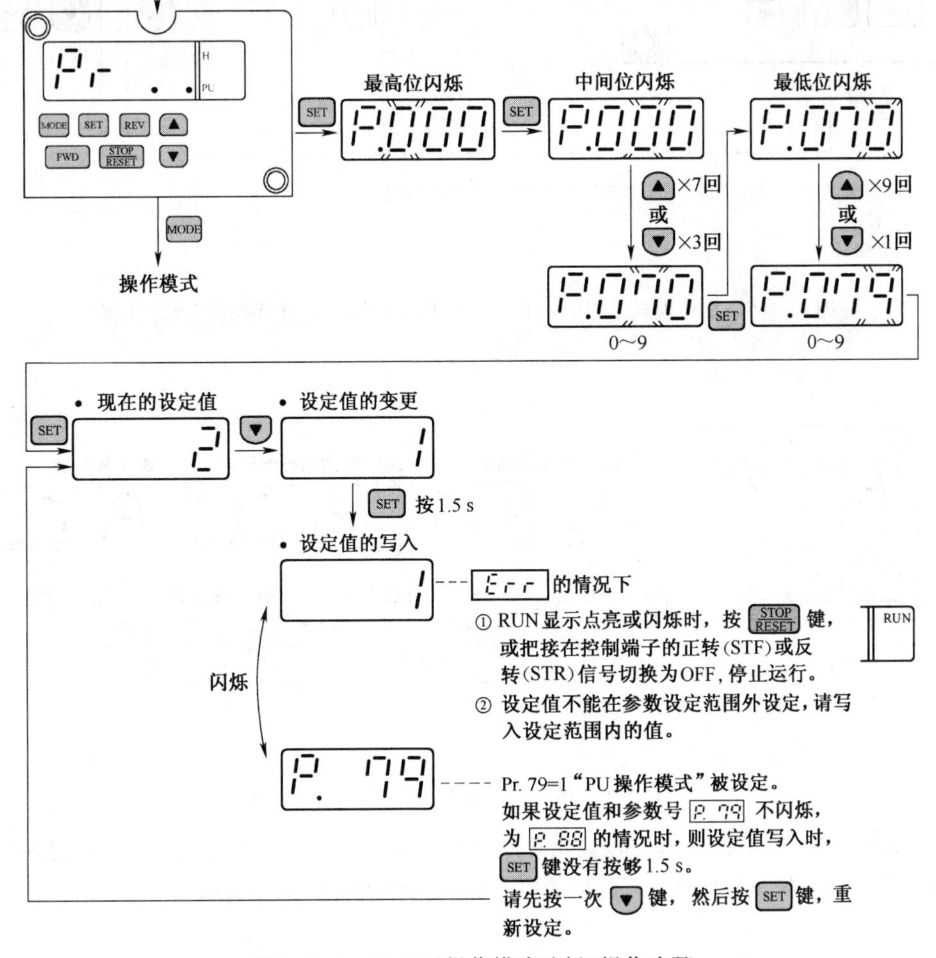

图 1-3-4　Pr. 79 “操作模式选择”操作步骤

(4)操作模式

Pr. 79(操作模式选择)设为 0 时,通过按键可在 PU 操作、PU 点动操作、外部操作之间切换。操作步骤如图 1-3-5 所示。

(5)帮助模式

在帮助模式下,通过按键可在报警记录显示、清除报警记录、清除参数、读软件版本号、全部清除之间切换。操作步骤如图 1-3-6 所示。

①通过按键能显示最近的 4 次报警 (带有“. ”的表示最近的报警),当没有报警存在时,显示E. _ _0。

②清除所有报警记录,操作步骤如图 1-3-7 所示。

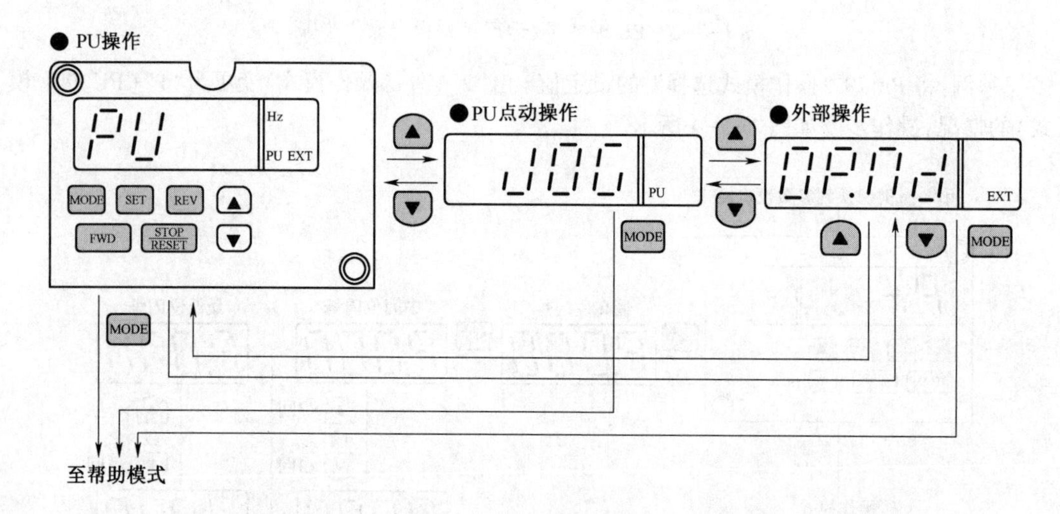

图 1-3-5　操作模式下,切换“PU 操作、PU 点动操作、外部操作”操作步骤

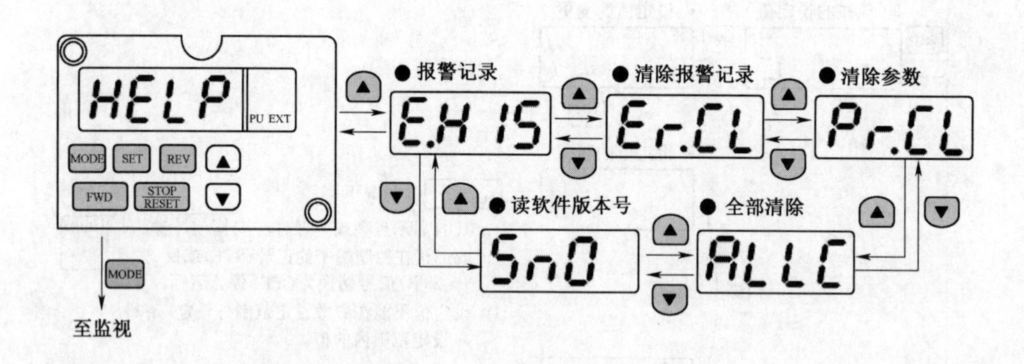

图 1-3-6　帮助模式下功能切换的操作步骤

③参数清除。将参数值初始化到出厂设定值,校准值不被初始化[1] [Pr. 77 设定为“1”时(即选择参数写入禁止) 参数值不能被消除],操作步骤如图 1-3-8 所示。

① Pr. 75 Pr. 180 Pr. 183 Pr. 190 Pr. 192 Pr. 901 Pr. 905 不被初始化。

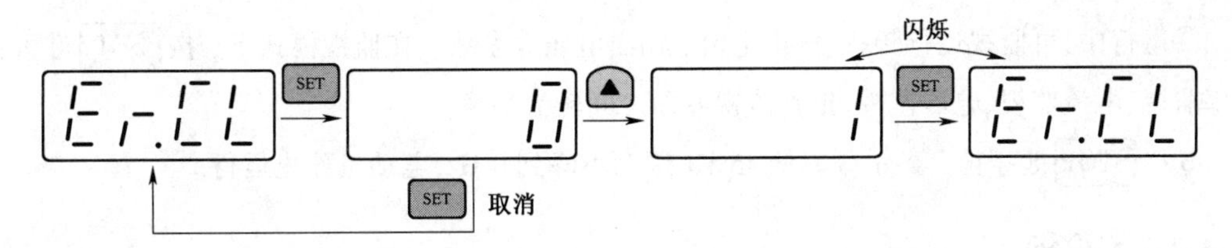

图 1-3-7 “清除所有报警记录”操作步骤

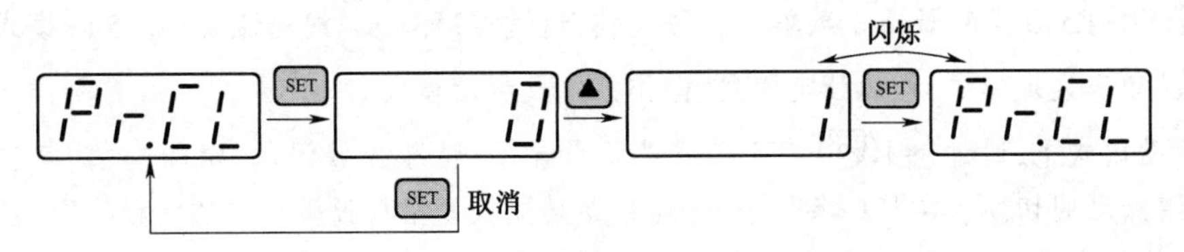

图 1-3-8 “参数清除”操作步骤

④全部消除。将参数值和校准值全部初始化到出厂设定值[①]操作步骤如图1-3-9所示。

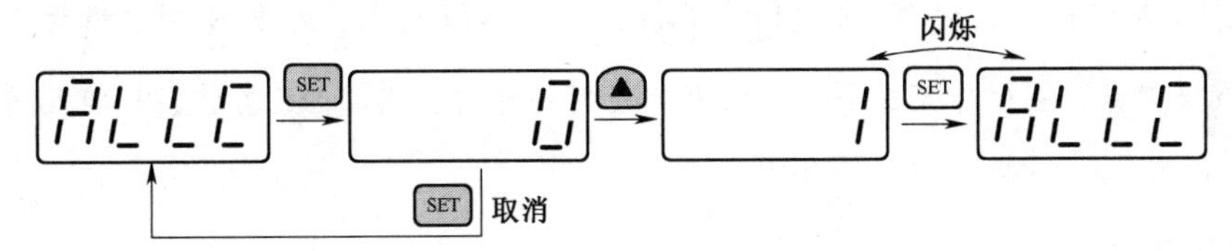

图 1-3-9 “全部消除”操作步骤

1. 将参数值初始化到出厂设定值

①按 MODE 键,切换到 HELP 模式。

② 在 HELP 模式下,按▼/▲键,选择 ALLC。

③在 ALLC 模式下,按 SET 键,显示 0,按▲键把 0 改为 1,再按住 SET 键至少0.5 s,闪烁显示 ALLC。初始化完成。

注意:如果出现错误信息,表示没有正确完成变频器的初始化。可能是如下原因:

①变频器处在运行方式。检查操作面板上运行指示灯 RUN 是否亮,若指示灯 RUN 亮,则按 STOP 键或外部停止按钮,停止变频器运行,返回到监控方式。

②Pr. 79 参数是否设置为外部端子操作方式,若是,修改 Pr. 79 为 1。

2. 设定下列参数

①Pr. 79 = 1,即 PU 操作模式,正反转控制、频率设定均由操作面板控制。

②Pr. 3 = 50,基本频率为 50 Hz,与电动机的额定频率一致。

3. 改变频率为 45 Hz

按 MODE 键切换到频率设定模式,按▼/▲键设置运行频率为 45 Hz。

4. 运行

①按 RUN 键、FWD 键或 FWR 键运行,显示频率从 0 Hz 逐渐上升到 45 Hz,电动机转动。

---

① Pr. 75 不被初始化。

②运行中,可监视运行频率、输出电流、输出电压等参数。在监视模式下,按 SET 键可在频率监视、电流监视、电压监视、报警监视界面之间轮流切换。

③按 STOP 键停止。显示频率从 45 Hz 逐渐下降到 0 Hz,电动机停止运行。

学习小结

三菱 FR-E540 变频器操作菜单有 5 种模式,通过按 MODE 键轮流切换。5 种模式分别是监视模式、频率设定模式、参数设定模式、操作模式及帮助模式。

在帮助模式下,通过▲/▼键可在报警记录显示、清除报警记录、清除参数、读软件版本号、全部清除之间切换。在某些条件下,可通过该功能恢复出厂设置。在监视模式下,监视器显示运转中的指令,EXT 指示灯亮,表示外部操作,PU 指示灯亮,表示 PU 操作,EXT 和 PU 指示灯同时亮,表示组合操作方式,按 SET 键,可轮流进入频率监视、电流监视、电压监视、报警监视显示界面。在频率设定模式下,可按▼/▲键改变运行频率。在参数设定模式下,可通过 SET 键设置参数。在操作模式下,若 Pr. 79=0,则可通过按键在 PU 操作、PU 点动操作、外部操作之间切换。

自我评估

①如要求启动、停止由外部接线端子控制,电动机转速由外接电位器调节,则变频器的操作模式应选哪种? Pr. 79 参数设为多少?

②如果不能正确完成变频器的初始化,可能是什么原因造成的?

③三菱 FR-E540 变频器有哪 5 种操作模式? 都能实现哪些功能?

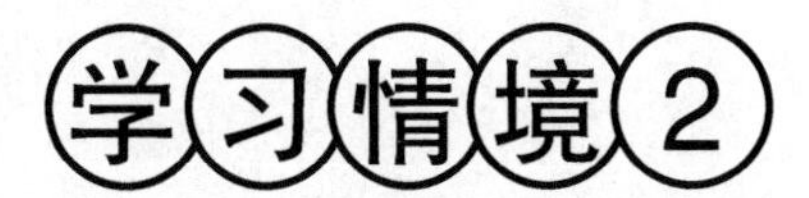

学习情境2

变频器的基本应用

学习目标

掌握变频器的基本控制功能，能根据基本控制要求，完成变频器的接线、参数设置和运行调试。

知识目标

- 熟悉变频器的基本控制方式：U/f 控制、矢量控制、直接转矩控制，了解不同控制方式的应用领域；
- 熟悉变频器的基本工作参数及其设置；
- 熟悉变频器的起动、加减速控制、制动、普通运行、点动、多段速、闭环、串行总线等运行控制方式的特点、参数设置及其应用电路；
- 熟悉变频器的保护功能；
- 理解不同负载类型的特性及其对变频器控制的影响。

技能目标

- 能熟练完成相关参数的设置；
- 能完成典型控制电路的设计、接线与调试；
- 能用 PLC 控制变频器。

方法目标

- 会阅读相关变频器的产品使用手册；
- 初步具备一定的工程设计能力；
- 具备节能意识和环保意识。

任务1　正转连续控制

任务描述

设计变频器控制线路，使电动机按指定的速度正转连续运行。基本要求如下：

①设计起动、停止 2 个控制按钮。起动时电动机按指定速度连续运行，停止时电动机停止运行。

②能根据要求，通过操作面板设定指定速度值，运行时能显示实际速度。

③完成控制电路的设计、接线与调试运行。

一、应用背景

正转连续控制是变频器最基本的应用方式，一般还包含在正反转控制、多段速控制等其他应用方式之中。单纯的正转连续控制也在生产线传送带、跑步机等设备中得到应用。图 2-1-1 所示为变频器在跑步机中的应用。变频器正方向连续运行，运行速度通过▲/▼键调节。图 2-1-2 所示为变频器在汽车传送带中的应用。通过变频器实现了电动机的无级调速，同时还可以节能。

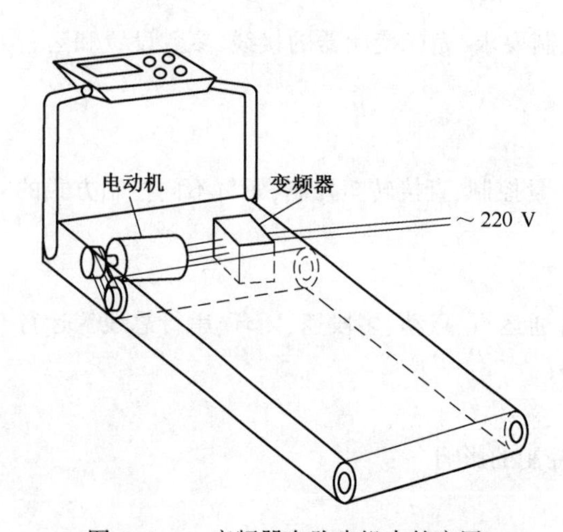

图 2-1-1　变频器在跑步机中的应用

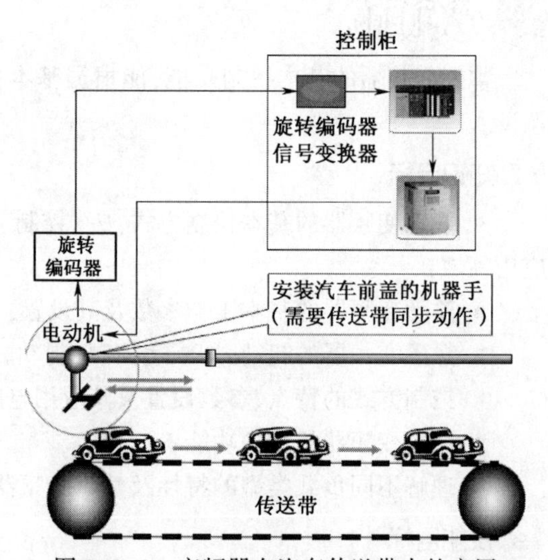

图 2-1-2　变频器在汽车传送带中的应用

二、基本控制方式及其操作模式

1. 基本控制方式相关功能及其参数设置

为了在不同负载条件下发挥变频器的优点，必须了解变频器的基本控制方式，如 *U/f* 控制、矢量控制等。在图 2-1-1 所示的跑步机实例中，利用无传感器矢量功能，发挥从低速到高速的转矩特性，可实现灵活的加减速控制。

变频器的基本控制方式有 *U/f* 控制、矢量控制、直接转矩控制等，在不同的应用场合，采用不同的控制方式。三菱 FR-E540 变频器有 *U/f* 控制、矢量控制，由参数 Pr.80 选定。三菱 FR-A740 变频器有矢量控制、速度控制、转矩控制、*U/f* 控制等。

(1) *U/f* 控制、矢量控制应用特点

大部分变频器都具有 *U/f* 控制、矢量控制（VC）这 2 种控制方式，它们在应用上各有优缺点。*U/f* 控制的变频器成本较低，多用于精度要求不高的变频器；矢量控制调速范围宽、控制精度高，多用于需要精密或快速控制的领域。表 2-1-1 仅列出其应用特点。

(2) 选择控制方式的相关参数

参数 Pr. 80 用于选择变频器的控制方式，其参数见表 2-1-2。Pr. 80＝9 999 时，选择 *U/f* 控制；Pr. 80＝0. 2～7. 5 时，用于设定在通用矢量控制方式下的电动机容量。

表 2-1-1　变频器 U/f 控制、矢量控制应用特点比较

控制方式 应用特性		U/f 控制	矢量控制
加减速		加减速的控制有限度，在第四象限运行时在零速度附近有空载时间，过电流抑制能力小	加减速的控制无限度，可在第四象限连续运行，过电流抑制能力大
速度控制	调速范围	1∶10	>1∶100
	动态响应	—	30~100 rad/s
	控制精度	与负载有关	模拟：0.5%；数字：0.05%
转矩控制		无法实现	可以控制静止转矩
通用性		不需要根据电动机的差异性进行调整。单个变频器可驱动多个电动机	需给定详细的电动机参数，一般可通过自学习得到。单个变频器只能驱动单个电动机

表 2-1-2　参数 Pr.80 设置

参数号	设定值	实现功能	
80	9 999	U/f 控制方式	
	0.2~7.5	设定所使用的电动机的容量	矢量控制方式

通用的磁通矢量控制，适用于以下情形：

①只能是单电动机运行（1 台变频器对应于 1 台电动机）。如果单台变频器控制多台电动机，矢量控制将无效。

②电动机容量与变频器的容量相等或低一个档次等。例如，变频器要求配用的电动机容量为 7.5 kW，则配用电动机的最小容量为 5.5 kW，对于 3.7 kW 的电动机就不适用了。

③电动机必须是 2 极、4 极或 6 极电动机中的一种（恒转矩电动机仅限于 4 极）。

④变频器到电动机之间的接线长度应在 30 m 以内（如果长度超过 30 m，需要接好电缆后进行离线自动调整）。当用通用磁通矢量控制时，可以通过执行“离线自动调整”功能自动计算出电动机常数，使电动机发挥出最好的性能。

离线自动调整功能：当变频器采用矢量控制时，需要设置电动机绕组的电阻和电感等常数。通过离线自动调整功能，变频器可自动测出上述常数并写入相应的参数。

⑤特殊电动机不能使用矢量控制功能。如力矩电动机、深槽电动机、双笼形电动机等。

若以上条件之一不能满足，将可能造成转矩不足和速度波动等问题，对此可选用 U/f 控制。

2. U/f 控制相关功能及其参数设置

根据变频器 U/f 方式的控制原理，为了保持输出转矩不变，必须使 U/f 的比值为一常数。这是基于“电动机反向电动势近似等于电动机的输入电压”这一假设条件成立的，或者说忽略了定子绕组电阻的电压降才成立。在电动机定子绕组电阻不变的情况下，该电压降与定子绕组电流成正比，与频率无关。在以下 2 种情况下，该电压降不能忽略，如不进行补偿，将会使输出转矩下降。

①当负载较重时，电流较大，电压降也较大，磁通量将减少，输出转矩下降。

②频率较低时，变频器相应的输出电压也较低，这时电压降在电源电压中的比例会增大，从而使输出转矩下降。

因此，为了补偿由于定子绕组电阻的电压降引起的输出转矩的降低，必须适当改变 U/f 线，

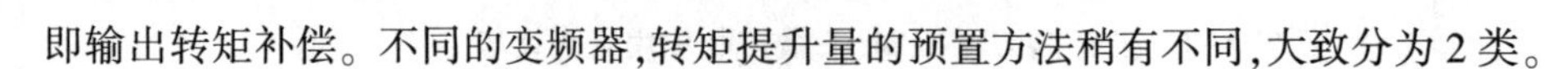

即输出转矩补偿。不同的变频器,转矩提升量的预置方法稍有不同,大致分为 2 类。

(1)负载类型与转矩提升量分别预置

FR-E540 变频器提供了 2 个补偿参数,分 2 步进行:

第 1 步,由参数 Pr. 14 根据负载类型选择 *U/f* 线。

表 2-1-3 列出了不同负载类型应选择的 Pr. 14 值,曲线形状如图 2-1-3 所示。

表 2-1-3　根据负载类型选择 *U/f* 线类型

参数 Pr. 14	*U/f* 线特点	适用的负载类型	说　明
0	正反转为同一条直线	恒转矩负载,如运输机械、台车等	见图 2-1-3(a)
1	二次方曲线	二次方律变转矩负载,如风机、水泵等	见图 2-1-3(b)
2	正反转为不同的 2 条直线,正传时有转矩提升,反转时没有转矩提升	提升类负载,如电梯、吊车等	提升时,需克服重力负载,实施转矩提升;下降时,无重力负载,不加转矩提升。见图 2-1-3(c)、图 2-1-3(d)
3	正反转为不同的 2 条直线,正传时有转矩提升,反转时没有转矩提升		

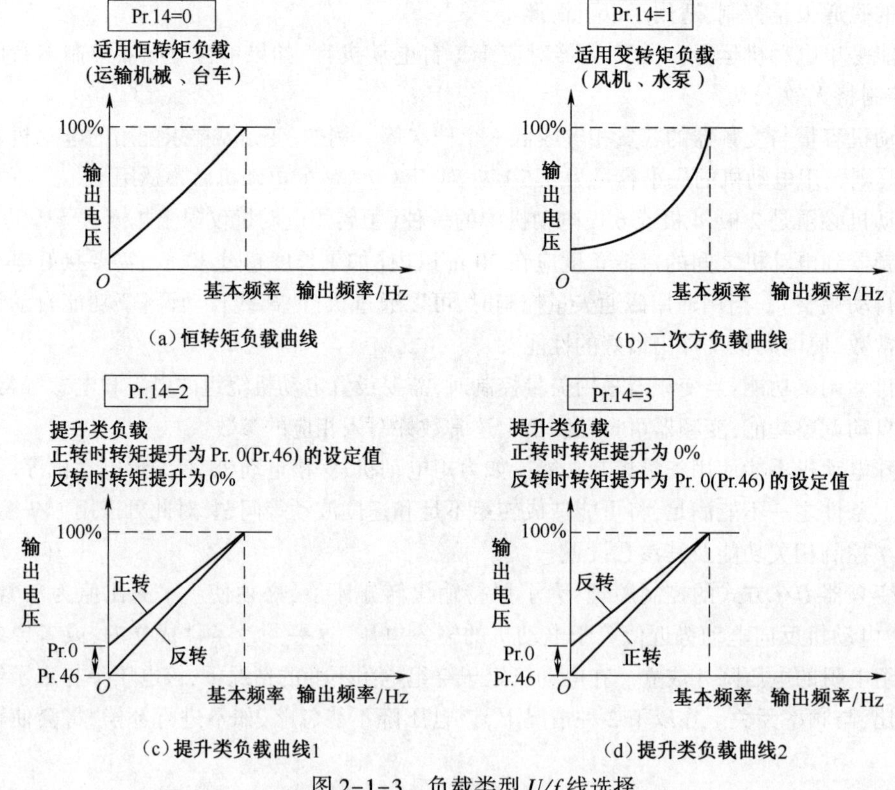

(a)恒转矩负载曲线　　(b)二次方负载曲线

(c)提升类负载曲线1　　(d)提升类负载曲线2

图 2-1-3　负载类型 *U/f* 线选择

第 2 步,根据负载需要的低频特性,由参数 Pr. 0、Pr. 46 设置转矩提升量。

转矩提升量指的是 0 Hz 时电压提升量与额定电压之比的百分数,如图 2-1-4 所示,表 2-1-4 列出了相应参数的可设定范围。

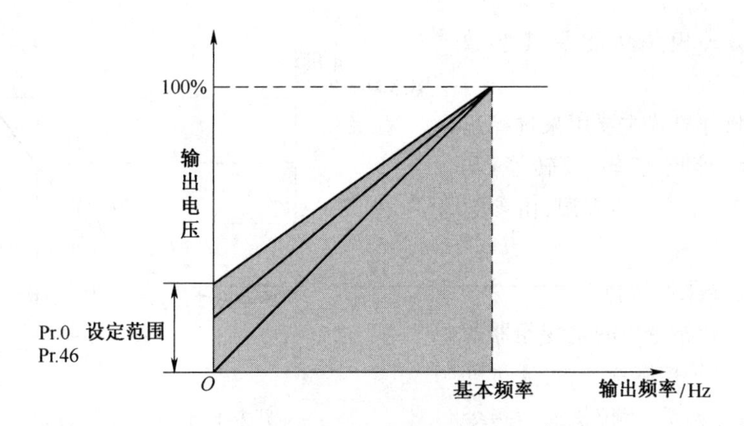

图 2-1-4　转矩提升量设置

表 2-1-4　转矩提升参数

参数号	出厂设定	设定范围	备　　注
0	6%或 4%	0~30%	FR-E540-0. 4k~3. 7k:6% FR-E540-5. 5k~7. 5k:4%
46	9 999	0~30%,9 999	9 999:功能无效

(2)分段补偿型,U/f 线由若干折线构成

以 FR-A740 变频器为例,由 6 段折线组成符合设备转矩特性的最佳 U/f 线,如图 2-1-5 所示。

折线的第一点,即 0 Hz 时对应的电压值,由转矩提升量参数 Pr. 0 决定,第 2、3、4、5、6 点分别由参数 Pr. 100/Pr. 101、Pr. 102/Pr. 103、Pr. 104/Pr. 105、Pr. 106/Pr. 107、Pr. 108/Pr. 109 所决定,第 7 点由 Pr. 3/Pr. 19 决定。相关参数设置见表 2-1-5。

表 2-1-5　相关参数设置

参数号	设定值	初 值	说　　明
Pr. 71	2	0	适用电动机,V/F5 点可设定时设为 2
Pr. 0	0~30%	4%或 6%	转矩提升量设定,U/f 线第 1 点坐标
Pr. 3	电动机额定频率	—	基本频率设定,第 7 点坐标的频率值
Pr. 19	电动机额定电压	9 999	基本频率所对应的电压,第 7 点坐标的电压值
Pr. 100	0~400 Hz	9 999	U/f_1 频率,第 2 点坐标频率值
Pr. 101	0~1 000 V	0	U/f_1 电压,第 2 点坐标电压值
Pr. 102	0~400 Hz	9 999	U/f_2 频率,第 3 点坐标频率值
Pr. 103	0~1 000 V	0	U/f_2 电压,第 3 点坐标电压值
Pr. 104	0~400 Hz	9 999	U/f_3 频率,第 4 点坐标频率值
Pr. 105	0~1 000 V	0	U/f_3 电压,第 4 点坐标电压值
Pr. 106	0~400 Hz	9 999	U/f_4 频率,第 5 点坐标频率值
Pr. 107	0~1 000 V	0	U/f_4 电压,第 5 点坐标电压值
Pr. 108	0~400 Hz	9 999	U/f_5 频率,第 6 点坐标频率值
Pr. 109	0~1 000 V	0	U/f_5 电压,第 6 点坐标电压值

3. 操作模式相关功能及其参数设置

变频器的操作模式主要用来选择运行指令(如起动、停止、正转、反转等)和频率指令(与转速有关)的来源,由参数Pr. 79来设定。

(1)运行指令来源选择

变频器的运行指令指的是变频器的正转、反转与停止等控制指令,可通过外部接线端子、操作面板、上位机通信指令等来实现,如图2-1-6所示。

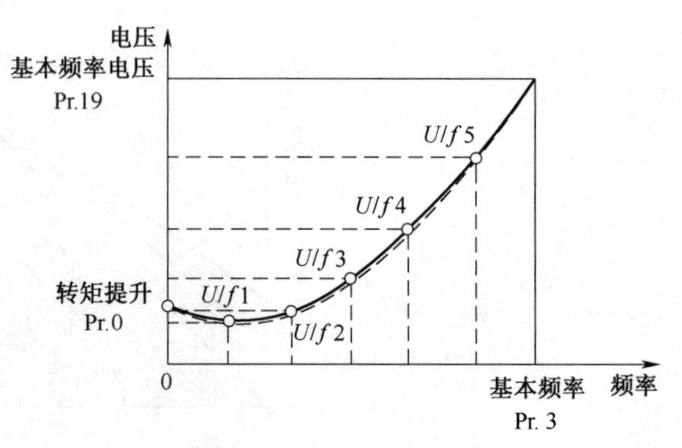

图2-1-5 *U/f*折线设置

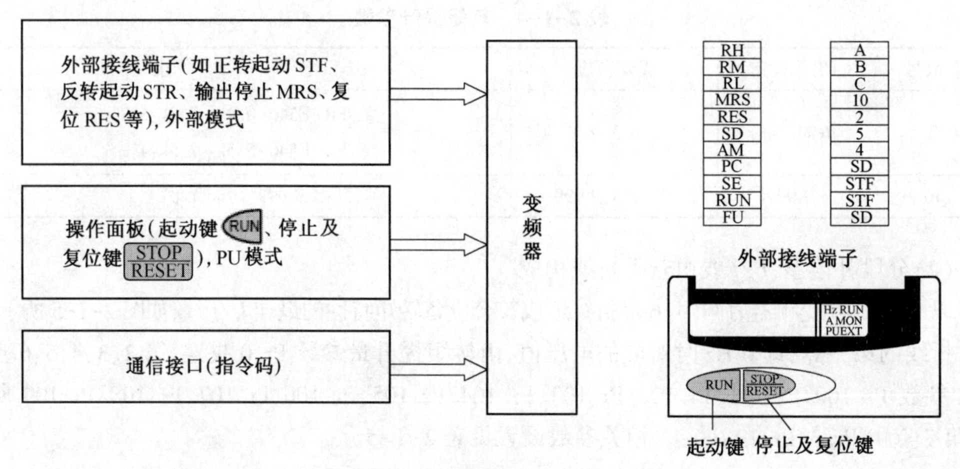

图2-1-6 变频器的运行指令源

(2)频率指令来源选择

变频器的频率指令指的是变频器设置的运行频率,可通过多段速选择(RH、RM、RL)、频率设定模拟电压信号DC 0~5 V或DC 0~10 V、频率设定模拟电流信号输入DC 4~20 mA等外部接线端子、操作面板、上位机通信指令来实现,如图2-1-7所示。

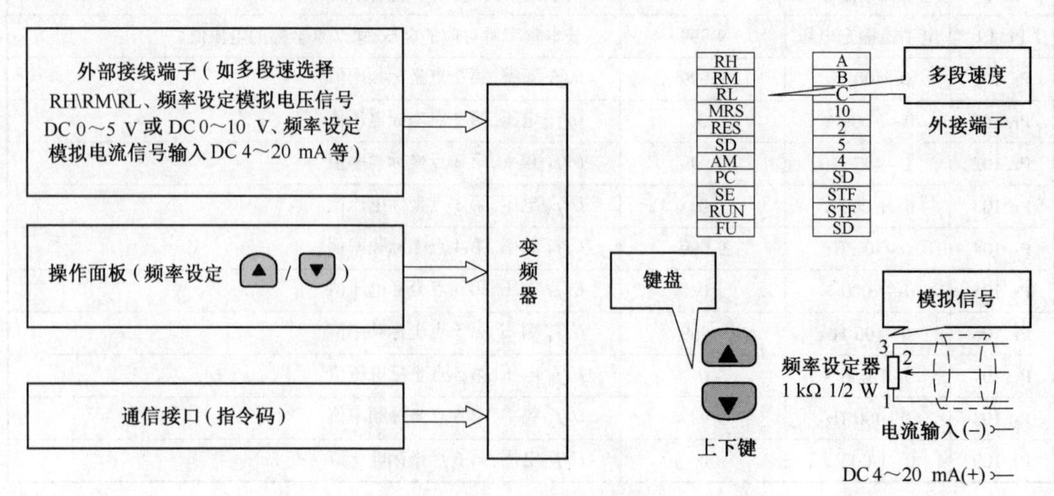

图2-1-7 变频器的速度指令

(3)操作模式选择及其相应的控制电路

三菱 FR-E540 变频器主要有 4 种操作模式，即操作面板(PU)操作模式、外部操作模式、外部/PU 组合操作模式 1 及外部/PU 组合操作模式 2，由参数 Pr. 79 确定。表 2-1-6 列出了 4 种操作模式的 Pr. 79 的设定值及其功能。

表 2-1-6　Pr. 79 的设定值及其功能

Pr. 79 的设定值	功　能		
0	①电源投入时为外部操作，可用操作面板、参数单元的键切换 PU 操作模式和外部操作模式。 ②按 MODE 键进入 PU 操作模式，按 ▲/▼ 键可选择 PU 点动操作与外部操作		
Pr. 79 的设定值	操作模式	频率指令源	运行指令源
1	PU 操作模式	用操作面板、参数单元的键进行数字设定	操作面板的 RUN、STOP/RESET(FWD、REV)键或参数单元的(FWD、REV)键
2	外部操作模式	外部信号输入端子 2~5 之间的模拟电压或端子 4~5 之间的模拟电流信号，多段速选择输入端子 RH、RM、RL	外部信号输入端子(STF、STR)
3	外部/PU 组合操作模式 1	用操作面板、参数单元的键进行数字设定，或外部信号输入(多段速设定)	外部信号输入端子(STF、STR)
4	外部/PU 组合操作模式 2	外部信号输入端子 2~5 之间的模拟电压或端子 4~5 之间的模拟电流信号，多段速选择输入端子 RH、RM、RL	操作面板的 RUN、STOP/RESET(FWD、REV)键或参数单元的(FWD、REV)键
5	切换模式，在运行状态下进行 PU 操作和外部操作的切换。通过操作面板切换。		
6	外部操作模式(PU 操作互锁)： ①MRS 信号为 ON 时，可切换到 PU 操作模式(正在外部运行时输出停止)。 ②MRS 信号为 OFF 时，禁止切换到 PU 操作模式		
7	切换到除外部操作模式以外的模式(运行时禁止)： ①X16 信号为 ON 时，切换到外部操作模式。 ②X16 信号为 OFF 时，切换到 PU 操作模式		

下面列举几种不同操作模式下的控制电路：

(1)Pr. 79=1，PU 操作模式

在 PU 操作模式下，变频器的正反转与停止由操作面板的 RUN、FWD/REV、STOP/RESET 键控制；频率设定，由 MODE 键切换到频率设定模式，通过 ▲/▼ 键设置。控制电路只需要接主电路即可，如图 2-1-8 所示。

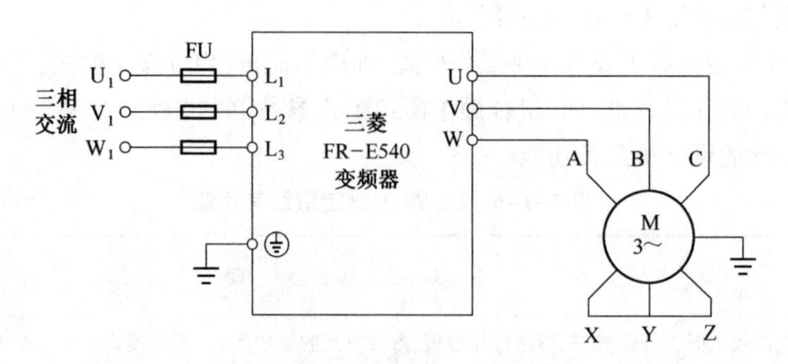

图 2-1-8 PU 操作模式控制电路

(2) Pr. 79=4, 组合操作模式 2

频率设定由电位器调节,运行控制由操作面板控制,控制电路如图 2-1-9 所示。

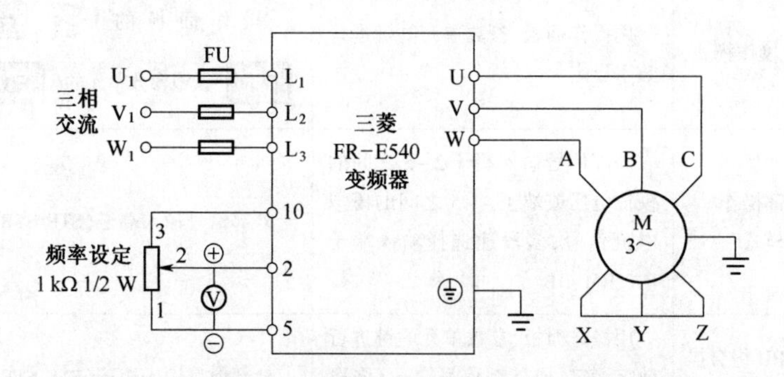

图 2-1-9 电位器或模拟电压调节频率的外部控制电路

频率设定由 DC 4~20 mA 模拟电流调节,运行控制由操作面板控制,控制电路如图 2-1-10 所示。

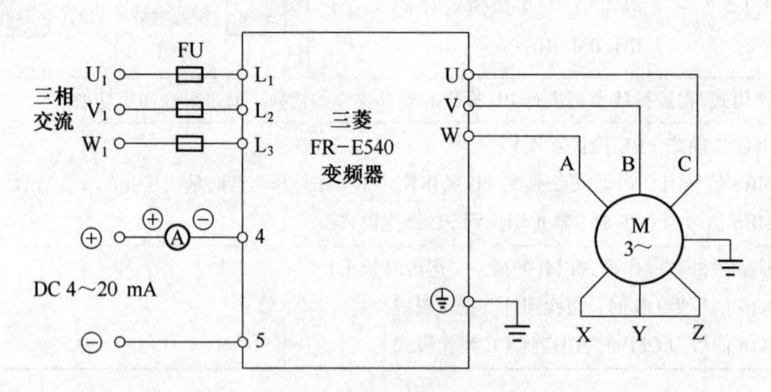

图 2-1-10 模拟电流调节频率的外部控制电路

(3) Pr. 79=2, 外部操作模式

频率设定由多段速分段调节, S_3、S_4、S_5、S_6 组合可选择 15 段速度;运行控制由外部开关 S_1、S_2 控制,控制电路如图 2-1-11 所示。

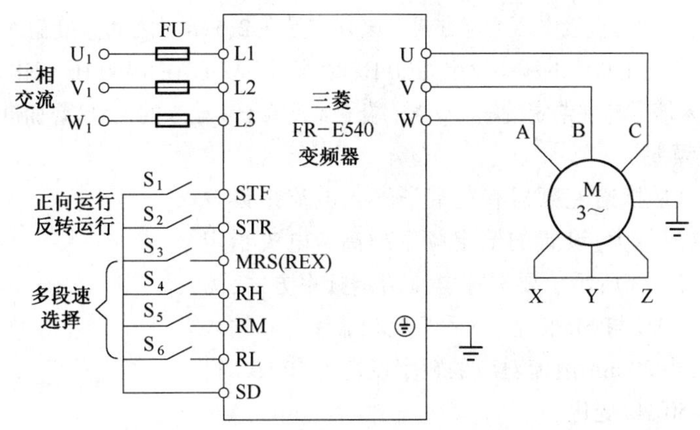

图 2-1-11　多段速外部接线端子控制电路

三、频率给定相关功能及其参数设置

频率给定是指给变频器设定的运行频率,可由操作面板给定,也可由外部端子方式给定,其中外部端子方式又分为电压给定、电流给定、开关(多段速)和脉冲给定等。

1. 操作面板给定频率

操作面板给定频率是指操作变频器操作面板上有关按键来设置给定频率,具体操作过程如下:

①用 MODE 键切换到频率设置模式。

②用▲/▼键设置给定频率值。

③用 SET 键存储给定频率。

2. 电压给定频率

电压给定频率是指给变频器有关端子输入电压来设置给定频率,输入电压越高,设置的给定频率越高。电压给定可分为电位器给定、直接电压给定等,如图 2-1-12 所示。

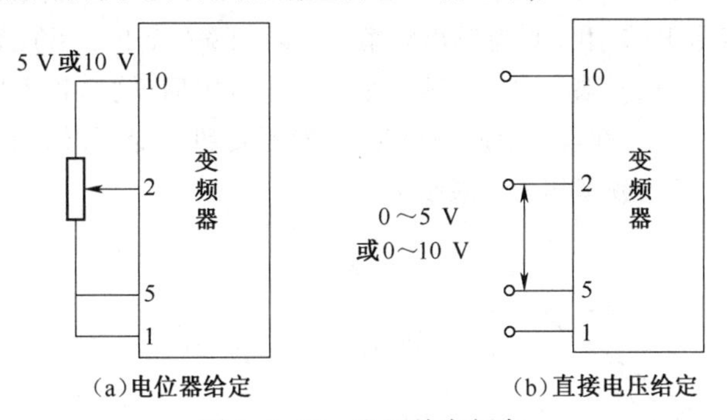

图 2-1-12　电压给定频率

图 2-1-12(a)所示为电位器给定方式。给变频器 10、2、5 端子按图示方法接一个 1 kΩ(1/2 W)的电位器,通电后变频器端子 10 会输出 5 V 或 10 V 电压,调节电位器会使端子 2 的电压在0~5 V 或 0~10 V 内变化,给定频率就在 0~ 50 Hz 变化(当 5 V 或 10 V 电压对应的频率设定为 50 Hz 时)。端子 2 输入电压范围由参数 Pr. 73 决定,当 Pr. 73=1 时,端子 2 允许输入 0~5 V;当Pr. 73 =0 时,端子 2 允许输入 0~10 V。

图 2-1-12(b)所示为直接电压给定方式。该方式是在 2、5 端子之间直接输入 0~5 V 或0~10 V 电压,当 5 V 或 10 V 电压对应的频率设定为 50 Hz 时,给定频率就在 0~50 Hz 变化。端子 1 为辅助频率给定端,该端输入信号与主给定端输入信号(端子 2 或端子 4 输入的信号)叠加进行频率设定。

3. 电流给定频率

电流给定频率是指给变频器有关端子输入电流来设置给定频率,输入电流越大,设置的给定频率越高。电流给定频率方式如图 2-1-13 所示。要选择电流给定频率方式,需要将电流选择端子 AU 与 SD 接通,然后给变频器端子 4 输入 4~20 mA 的电流,当 20 mA 电流对应的频率设定为 50 Hz 时,给定频率就在 0~50 Hz 变化。

图 2-1-13　电流给定频率方式

4. 其他常用频率参数

除了上述的给定频率,变频器常用频率名称还有输出频率、基本频率或基波频率、最大频率、上限频率、下限频率、回避频率、起动频率等。

(1)输出频率

变频器实际输出的频率称为输出频率,用 f_x 表示。在设置变频器给定频率后,为了改善电动机的运行性能,变频器会根据一些参数自动对给定频率进行调整而得到输出频率,因此输出频率不一定等于给定频率。

(2)基本频率和最大频率

变频器最大输出电压所对应的频率称为基本频率,用 f_B 表示,如图 2-1-14 所示。基本频率一般与电动机的额定频率相等。

最大频率是指变频器能设定的最大输出频率,用 f_{max} 表示。Pr. 3 用来设置基本频率。

(3)上限频率和下限频率

上限频率是指不允许超过的最高输出频率;下限频率是指不允许超过的最低输出频率。参数 Pr. 1 用来设置输出频率的上限频率(最大频率),如果运行频率设定值高于该值,输出频率会钳在上限频率上。参数 Pr. 2 用来设置输出频率的下限频率(最小频率),如果运行频率设定值低于该值,输出频率会钳在下限频率上。这 2 个参数值设定后,输出频率只能在这 2 个频率之间变化,如图 2-1-15 所示。在设置上限频率时,一般不要超过变频器的最大频率,若超出最大频率,变频器自动会以最大频率作为上限频率。

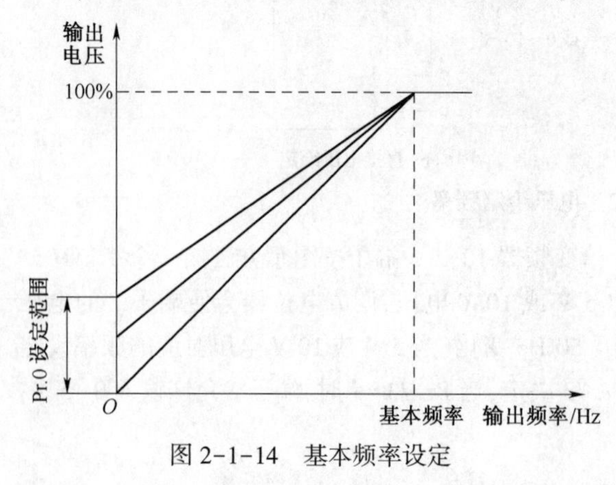

图 2-1-14　基本频率设定

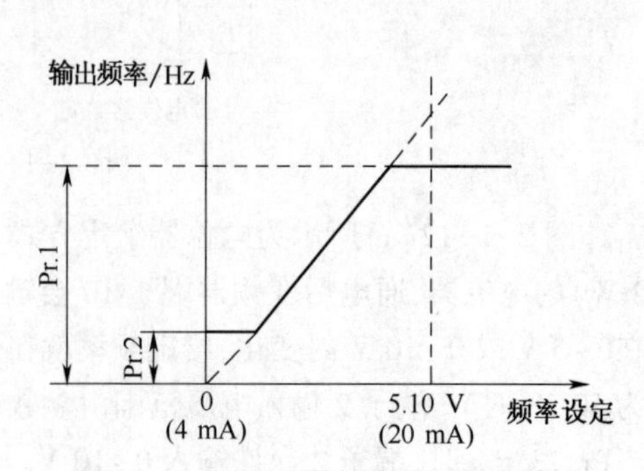

图 2-1-15　上限频率和下限频率

(4) 回避频率

任何机械都有自己的固有频率(由机械结构等因素决定),当机械运行的振动频率与固有频率相同时,将会引起机械共振,使机械振荡幅度增大,可能导致机械磨损和损坏。为了防止共振给机械带来的危害,可给变频器设置禁止输出的频率,避免这些频率在驱动电动机时引起机械共振。回避频率设置参数有 Pr. 31、Pr. 32、Pr. 33、Pr. 34、Pr. 35、Pr. 36. 这些参数可设置 3 个可跳变的频率区域,每 2 个参数设定一个跳变区域,如图 2-1-16 所示,变频器工作时不会输出跳变区内的频率,当给定频率在跳变区频率范围内时,变频器会输出低参数号设置的频率。例如,当设置 Pr. 33=35 Hz、Pr. 34=30 Hz 时,变频器不会输出 30~35 Hz 内的频率,若给定的频率在这个范围内,变频器会输出参数 Pr. 33 设置的频率(35 Hz)。

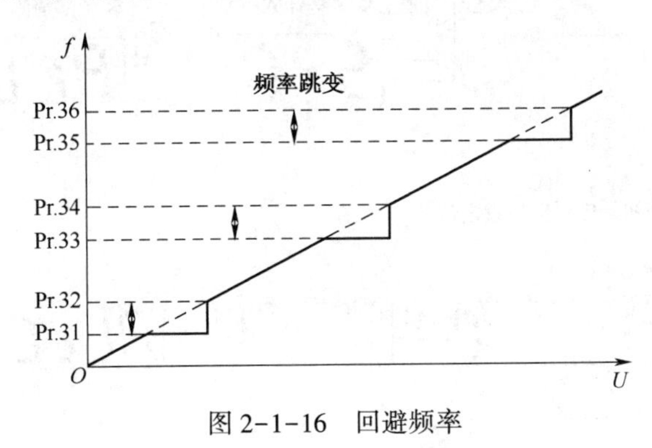

图 2-1-16　回避频率

任务实施

1. 面板操作模式正转运行训练

面板操作模式下,变频器的正转起动、停止信号和频率给定信号均由操作面板设定,外围不需要控制信号接线,只要接通主电路即可通过操作面板运行操作。

(1) 根据控制原理图绘制接线图并进行接线

控制原理图如图 2-1-17 所示,图 2-1-17(a) 为继电器的控制电路,图 2-1-17(b) 为变频器的主电路。

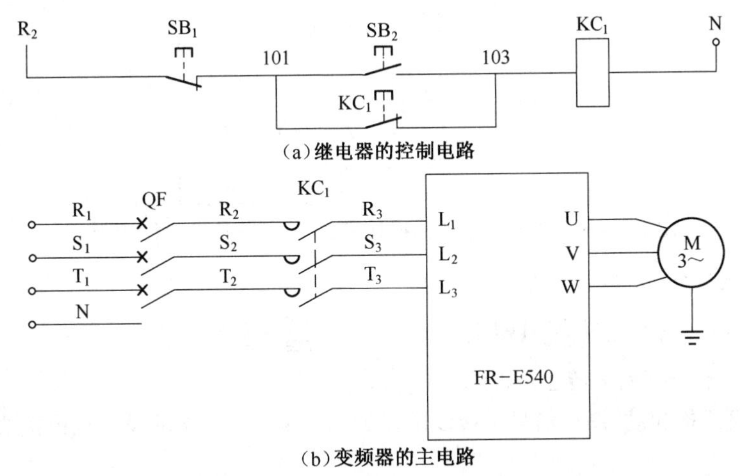

图 2-1-17　面板操作模式下正转连续控制原理图

①绘制电气元件接线图。

②根据实物接线图连接电路并通电。

(2)参数设定

Pr. 79 设定为 1,即面板操作模式。

①参数初始化,如图 2-1-18 所示。

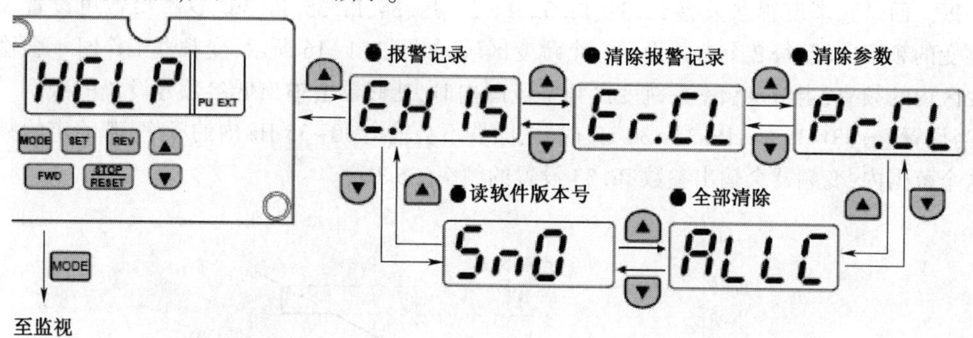

将参数值和校准值全部初始化到出厂设定值①。

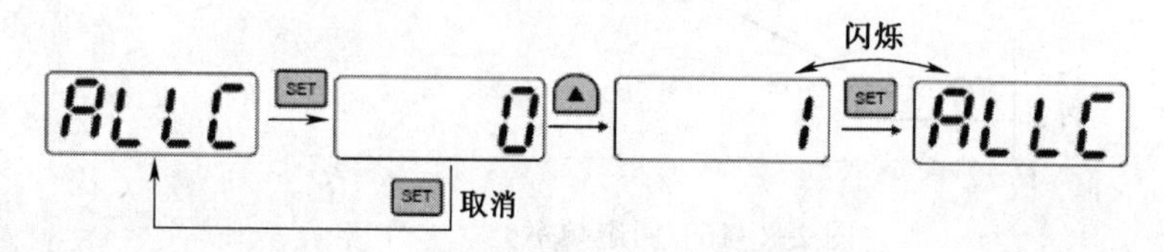

图 2-1-18　参数初始化操作流程

②设定目标参数,如图 2-1-19 所示。初始化后,Pr. 79=0,设定 Pr. 79=1,即 PU 操作模式,操作步骤参考图 1-3-5。

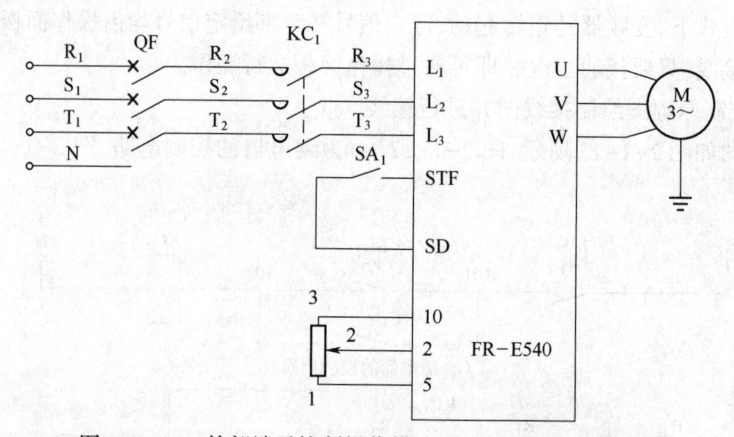

图 2-1-19　外部端子控制操作模式下正转连续控制原理图

(3)运行调试

按 RUN 键起动运行,通过▲/▼键改变频率,按 STOP RESET 键停止运行。

2. 外部接线端子控制正转运行训练

外部操作模式指起动、停止信号由接线端子的信号给定,频率的设定也由接线端子的信号

①Pr. 75 不被初始化。

给定。指定该种模式的方法为将参数 Pr. 79 的值设为 2。

(1)接线图主电路与面板操作模式一致

如图 2-1-19 所示,信号端子起动和停止信号为 STF(正转),外部信号给定可由多种方式决定,如多段速给定(RH、RM、RL),电位器给定(即电压给定,由 10、2、5 端子的接线确定),电流给定(4 端子)。通过电位器给频率信号,即将电位器的 3、2、1 端子分别接变频器的 10、2、5 端子。

①绘制电气元件接线图。

②根据实物接线图连接电路并通电。

(2)参数设定

Pr. 79 设定为 2,变频器工作在外部操作模式。

(3)运行调试

调试运行,由外部接线开关控制起动正转信号,由电位器控制运行频率,运行调试,然后停机、断电。

3. 组合操作模式 1 正转运行

组合操作模式是指频率和起动信号这 2 个要素的给定,一个由面板给定,另外一个由接线端子给定。在三菱 FR-E540 变频器中,Pr. 79=3 为组合操作模式 1,面板设定频率,起动信号由接线端子给定;Pr. 79=4 为组合操作模式 2,面板起动,频率由外部接线端子给定。

(1)根据控制原理图绘制接线图并进行接线

控制原理图如图 2-1-20 所示。

①绘制电气元件接线图。

②根据实物接线图连接电路并通电。

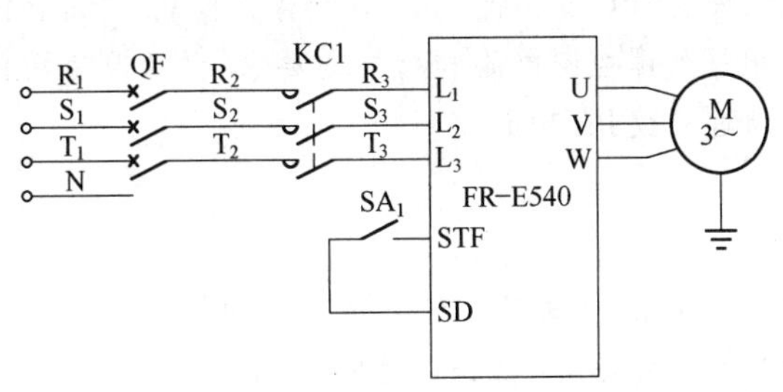

图 2-1-20　组合操作模式 1 正转连续控制原理图

(2)参数设定

Pr. 79 设定为 3,变频器工作在组合操作模式 1。

(3)调试运行

通过操作面板设定运行频率,开关 SA_1 控制电动机的正转。

4. 组合操作模式 2 训练

Pr. 79 设定为 4,进行另外一种组合操作模式训练,即频率由外接电位器给定,起动信号由操作面板的按钮控制。接线、参数设定与运行调试,可参考组合操作模式 1。

控制原理图如图 2-1-21 所示。

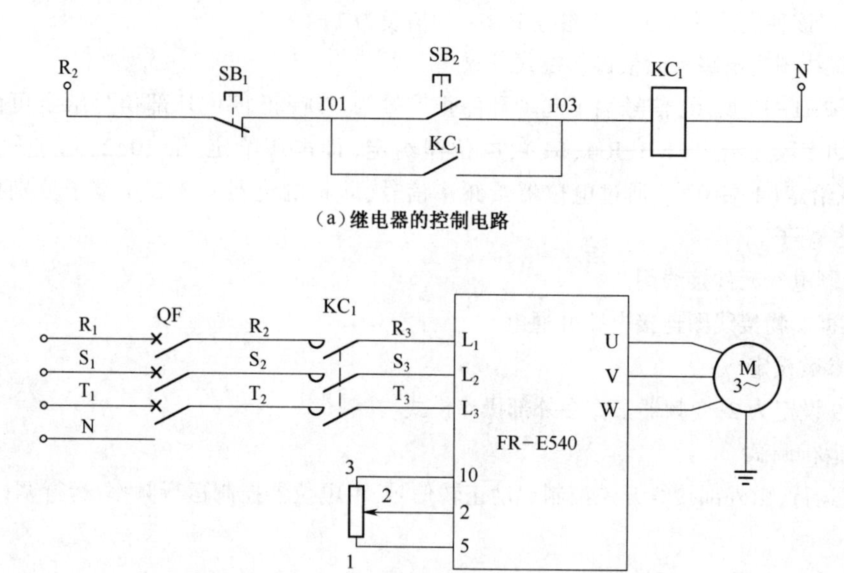

(a)继电器的控制电路

(b)变频器的主电路

图2-1-21　组合操作模式2正转连续控制原理图

学习小结

变频器的基本控制方式有 *U/f* 控制、矢量控制、直接转矩控制等,在不同的应用场合,采用不同的控制方式。三菱 FR-E540 变频器有 *U/f* 控制、矢量控制 2 种功能,由参数 Pr. 80 确定。

变频器的操作模式主要有“PU 操作模式”“外部操作模式”“组合操作模式”“通信操作模式”。在实际应用中,可根据外围控制电路和功能的要求,灵活改变操作模式。三菱 FR-E540 变频器的操作模式一般通过参数 Pr. 79 设定。

自我评估

①简述变频器 *U/f* 控制方式、矢量控制方式、直接转矩控制方式的特点。

②什么是回避频率?为什么要设置回避频率?

③如要求起动、停止由外部接线端子控制,电动机转速由外接电位器调节,则变频器的操作模式应选哪种?参数 Pr. 79 设为多少?

④变频器的频率给定主要有哪几种?

任务2　正反转控制

任务描述

变频器在实际应用中经常用来控制各类机械正反转。例如,前进、后退、上升、下降、进刀回刀等,都需要电动机正反转运行才能完成。通过本任务的学习,预期达到:

①了解变频器正反转控制的应用背景。

②能根据要求完成变频器主电路和控制电路的电气连接。

③熟悉与变频器正反转控制有关的功能参数的含义以及设定操作。

④在 PU 操作模式和外部端子信号操作模式下,完成变频器的正反转运行。运行频率分别设定为:第一次,25 Hz;第二次,45 Hz。

知识准备

一、应用背景

正反转控制是变频器的常用控制方式之一。电梯的上行与下行、数控机床主轴的正转与反转、磨床工作台的左右往返运动、横编机针头往复运动等,都需要变频器控制电动机进行正反转运行。

横编机(flat knitting machine)是针头直线排列,左右往复运动的机器。左右往复运动是编织运动时的基本运动,单次往复运动的时间与生产效率有直接关系。正反转运动的快速转换是决定编织物的生产时间的因素而且是最重要的因素,同时也是系统正反转运动时产生振动和冲击的原因。使用变频器实现正反转运动的快速转换,可以把振动控制在可以接受的水平,如图 2-2-1 所示。

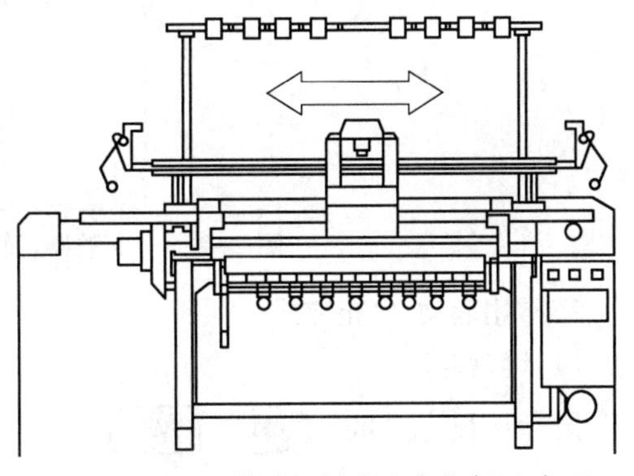

图 2-2-1　横编机针头左右往复运动

全功能数控车床的主传动系统大多采用无级变速。使用变频器驱动主轴电动机,实现主轴的无级调速,并使得主轴箱的结构大为简化,如图 2-2-2 所示。

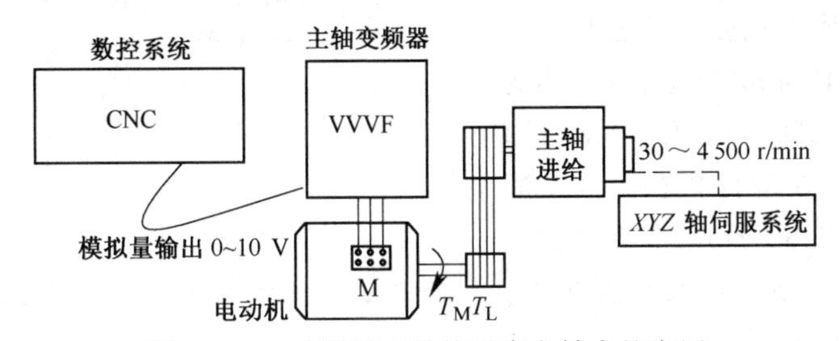

图 2-2-2　变频器在数控机床主轴中的应用

二、起动与停止控制

变频器的起动与停止控制方式,有直接通电起动、断电停止,面板控制,外接端子控制 3 种,其中“直接通电起动、断电停止”方式一般不建议使用。

1. 直接通电起动

变频器通过接通电源或断开电源控制电动机的起动或停止运行,称为直接通电起动,如图 2-2-3 所示。这种控制方式存在以下问题:

(1)容易误动作

由于控制电路和变频器同时接通电源,如果变频器已准备就绪而控制电路的控制信号还未就绪,会使变频器失控或误动作。

(2)容易自由制动

当通过主电路直接切断电源来停机时,变频器将很快因欠电压而封锁逆变电路,电动机处于自由制动状态,不能按预置的降速时间来停机。在某些应用场合是不允许的。

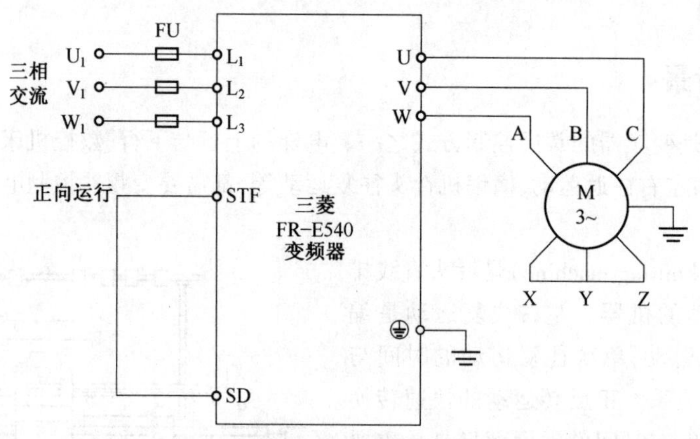

图 2-2-3 变频器正转运行直接通电起动方式

2. 常用起动、停止方式

(1)键盘起动

按面板上的 RUN 、 FWD 和 STOP RESET 键,电动机即按预置的加速时间到所设定的频率。

(2)外接端子起动

如图 2-2-4 所示,在停止状态下,KA_1 闭合,外接端子 STF 与 SD 接通,变频器输出开始按预置的上升时间上升,电动机随频率上升而起动。在运行状态下,KA 断开,外接端子 STF 与 SD 断开,变频器输出频率开始按预置的减速时间减小到 0 Hz,电动机降速到停止。

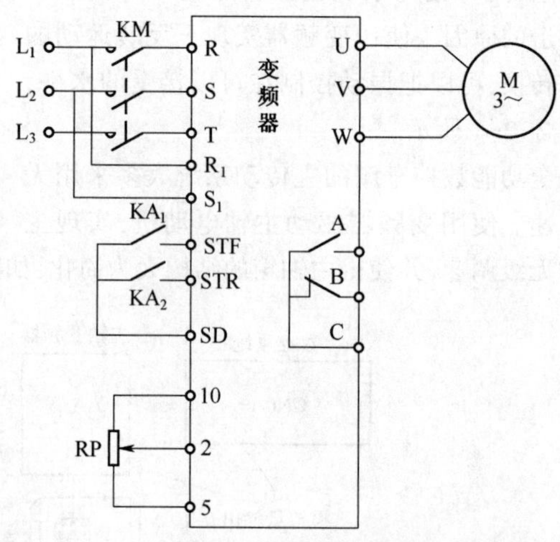

图 2-2-4 变频器正反转运行外接端子起动方式

3. 继电器控制的正反转电路

在图 2-2-4 的控制电路中,电源控制开关 KM 与 KA_1、KA_2 是独立的,会出现在运行状态下 KM 断开而非正常停机。图 2-2-5 所示为用继电器控制电动机正反转的电路,它通过互锁解决了上述问题。电动机的起动与停止由 KA_1、KA_2 完成。在 KM 未吸合前,KA_1、KA_2 不能接通,从而防止先接通 KA_1、KA_2 而产生的误动作;而当 KA_1、KA_2 接通时,其常开触点使常闭按钮 SB_1 失去作用,从而保证了只有在电动机先停止的情况下,才能使变频器切断电源。

4. 起动功能及其参数设置

与起动、加减速控制有关的参数主要有起动频率,加、减速时间,加、减速方式。

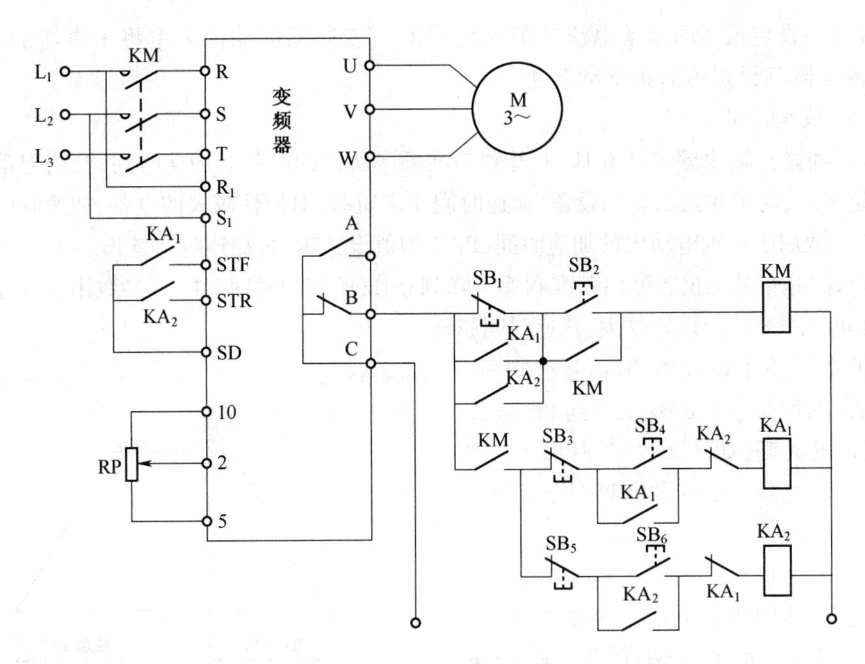

图 2-2-5　用继电器控制电动机正反转的电路

(1)起动频率

起动频率是指电动机起动时的频率,可以从 0 Hz 开始(见图 2-2-6),但对于惯性较大或摩擦力较大的负载,为容易起动,可设置合适的起动频率以增大起动转矩。

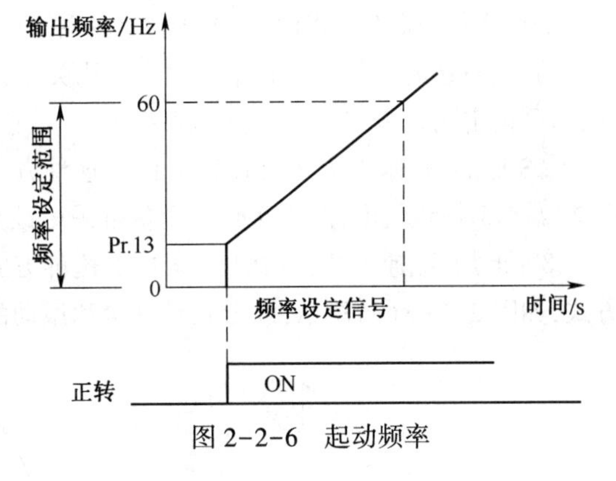

图 2-2-6　起动频率

参数 Pr. 13 用来设置电动机起动时的频率。如果起动频率比给定频率高,电动机将无法起动。

起动时的一些相关问题:

①起动前的直流制动功能。一般情况下,变频器总是在 0 Hz 或较低频率下起动,如果在起动前,不为 0 Hz,则在起动瞬间,有可能引起过电流或过电压。例如,拖动系统在起动前是以自由制动方式停机的,如果在尚未停住前又重新起动,就会出现上述现象。风机在停机状态下,受外界风力影响,叶片常自行转动,且往往是反转的。因此,起动时,电动机因进入制动状态会产生过电流。为此,变频器可以在起动前,向电动机的绕组中短时间地通入直流电,以保证拖动系统在零速下起动。

②暂停升速功能。有的负载,或者因惯性较大,或者因润滑油在低温时凝住的原因,在起动的初始阶段,可预置暂停升速功能,使拖动系统先在极低的速度下运转一段时间再升速。

③升速过电流的自处理能力。对于惯性较大的负载,如果升速时间预置得过短,也会因拖动系统的转速上升跟不上频率的变化而引起过电流。但生产工艺又要求尽量缩短起动过程,不宜将升速时间预置得过长。为此,变频器须设置升速过电流的自处理功能。如果升速

电流超过某一设定值（即起动电流的最大允许值），变频器的输出频率将不再增加，暂缓升速，待电流下降到设定值后再继续升速。

（2）加、减速时间

加速时间是指输出频率从 0 Hz 上升到基准频率所需的时间。加速时间越长，起动电流越小，起动越平缓，对于频繁起动的设备，加速时间要求短些；对惯性较大的设备，加速时间要求长些。Pr. 7 参数用于设置电动机的加速时间，Pr. 7 的值设置越大，加速时间越长。

减速时间是指从输出频率由基准频率下降到 0 Hz 所需的时间。Pr. 8 参数用于设置电动机的减速时间。Pr. 8 的值设置越大，减速时间越长。

Pr. 20 参数用于设置加、减速基准频率。Pr. 7 设置的时间是指从 0 Hz 上升到 Pr. 20 设定频率所需的时间，如图 2-2-7 所示。Pr. 8 设置的时间是指从 Pr. 20 设定频率下降到 0 Hz 所需的时间。

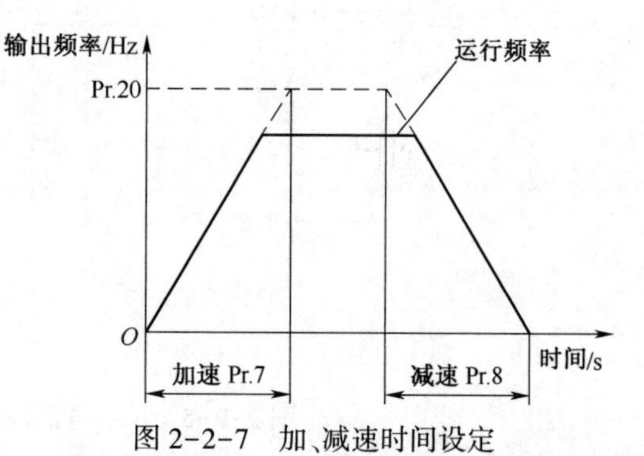

图 2-2-7　加、减速时间设定

（3）加、减速曲线

为了适应不同机械的起动停止要求，可给变频器设置不同的加、减速方式。加、减速方式主要有 3 种（由参数 Pr. 29 设定）：

①直线加、减速方式（Pr. 29 =0）。这种方式的加、减速时间与输出频率变化成正比关系，如图 2-2-8（a）所示，大多数负载采用这种方式，出厂设定为该方式。

②S 形加、减速 A 方式（Pr. 29 =1）。这种方式在开始和结束阶段，升速和降速比较缓慢，如图 2-2-8（b）所示，电梯、传送带等设备常采用该方式。

③S 形加、减速 B 方式（Pr. 29 =2）。这种方式是在 2 个频率之间提供一个 S 形加、减速 A 方式，如图 2-2-8（c）所示，该方式具有缓和振动的效果。

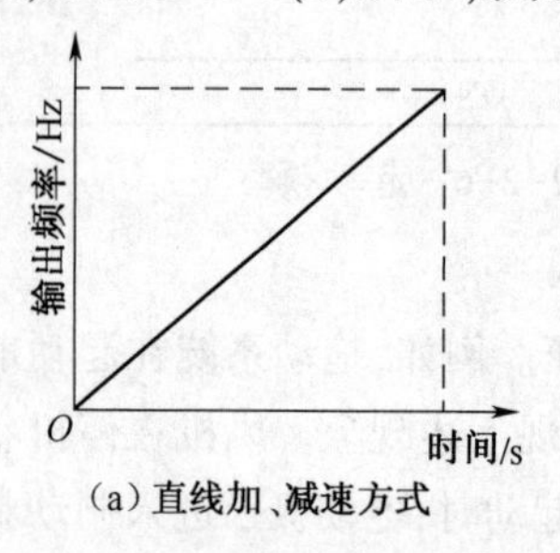

（a）直线加、减速方式

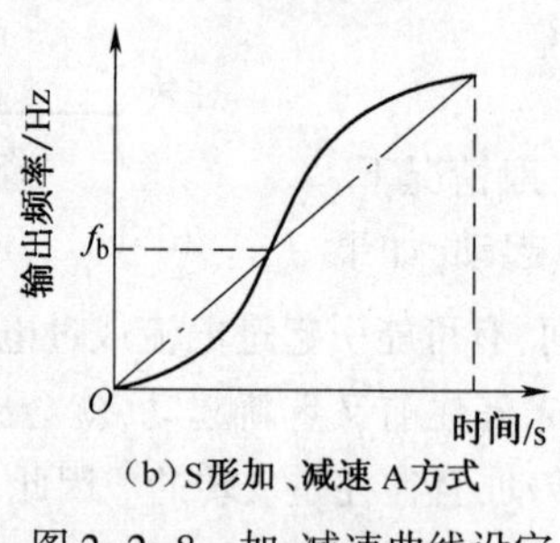

（b）S形加、减速 A方式

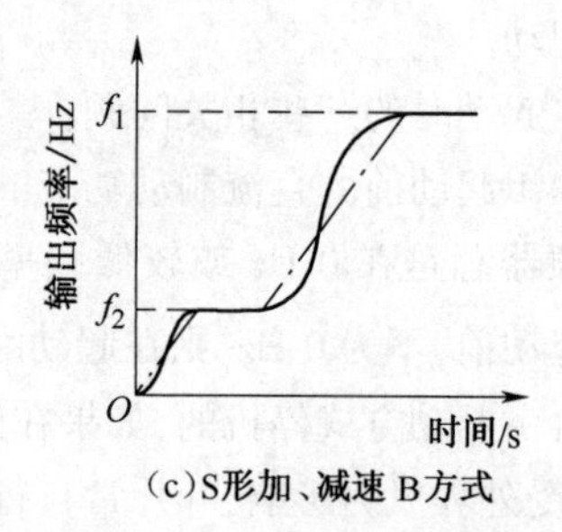

（c）S形加、减速 B方式

图 2-2-8　加、减速曲线设定

5. 制动功能及其参数设置

（1）常规制动方式

①斜坡制动。变频器按照预置的降速时间和方式逐渐降低输出频率，使电动机的转速随着下降，直至为零。

②自由制动。变频器关闭输出信号，使输出电压为 0 V，实际上就是切断电动机的电源。在这种情况下，电动机将自行停止，停止的时间长短不受控制，因拖动系统的惯性大小而异。

(2)直流制动

在大多数情况下,可以采用再生制动方式来制动电动机。但对于某些要求快速制动,而再生制动又容易引起过电压的场合,则应以加入直流制动。

此外,有的负载虽然允许制动时间稍长一些,但因为惯性较大而停不住,停止后有“爬行”现象。这对于某些机械来说,是不允许的。例如,龙门刨床的刨台,“爬行”的结果将有可能使刨台滑出工作台面,造成十分危险的后果。因此,也有必要加入直流制动。

①直流制动的原理。直流制动又称能耗制动,就是向定子绕组内通入直流电流,使电动机产生很强烈的制动转矩,使拖动系统快速停住。此外,停止后,定子的直流磁场对转子铁芯还有一定的“吸住”作用,以克服机械的“爬行”。直流制动的原理与预置,如图 2-2-9 所示。

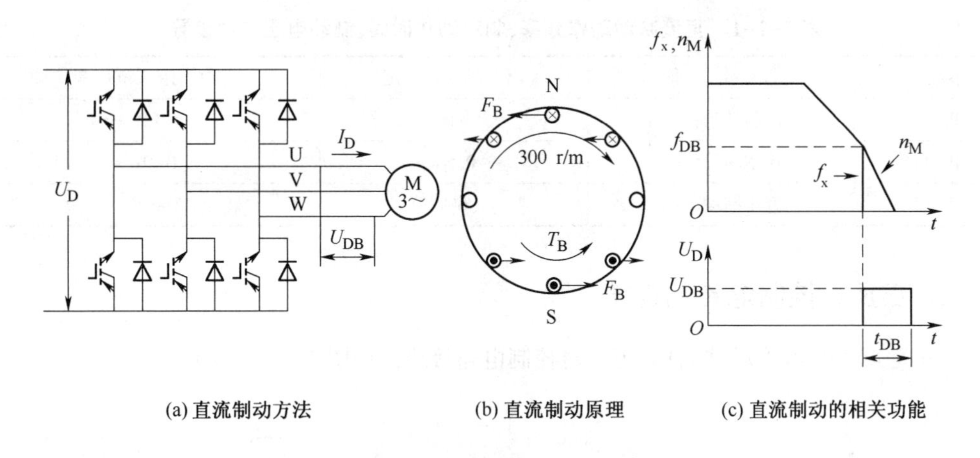

(a) 直流制动方法　　(b) 直流制动原理　　(c) 直流制动的相关功能

图 2-2-9　直流制动的原理与预置

②直流制动的预置。采用直流制动时,需预置以下物理量:

a. 直流制动的起始频率 f_{DB}。在大多数情况下,直流制动都是和再生制动配合使用的,即首先用再生制动方式将电动机的转速降至较低转速,其对应的频率即作为直流制动的起始频率 f_{DB}。然后再加入直流制动,使电动机迅速停住。预置起始频率 f_{DB} 的主要依据是负载对制动时间的要求,要求制动时间越短,起始频率 f_{DB} 越高。

b. 直流制动电压 U_{DB}。在定子绕组上施加直流电压的大小决定了直流制动的强度。当制动电压较低时,制动转矩的临界值较小;反之,当制动电压较高时,制动转矩的临界值较大。

c. 直流制动时间 t_{DB},即施加直流制动电压的时间。

③直流制动相关参数设定。变频器直流制动的相关参数主要有 Pr. 10、Pr. 11 和 Pr. 12 。Pr. 10 用于设定直流制动的动作频率,即在变频器控制电动机停止运行的过程中,变频器的输出频率逐渐降低。当变频器的输出频率降到参数 Pr. 10 所设定的频率值时,直流制动开始起作用。Pr. 12 用于设定直流制动时所施加的直流制动电压。Pr. 11 用于设定直流制动电压所施加的时间,即动作时间,如图 2-2-10 和表 2-2-1 所示。采用直流制动,变频器可缩短电动机制动的时间,提高定位运行时的精度。

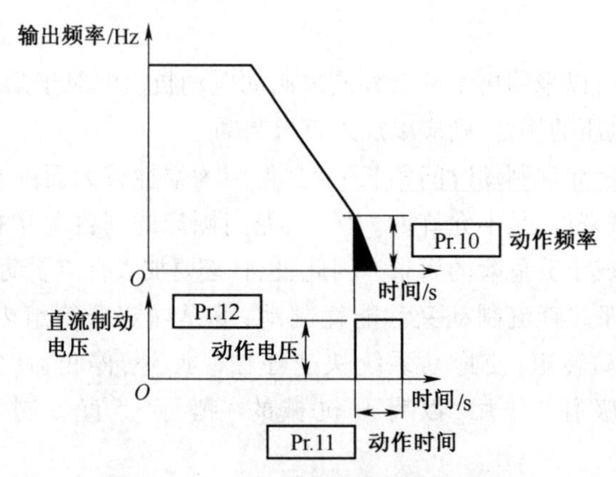

图 2-2-10　直流制动相关参数设置

表 2-2-1　直流制动动作频率、制动动作时间、制动电压参数设置

参数号	功　能	出 厂 设 定	设 定 范 围
Pr. 10	直流制动动作频率	3 Hz	0~120 Hz
Pr. 11	直流制动动作时间	0. 5 s	0~10 s
Pr. 12	直流制动电压	6%	0~30%

三、正反转控制电路的连接

以三菱 FR-E540 变频器为例,正反转控制电路接线图如图 2-2-11 所示。

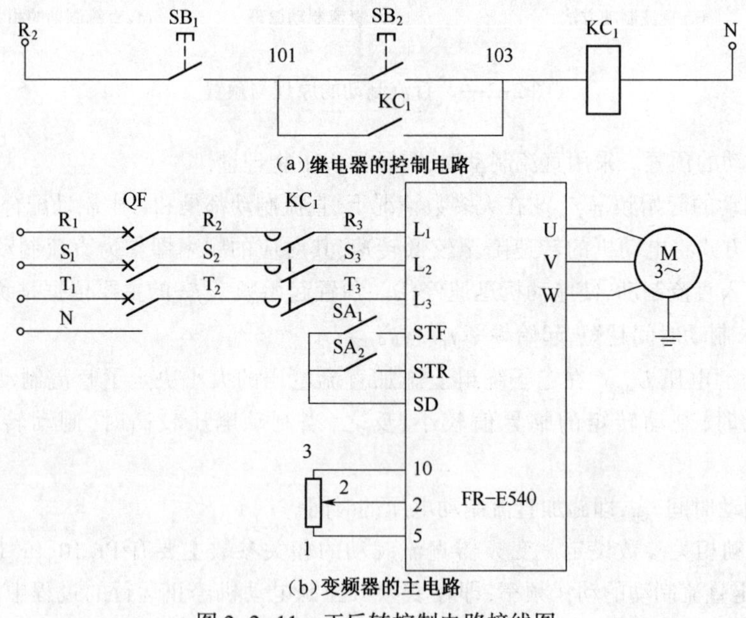

图 2-2-11　正反转控制电路接线图

1. 主电路的连接

输入接线端子 L_1、L_2、L_3 和 N 接三相电源,接线时务必保证 N 线不能接错! 输出接线端子 U、V、W 接电动机。SB_2,KC_1 闭合,变频器通电;SB_1,KC_1 断开,变频器断电。

2. 控制回路的连接

正转起动端子通过开关 SA_1 与公共输入端子 SD 相连，反转起动端子通过开关 SA_2 与公共输入端子 SD 相连。

SA_1 闭合、SA_2 断开，变频器控制电动机反转；SA_1 断开、SA_2 闭合，变频器控制电动机反转。

在不同的操作模式下，会有所不同。例如，当 Pr. 79 = 3 时，变频器处在 PU/外部组合运行模式 1，运行频率由操作面板设定，起动/停止控制由外部输入端子(STF、STR)控制。在这种情况下，图 2-2-11 中的电位器可以不接。

四、基本功能参数设定

正反转控制参数设定，见表 2-2-2。

表 2-2-2　正反转控制参数设定

参　数　号	名　称	设　定　数　据
Pr. 0	转矩提升	4%
Pr. 1	上限频率	50 Hz
Pr. 2	下限频率	0 Hz
Pr. 3	基本频率	50 Hz
Pr. 7	加速时间	5 s
Pr. 8	减速时间	5 s
Pr. 9	电子过电流保护	3A
Pr. 10	直流制动动作频率	5 Hz
Pr. 11	直流制动动作时间	1 s
Pr. 12	直流制动动作电压	4%
Pr. 13	起动频率	0. 5 Hz
Pr. 14	适用负载选择	0
Pr. 20	加、减速基准频率	50 Hz
Pr. 21	加、减速时间单位	0
Pr. 73	模拟量输入选择	1
Pr. 77	参数写入禁止选择	0
Pr. 78	反转防止选择	0
Pr. 79	操作模式选择	0、1、2、3、4

1. PU 模式控制变频器正反转运行模式

①主电路和控制电路按图 2-2-11 连接。

②检查无误后，通电。

③按下操作面板 MODE 键进入参数设置菜单画面，按知识准备中的正反转控制设定表格进行设置(Pr. 79 设为 1，PU 指示灯亮)。参数设置完毕按 MODE 键切换到运行监视模式界面 MON 指示灯亮，即可进行正反转运行操作。

④按下 FWD 键，电动机将按第 1 次设定频率值，逐渐加速并工作在正转 25 Hz 连续运行

状态。按下 STOP/RESET 键,电动机逐渐减速,当减到 5 Hz 时,由于直流制动的加入,电动机立即停止。在减速过程中,观测直流制动开始的频率。

⑤按下 REV 键,电动机将按第 1 次设定频率值,逐渐加速并工作在反转 25 Hz 连续运行状态。按下 STOP/RESET 键,电动机逐渐减速,当减到 5 Hz 时,由于直流制动的加入,电动机立即停止。在减速过程中,观测直流制动开始的频率。

⑥45 Hz 正反转运行频率的操作步骤和方法:只需将在运行操作模式下,监视显示为频率时,改变运行频率的设定值为 45 Hz 即可,按下 SET 键确认。

2. 外部端子信号控制正反转连续运行模式

①主电路和控制电路按知识准备中的图 2-2-11 所示连接。

②检查无误后,通电。

③按下操作面板 MODE 键进入参数设置菜单画面,按知识准备中的正反转控制设定表格进行设置(Pr. 79 设为 2,EXT 指示灯亮)。参数设置完毕按 MODE 键切换到运行监视模式界面,此时 MON 指示灯亮。此时,即可进行正反转运行操作。

④接通 SD 与 STF,电动机将按照电位器所给模拟电压值,正向逐渐加速并连续运行,改变电位器的电压即可改变设定运行频率值。如断开 SD 与 STF,电动机停转。

⑤接通 SD 与 STR,电动机将按照电位器所给模拟电压值,反向逐渐加速并连续运行,改变电位器的电压即可改变设定运行频率值。如断开 SD 与 STR,电动机停转。

⑥LED 监视器的显示值应与电位器所加电压值一致。正反转连续运行中还可以按下 SET 键,监视电流和电压。

3. 操作面板/外部端子组合控制正反转连续运行模式

接线同上,将 Pr. 79 的值改为 3 或 4,进行变频器的正反转运行操作。

学习小结

正反转控制是变频器的常用控制方式之一,涉及电动机的起动、升速、降速、停止、再起动等过程,并且与负载特性相关,应合理选择制动方式,加、减速曲线和加、减速时间等参数。如果加、减速时间设得过小,变频器将会出现过载。通过在电动机上施加直流制动,可使定位运行的停止精度适合负载的要求。

参数 Pr. 7 、Pr. 8 用于设定加速时间与减速时间,Pr. 29 参数用于设定加、减速曲线类型,Pr. 10(直流制动动作频率)、Pr. 12(直流制动电压)、Pr. 11(直流制动动作时间)这 3 个参数用来设定停止时的开始直流制动的动作频率、直流时所加的直流制动电压以及动作时间。

自我评估

①简述变频器常用的起动、停止方式。

②什么是起动频率?三菱 FR-E540 变频器设置起动频率的参数是什么?

③什么是直流制动频率?

④改进图 2-2-11 所示的正反转控制电路图,增加变频器故障切断功能,即变频器发生故障报警时,通过主电路切断变频器电源。有关报警输出继电器的功能,请参考变频器说明书。

⑤为平面磨床工作台连续正反转控制设计一个解决方案。有关磨床的相关知识,请自行查阅相关资料。

任务3　点 动 控 制

任务描述

机械设备的试车或刀具的调整等,都需要电动机的手动、点动控制。基本要求如下:

①掌握变频器点动控制的应用背景及其特点。

②根据要求设计点动控制电路,设置相关参数并点动控制运行。

知识准备

一、应用背景

点动控制在机械设备运动的手动调整控制中应用广泛,如机床试车时,通过点动控制调整位置;桥式起重机点动控制吊钩位置等。

图2-3-1所示为制袜机中变频器点动运转的实例。在正常工作状态下,变频器控制电动机连续正转运动,以变频器控制电动机的速度,调节产品的生产速度。但在线发生缠结时,操作员以点动频率进行运转解开缠结的线。

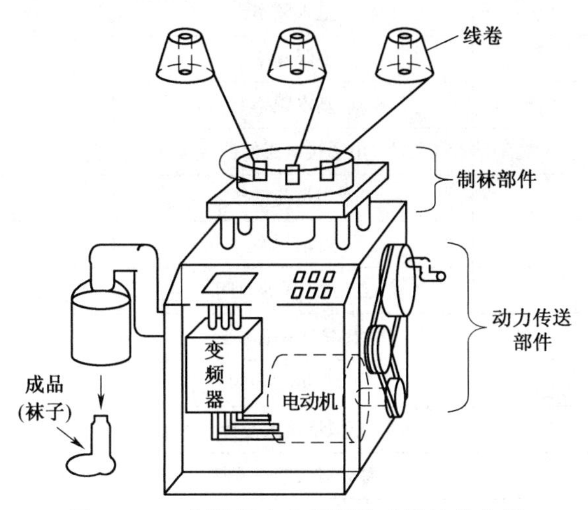

图2-3-1　制袜机中变频器点动运转的实例

二、点动控制电路

以三菱FR-E540变频器为例。

1. 键盘控制方式

主电路与任务1、任务2相同。

通过操作面板选择点动模式,按RUN键(或FWD、REV键)起动,按STOP/RESET键停止。

2. 外部控制方式

由 SB_1、SB_2 控制正反转，如图 2-3-2 所示，变频器设置为点动模式。

对于有些变频器(如 A740)，留有专门的点动模式端子 JOG，如图 2-3-3 所示。

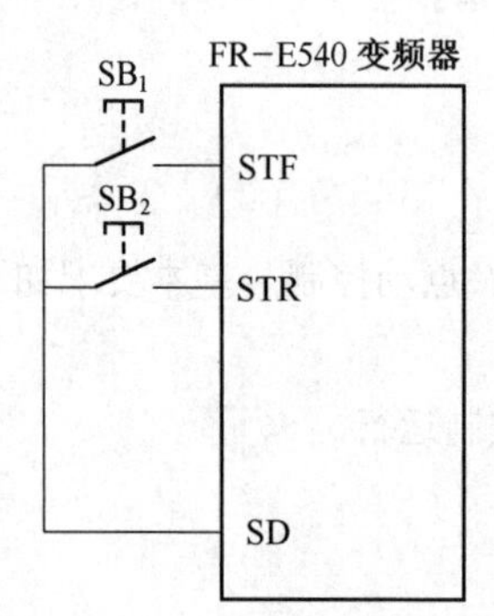

图 2-3-2　FR-E540 点动控制电路图

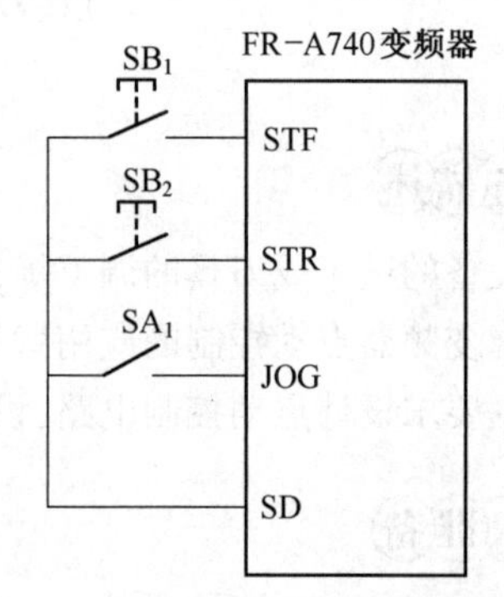

图 2-3-3　FR-A740 点动控制电路图

三、相关功能参数的含义及设定操作技能

1. 点动控制参数设定(见表 2-3-1)

表 2-3-1　点动控制参数设定

参 数 号	名　称	设 定 数 据
Pr. 1	上限频率	50 Hz
Pr. 2	下限频率	0 Hz
Pr. 3	基本频率	50 Hz
Pr. 9	电子过电流保护	3 A
Pr. 14	适用负荷选择	0
Pr. 15	点动频率	5 Hz、10 Hz、20 Hz
Pr. 16	点动加、减速时间	5 s
Pr. 20	加、减速基准频率	50 Hz
Pr. 21	加、减速时间单位	0
Pr. 73	模拟量输入选择	1
Pr. 77	参数写入禁止选择	0
Pr. 78	反转防止选择	0
Pr. 79	操作模式选择	0

2. 参数含义

(1) Pr. 15 点动频率

此功能参数不用于正常的运行频率值，是设定电动机的点动运行频率值，设定范围为 0~4 000 Hz。通过操作面板选择点动模式，用 RUN 键(FWD、REV 键)的开关，进行起动、停止的操作。

(2) Pr. 16 点动加、减速时间

此参数为点动运行专用设定的加、减速时间，其加、减速时间设定为加、减速到 Pr. 20 中设定的加、减速基准频率时间，加、减速时间不能另外设定。设定范围为 0~3 600 s(Pr. 21=0)，0~360 s(Pr. 21=1)。

图 2-3-4 为 FR-E540 变频器点动运行模式参数设置及运行图。

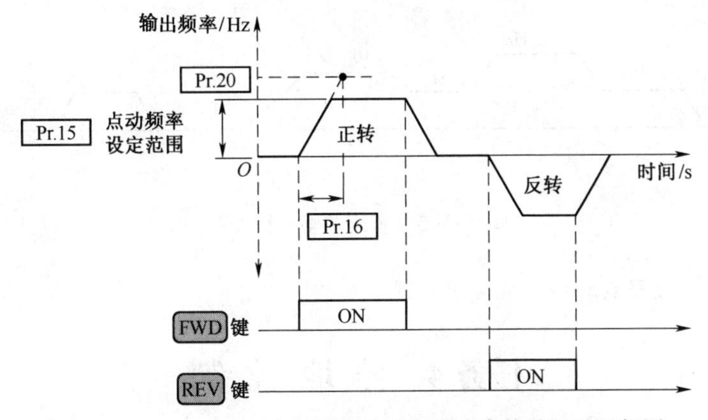

图 2-3-4　FR-E540 变频器点动运行模式参数设置及运行图

任务实施

操作面板控制点动运行：

①主电路和控制电路按图 2-2-11 连接好。

②检查无误后，通电。

③参考表 2-3-1 设定点动控制参数(Pr. 79 设为 0，PU 指示灯亮)。按▲/▼选择 JOG 模式及其点动频率等。FR-A740 变频器的设置，参考该变频器的说明书。

④按下 FWD 键，电动机将按照第 1 次设定频率 5 Hz 工作在正转，逐渐加速点动运行状态；松开 FWD 键，电动机将逐渐减速停止运行。

⑤按下 REV 键，电动机将按照第 1 次设定频率 5 Hz 工作在反转，逐渐加速点动运行状态；松开 REV 键，电动机将逐渐减速停止运行。

⑥观察 LED 监视器所显示值应为点动 5 Hz，加、减速时间由 Pr. 16 的值决定。

⑦10 Hz、20 Hz 点动频率运行的操作步骤和方法只需将参数设定 Pr. 15 改为 10 Hz、20 Hz 即可，其他同上。

学习小结

点动控制在机械设备运动的手动调整控制中应用广泛。要实现变频器的点动控制，必须把变频器设置为点动模式，并设置合适的加、减速频率。

不同的变频器，点动模式的设置也不同。FR-E540 变频器通过操作面板设置点动模式。FR-A740 变频器供外接 JOG 端子，可实时设置为点动模式，如 JOG 与 SD 短接，变频器工作在点动运行模式；JOG 与 SD 断开，变频器工作在常动模式。

①机械设备的调整常用到点动操作,点动运行频率和点动运行时间可由现场调整。根据图 2-3-5 所示的车床调整运行曲线,设计控制方案。

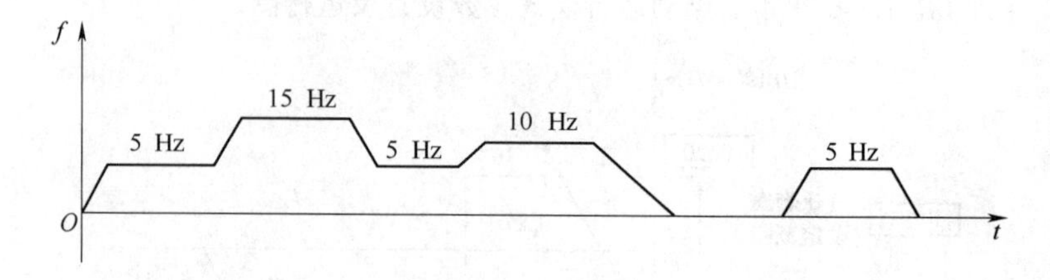

图 2-3-5　车床调整运行曲线

②列举几个变频器点动控制的应用实例。

任务 4　异 地 控 制

在工业生产过程中,生产现场与操作室之间经常要用到异地控制。基本要求如下:

①掌握变频器异地控制的应用背景。

②根据设计要求设计控制电路,设置变频器参数。

③分别用操作面板和外部端子进行异地控制运行,运行频率为 20 Hz。

一、应用背景

在工业现场中,生产现场与操作室之间往往有一段距离,有时需要两个地方都能实现正反转及其停止的控制。例如,在地铁空调系统中,利用变频器控制供气和排气。通过两地控制方案,既可在现场控制,也可远程控制,实现了远程/本地运转,如图 2-4-1 所示。

二、外接异地运行控制电路——开关按钮的并联和串联

利用开关按钮的并联和串联,可实现变频器的异地运行控制。如图 2-4-2 所示,SB_{11}、SB_{12}为甲地按钮,SB_{21}、SB_{22}为乙地按钮,SB_{11}、SB_{21}为正转控制,SB_{12}、SB_{22}为反转控制。

有些变频器具有脉冲控制速度的外接端口,还可实现异地速度的控制。另外,利用串行通信接口的远程/本地控制功能,也可实现异地控制。

三、外接异地速度控制电路——遥控功能

FR-E540 变频器的 Pr. 59 参数提供了遥控功能。当选择遥控功能时,RH、RM、RL 端子功能改变为加速(RH)、减速(RM)、清除(RL)。此时,多段速功能无效。

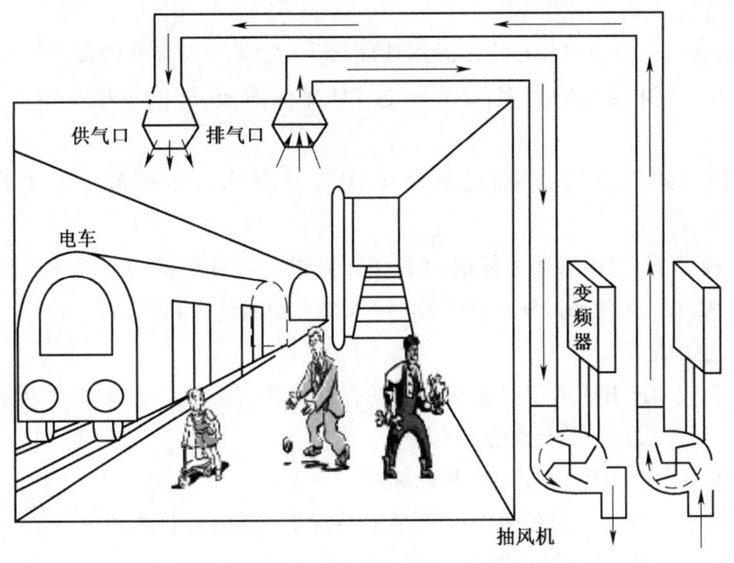

图 2-4-1　地铁空调系统的远程/本地运转

1. 控制电路

遥控功能控制电路如图 2-4-3 所示。RH 为加速端子,RM 为减速端子。SB_{14}、SB_{15}分别为甲地加、减速控制,SB_{24}、SB_{25}分别为乙地加、减速控制。

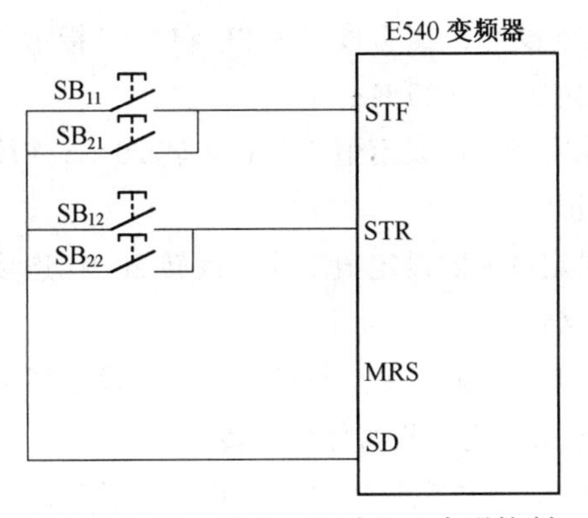

图 2-4-2　开关按钮的并联和串联控制

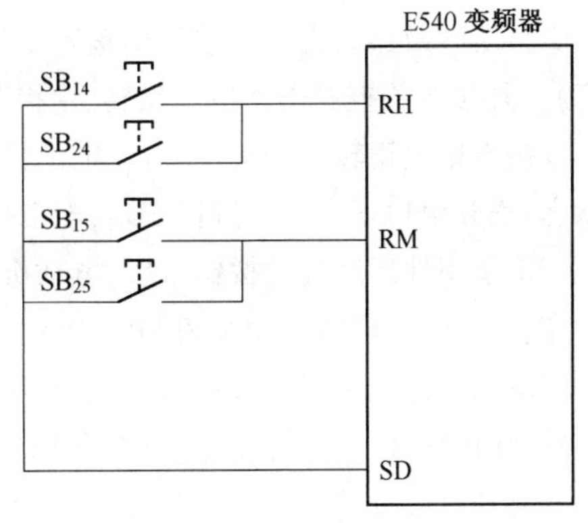

图 2-4-3　遥控功能控制电路

2. 相关功能参数

参数 Pr. 59 设定值,见表 2-4-1。

表 2-4-1　参数 Pr. 59 设定值

Pr. 59 设定值	动　作　说　明	
	遥控设定功能	频率设定记忆功能(E^2PROM)
0	无	—
1	有	有
2	有	无

(1)遥控功能下的频率补偿

Pr. 59=1或2时,RH、RM、RL的多段速功能将失效,而改为频率增加、频率减少和频率清零功能。使用RH、RM设定的频率,还可通过PU操作面板、外部模拟电压或模拟电流给予补偿。

①外部运行模式下,变频器输出频率=RH、RM操作设定的频率+来自外部的模拟频率。

②PU运行模式下,变频器输出频率=RH、RM操作设定的频率+PU数字设定频率。

信号RH、RM、RL请在Pr. 180~ Pr. 183(输入端子功能选择)处设定。

(2)频率设定记忆功能

Pr. 59=1时,用RH、RM设定的频率存储在存储器里。一旦切断电源重新通电时,输出频率为此设定值。频率设定值的记忆条件如下:

①起动信号STF或STR为OFF时刻的频率。

②RH(加速)及RM(减速)信号为OFF状态持续1 min以上时的频率。

Pr. 59=2时,用RH、RM设定的频率不能保存。

任务实施

1. 两地运行控制、本地设定运行频率

①主回路和控制回路按图2-4-2、图2-4-3接线,经检查无误后方可通电。

②将所涉及参数先按要求正确置入变频器(Pr. 79设为3,组合模式1,PU和EXT指示灯同时亮)。外接开关控制电动机正反转,由控制面板设定频率为20 Hz。

③按下甲地正转起动按钮SB_{11},电动机将按照设定频率的设定值工作在正转20 Hz连续运行状态;松开甲地正转起动按钮SB_{11},电动机将停止正转。

④按下甲地反转起动按钮SB_{12},电动机将按照设定频率的设定值工作在反转20 Hz连续运行状态;松开甲地反转起动按钮SB_{12},电动机将停止反转。

⑤电动机停机情况下,按下乙地正转起动按钮SB_{21},电动机将按照设定频率的设定值工作在正转20 Hz连续运行状态;松开乙地正转起动按钮SB_{21},电动机将停止正转。

⑥电动机停机情况下,按下乙地反转起动按钮SB_{22},电动机将按照设定频率所设定值工作在反转20 Hz连续运行状态;松开乙地反转起动按钮SB_{22},电动机将停止反转。

2. 两地运行控制、两地设定运行频率

①正确设置参数Pr. 79和Pr. 59。

②运行控制同上。

③按下甲地加速控制按钮SB_{14},电动机运行速度上升,电动机转速增大;按下甲地减速控制按钮SB_{15},电动机运行速度下降,电动机转速减小。

④按下乙地频率上升按钮SB_{24},电动机运行频率上升,电动机转速增大;按下乙地频率下降按钮SB_{25},电动机运行频率下降,电动机转速减小。

外接两地或多地控制是生产现场常见的一种控制方式之一。实现异地控制的方法有多种,

如继电器异地控制、变频器本身的遥控控制功能、通信控制等,可根据变频器的功能及其现场环境要求灵活设计。

①参考知识准备中的两地控制电路,设计一个三地控制电路,同时考虑速度控制如何实现。

②列举几个异地控制的应用例子。

任务5　多段速控制

变频器的多段速控制在经常需要改变速度的生产工艺和机械设备中得到广泛应用,如为了保证电梯快捷平稳运行,电梯变频器采用了多段速运行。基本要求如下:

①熟悉变频器多段速控制的应用背景。

②熟悉变频器多段速控制的典型电路。

③根据工艺要求设计多段速控制电路,设置相关参数。

④通过操作面板或外部接线端子,完成多段速控制电路的调试与运行。

一、应用背景

变频器的多段速控制与模拟量无级调速相比,具有以下优点:

①控制简单、经济、可靠。数字开关量控制,PLC 无须扩展 D/A 模块,抗干扰能力强。

②多级调速能满足大部分生产工艺要求。许多生产工艺只需要分段调速。例如,某注塑机通过变频器控制合模的射胶压力,只需要分 8 挡速度调节即可,如图 2-5-1 所示。

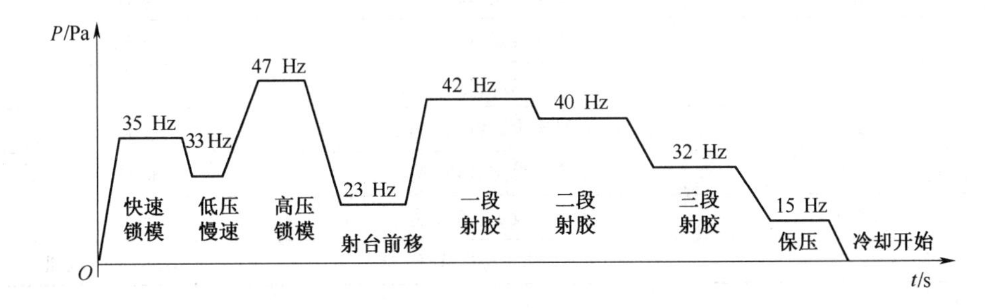

图 2-5-1　注塑机合模射胶压力变化图曲线

三菱 FR-E540 变频器的 RH、RM、RL、REX 多段速控制端子,可提供 15 段速度的控制。在输入接线端子排里,RH、RM、RL 可以直接找到,而 REX 不能直接找到。要使用 REX 时,可借用 MRS 等输入端子,即把 MRS 端子的功能改为 REX 的功能(参数 Pr. 183 由原来的 6 改为 8)。

二、多段速运行的基本控制电路

SA_3、SA_4、SA_5、SA_6 组合控制，可控制 15 段速度。每一段的运行频率可由相应的参数设定。多段速运行的基本控制电路如图 2-5-2 所示。

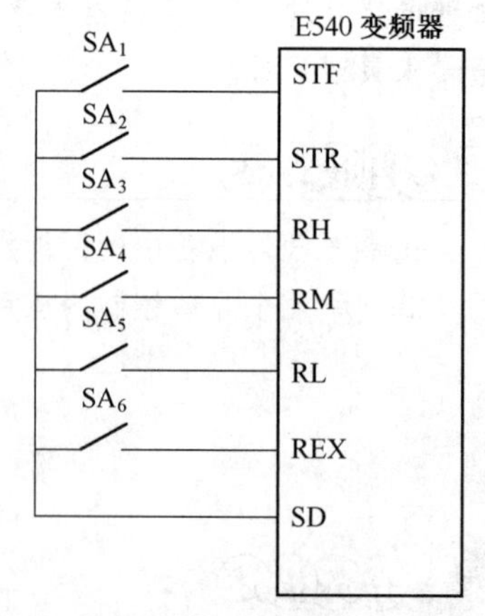

图 2-5-2　多段速运行的基本控制电路

三、相关功能参数

1. 参数设定

多段速的参数设定，见表 2-5-1。

2. 参数含义详解及设定操作

(1) Pr. 4~Pr. 6 多段速设定频率

此参数为多段速设定频率值，其设定频率为多段速的 1~3 段速。

表 2-5-1　多段速的参数设定

参 数 号	名 称	设 定 数 据
Pr. 4	多段速设定:1 段速	15 Hz
Pr. 5	多段速设定:2 段速	30 Hz
Pr. 6	多段速设定:3 段速	50 Hz
Pr. 24	多段速设定:4 段速	20 Hz
Pr. 25	多段速设定:5 段速	25 Hz
Pr. 26	多段速设定:6 段速	45 Hz
Pr. 27	多段速设定:7 段速	10 Hz
Pr. 79	操作模式选择	2、4
Pr. 232	多段速设定:8 段速	40 Hz
Pr. 233	多段速设定:9 段速	48 Hz
Pr. 234	多段速设定:10 段速	38 Hz
Pr. 235	多段速设定:11 段速	28 Hz
Pr. 236	多段速设定:12 段速	18 Hz
Pr. 237	多段速设定:13 段速	10 Hz
Pr. 238	多段速设定:14 段速	36 Hz
Pr. 239	多段速设定:15 段速	26 Hz
Pr. 183	MRS 端子功能选择	8 (选 REX 即 15 段速)

①只有高、中、低这 3 挡速度时，Pr. 4、Pr. 5、Pr. 6 分别设定高速、中速、低速所对应的频率设定值，由外部端子 RH、RM、RL 控制。Pr. 24~Pr. 27、Pr. 232~Pr. 239 设定为出厂设定值 9 999。

②在 7 段速或 15 段速时，Pr. 4、Pr. 5、Pr. 6 分别为第 1 段速、第 2 段速、第 3 段速。

(2) Pr. 24~Pr. 27 多段速设定频率

此参数为多段速设定频率值，其设定频率为多段速的 4~7 段速。用 RH、RM、RL 或 RH、RM、RL、REX 信号的组合来设定 4~7 段速的频率。当设为 9 999 时为不选择功能。

(3) Pr. 232~Pr. 239 多段速设定频率

此参数为多段速设定频率值,其设定频率为多段速的 8~15 段速。用 RH、RM、RL、REX 信号的组合来设定 8~15 段速的频率。当设为 9 999 时为不选择功能。

(4) Pr. 180~Pr. 183 输入端子功能选择

三菱 FR-E540 变频器的外部输入端子 RH、RM、RL、MRS 的功能可通过 Pr. 180~Pr. 183 参数设定,见表 2-5-2、表 2-5-3。要把 MRS 端子的功能改为 REX 时,Pr. 183 参数由原来的 6 改为 8。

表 2-5-2　输入端子功能选择参数

参 数 号	端 子 符 号	出厂设定	出厂设定功能	设定范围
Pr. 180	RL	0	低速运行指令(RL)	0~8、16、18
Pr. 181	RM	1	中速运行指令(RM)	0~8、16、18
Pr. 182	RH	2	高速运行指令(RH)	0~8、16、18
Pr. 183	MRS	6	输出切断(MRS)	0~8、16、18

表 2-5-3　设定功能值含义

设定值	端子名称	功　能		相 关 参 数
0	RL	Pr. 59=0	低速运行指令	Pr. 4~Pr. 6、Pr. 24~Pr. 27、Pr. 232~Pr. 239
		Pr. 59=1、2	遥控设定:清零	Pr. 59
1	RM	Pr. 59=0	中速运行指令	Pr. 4~Pr. 6、Pr. 24~Pr. 27、Pr. 232~Pr. 239
		Pr. 59=1、2	遥控设定:减速	Pr. 59
2	RH	Pr. 59=0	高速运行指令	Pr. 4~Pr. 6、Pr. 24~Pr. 27、Pr. 232~Pr. 239
		Pr. 59=1、2	遥控设定:加速	Pr. 59
3	RT	第 2 功能选择		Pr. 44~Pr. 48
4	AU	电流输入选择		
5	STOP	起动自保持端子		
6	MRS	输出切断端子		
7	OH	外部热继电器输入		
8	REX	15 段速选择(同 RL、RM、RH 的 3 段速组合)		Pr. 4~Pr. 6、Pr. 24~Pr. 27、Pr. 232~Pr. 239
16	X16	PU 运行,外部运行互换		Pr. 79
18	X18	通用磁通矢量控制 V/F 控制切换		Pr. 80

四、几种典型的多段速控制电路

1. 行程开关控制的多段速控制电路

某一设备的生产工艺要求有高、中、低这 3 挡速度,由变频器控制电动机的转速,高速挡的频率为 50 Hz,中速挡的频率为 30 Hz,低速挡的频率为 10 Hz。首先变频器起动并以高速挡的速度运行,当碰到行程开关 SQ_1 后,以中速挡的速度运行,当碰到行程开关 SQ_2 后,以低速挡的速度运行,当碰到行程开关 SQ_3 后,停止运行,如图 2-5-3 所示。

（1）控制电路

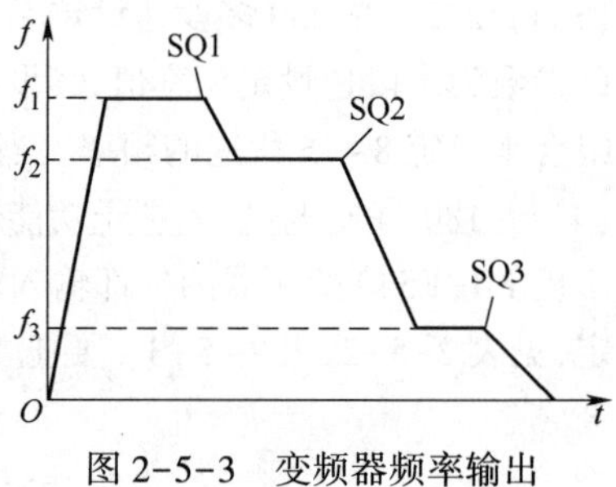

图 2-5-3　变频器频率输出

图 2-5-4 所示为实现上述功能的变频器多段速控制电路，它由主电路和控制电路 2 部分组成。该电路采用了 $KA_0 \sim KA_3$ 共 4 个中间继电器，$KA_1 \sim KA_3$ 的常开触点接在变频器的多段速控制输入端 RH、RM、RL，KA_0 的常开触点接在变频器的正转控制输入端，3 个行程开关 $SQ_1 \sim SQ_3$ 用来检测运动部件的位置并进行转速的切换控制。

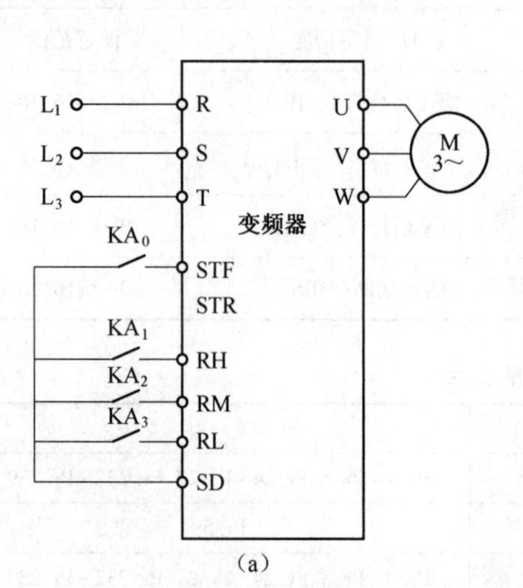

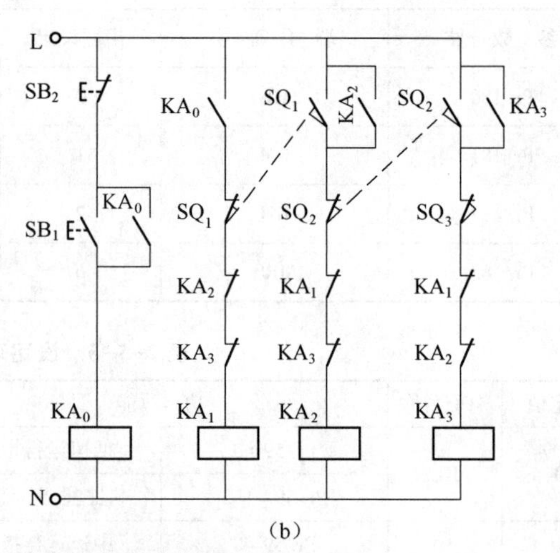

图 2-5-4　行程开关控制的多段速控制电路

电路工作过程说明如下：

①起动并高速运行。按下起动按钮 SB_1，中间继电器 KA_0 绕组得电，KA_0 的 3 个常开触点闭合，KA_0 自锁。一个 KA_0 常开触点闭合与 SQ_1、KA_2、KA_3 的常闭触点一起使 KA_1 绕组得电，与 RH 相连的 KA_1 的常开触点闭合，RH 与 SD 接通（即 RH 端输入低速指令信号）；KA_1 的常闭触点断开，KA_2、KA_3 绕组不能得电，与 RM、RL 相连的 KA_2、KA_3 的 2 个常开触点均断开，RM、RL 与 SD 均断开，变频器多段速频率控制为高速挡。与 STF 相连的 KA_0 的另一个常开触点闭合，STF 端与 SD 端接通（即 STF 端输入正转指令信号），变频器以高速挡的速度起动。

②高速转为中速运行。高速运转的电动机带动运动部件运行到一定位置时，行程开关 SQ_1 动作，SQ_1 常闭触点断开，常开触点闭合，SQ_1 常闭触点断开使 KA_1 绕组失电，RH 端子外接的 KA_1 触点断开，SQ_1 常开触点闭合使继电器 KA_2 绕组得电，KA_2 的 2 个常闭触点断开，2 个常开触点闭合。KA_2 的 2 个常闭触点断开分别使 KA_1、KA_3 绕组无法得电，RH、RM 外接的 KA_1、KA_3 的 2 个常开触点断开，RH、RM 与 SD 均断开；KA_2 的 2 个常开触点闭合，其中 KA_2 的一个常开触点闭合锁定，KA_2 绕组得电；另一个与 RM 相连的 KM_2 的常开触点闭合，使 RM 端与 SD 端接通（即 RM 端输入中速指令信号），变频器输出频率由高速挡切换为低速挡，电动机由高速转为中速运行。

③中速转为低速运行。中速运行的电动机带动运动部件运行到一定位置时，行程开关 SQ_2 动作，SQ_2 常闭触点断开，常开触点闭合，SQ_2 常闭触点断开，使 KA_2 绕组失电，RM 端子外接的 KA_2 触点断开，SQ_2 常开触点闭合使继电器 KA_3 绕组得电，KA_3 的 2 个常闭触点断开，2 个常开

触点闭合，KA_3 的 2 个常闭触点断开，分别使 KA_1、KA_2 绕组无法得电；KA_3 的 2 个常开触点闭合，一个触点闭合锁定 KA_3 绕组得电，另一个触点闭合使 RL 端与 SD 端接通（即 RL 端输入低速指令信号）。变频器输出频率进一步降低，电动机由中速转为低速运行。

④低速转为停止。低速运行的电动机带动运动部件运行到一定位置时，行程开关 SQ_3 动作，KA_3 绕组失电，RL 端与 SD 端之间的 KA_3 常开触点断开，此时 RH、RM、RL 与 SD 断开，变频器输出频率降为0 Hz，电动机由低速转为停止。按下按钮 SB_2，KA_0 绕组失电，STF 端子外接 KA_0 常开触点断开，切断 STF 端子的输入。

（2）相关参数设置

相关参数设置，见表 2-5-4。设定的数字 9 999 表示该功能不起作用。

表 2-5-4　相关参数设置

参数号	名　　称	设定数据
Pr. 4	高速	60 Hz
Pr. 5	中速	30 Hz
Pr. 6	低速	10 Hz
Pr. 24~Pr. 27	4~7 段速	9 999
Pr. 232~Pr. 239	8~15 段速	9 999
Pr. 180	RL:低速运行指令	0
Pr. 181	RM:中速运行指令	1
Pr. 182	RH:高速运行指令	2
Pr. 59	无遥控功能，多段速功能有效	0
Pr. 79	操作模式选择	2、4（频率设定为外部端子模式）

2. 变频器程序控制的多段速控制

现在很多变频器都自带简易 PLC 或程序控制功能，可以方便地实现多段速控制，如 FR-A540 变频器等。FR-A540 变频器的 Pr. 200~Pr. 231 参数用于设定旋转方向、程序时间值及运行频率。

下面以图 2-5-5 所示的运行时序为例说明。首先变频器运行起动，程序控制运行开始，0 Hz 运行1 h后，20 Hz 正转运行 2 h，停止 1 h，30 Hz 反转运行 2 h，10 Hz 正转运行 1. 5 h，35 Hz 正转运行1. 5 h，最后停止，整个运行时间为 9 h。

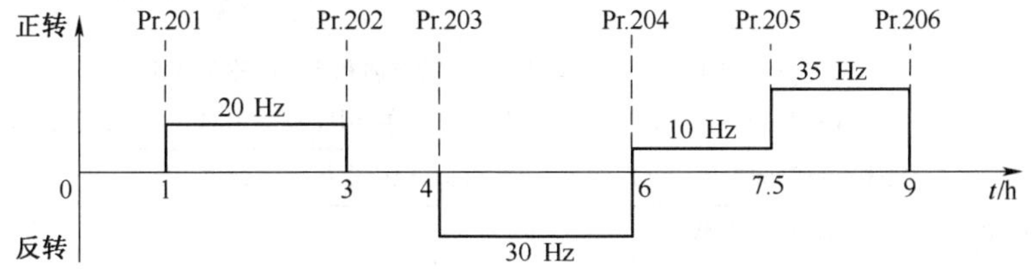

图 2-5-5　变频器运行时序

（1）控制电路

控制电路如图 2-5-6 所示，RH、RM、RL 用于选择程序控制运行组，将 RH 端子外接开关闭合，RH 与 SD 导通，选择运行第 1 程序组（Pr. 201~Pr. 210 设定的参数），将 RM 端子外接开关闭合，RM 与 SD 导通，选择运行第 2 程序组（Pr. 211~Pr. 220 设定的参数），将 RL 端子外接开关闭

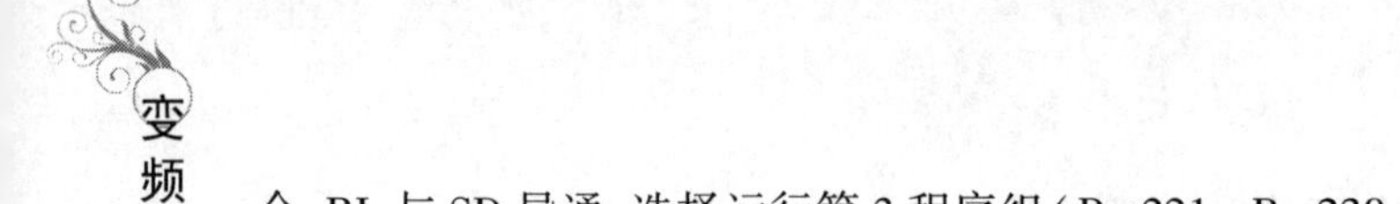

合,RL 与 SD 导通,选择运行第 3 程序组(Pr. 221~Pr. 230 设定的参数),可以单组运行,也可以 2 组或 3 组连续运行。

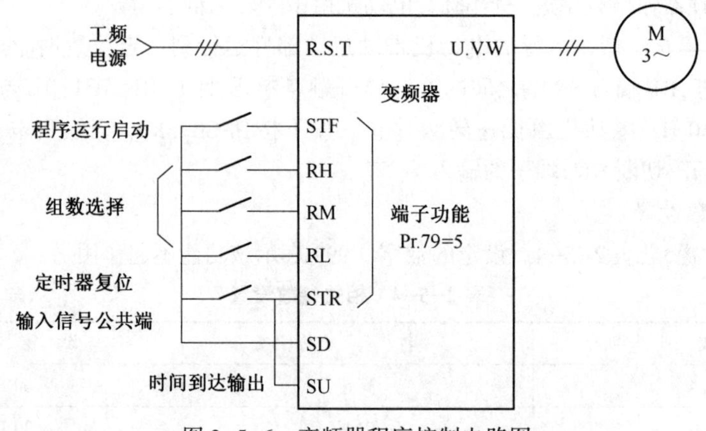

图 2-5-6 变频器程序控制电路图

将 RH 端子外接开关闭合,选择运行第 1 程序组。STF 用于程序运行启动,STF 的外接开关闭合,变频器内部定时器为 0,并开始计时,按图 2-5-5 的运行曲线工作,当计时到 1 h 时,变频器执行 Pr. 201 参数值,输出正转、20 Hz 电源驱动电动机运转,这样运转到 3 h 时(连续运转 2 h),变频器执行 Pr. 202 参数值,停止输出电源,当到达 4 h 时,变频器执行 Pr. 203 参数值,输出反转、30 Hz 电源驱动电动机运转,当到达 6 h 时,变频器执行 Pr. 204 参数值,输出正转、10 Hz 电源驱动电动机运转,当到达 7. 5 h 时,变频器执行 Pr. 205 参数值,输出正转、35 Hz 电源驱动电动机运转,当到达 9 h 时,变频器停止。

当变频器执行完一个程序组后会从 SU 端输出一个信号,该信号送入 STR 端,对变频器的定时器进行复位,然后变频器又重新开始执行程序组,又开始按图 2-5-5 所示曲线工作。若要停止程序运行,可断开 STF 端子外接开关。变频器在执行程序过程中,如果瞬时断电又恢复,定时器会自动复位,但不会自动执行程序,需要重新断开后再闭合 STF 端子外接开关。

(2)相关参数设置

相关参数设置,见表 2-5-5。

表 2-5-5 FR-A540 变频器相关参数设置

参数号	参数设定值	设 定 功 能
Pr. 79	5	程序控制模式: ①可设定 10 个不同的运行起动时间、旋转方向和运行频率各 3 组。 ②运行开始:STF;定时器复位:STR;组数选择:RH、RM、RL;所选组的时间到达信号:SU
Pr. 200	1	程序运行时间单位。=1:设为××h××min;=0:设为××min××s
Pr. 201	1、20、1:00	正转,20 Hz,1 点整
Pr. 202	0、0、3:00	停止,3 点整
Pr. 203	2、30、4:00	反转,30 Hz,4 点整
Pr. 204	1、10、6:00	正转,10 Hz,6 点整
Pr. 205	1、35、7:00	正转,35 Hz,7 点 30 分
Pr. 206	0、0、9:00	停止,9 点整

3. PLC 控制的多段速控制电路

一些生产工艺,要求根据时间或输入信号实现多段速连续控制,这时就需要通过 PLC、单片机等上位机来控制。

下面以 PLC 与变频器联级控制吸尘风机为例说明。某公司有 5 台电锯设备共用 1 台主电动机为 11 kW 的吸尘风机,用来吸取电锯工作时产生的锯屑。设备运转时并非所有电锯设备始终都在工作,而是根据不同的工序投入不同数量的电锯。投入运行的电锯数量越多,所需风量越大,主电动机的转速要求越快。

(1)控制要求

用 PLC 接收各台电锯工作的信息并对投入工作的电锯台数进行判断,根据判断结果,自动控制变频器的多段速端子,实现多段速控制。运行电锯台数与变频器输出频率值对应关系见表 2-5-6。

表 2-5-6　运行电锯台数与变频器输出频率值对应关系

运行电锯台数	对应变频器输出频率/Hz	运行电锯台数	对应变频器输出频率/Hz
1	25	4	45
2	33	5	50
3	40		

(2)控制电路

整个控制电路主要由 PLC 和变频器组成,如图 2-5-7 所示。

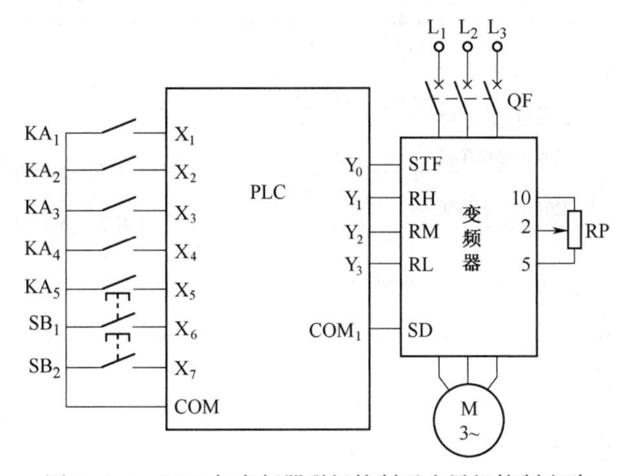

图 2-5-7　PLC 与变频器联级控制吸尘风机控制电路

$KA_1 \sim KA_5$ 分别为 5 台电锯设备投入运行的控制开关。当第 1 台电锯设备投入运行时,KA_1 闭合,PLC 从 $X_1 \sim X_5$ 接收到 5 台设备的投入信号,计算出投入的设备数量,给变频器输出速度挡位的频率控制信号,变频器自动控制风机的风量。

PLC 的 I/O 分配见表 2-5-7。

表 2-5-7　PLC 的 I/O 分配

输　入		输　出	
X_1	1 号电锯工作信号	Y_1	变频器端子 RH
X_2	2 号电锯工作信号	Y_2	变频器端子 RM

续表

输　入		输　出	
X_3	3 号电锯工作信号	Y_3	变频器端子 RL
X_4	4 号电锯工作信号	Y_0	变频器正转信号 STF
X_5	5 号电锯工作信号		
X_6	启动按钮 SB_1		
X_7	停止按钮 SB_2		

(3)变频器参数的设定

根据多段速控制的需要和风机运行的特点主要设定参数见表 2-5-8。

表 2-5-8　变频器运行参数设定

参 数 号	名　称	参数设定值	说　明
Pr. 4	3 段速频率设定(高速)	25 Hz	速度 1:对应 1 个电锯投入
Pr. 5	3 段速频率设定(中速)	33 Hz	速度 2:对应 2 个电锯投入
Pr. 6	3 段速频率设定(低速)	40 Hz	速度 3:对应 3 个电锯投入
Pr. 24	多段速频率设定(速度 4)	45 Hz	速度 4:对应 4 个电锯投入
Pr. 25	多段速频率设定(速度 5)	50 Hz	速度 5:对应 5 个电锯投入
Pr. 79	操作模式选择	2	操作模式选择为外部操作模式

(4)PLC 控制程序

PLC 控制程序的梯形图如图 2-5-8 所示。

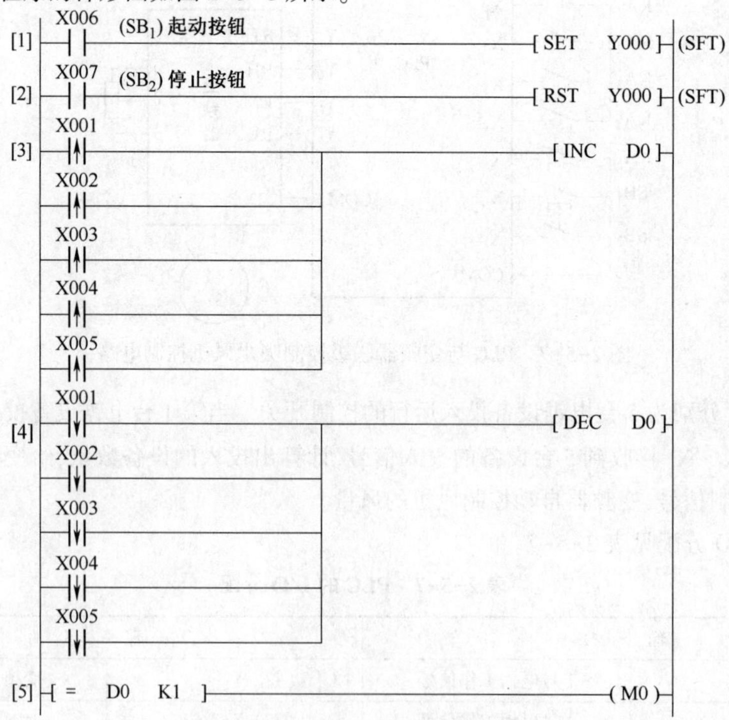

图 2-5-8　PLC 控制程序的梯形图

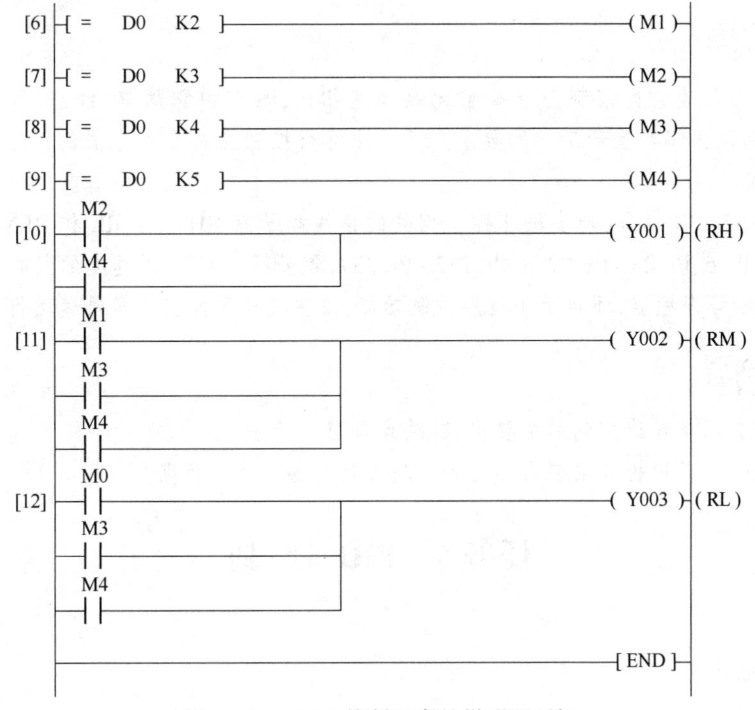

图 2-5-8 PLC 控制程序的梯形图(续)

任务实施

设计 7 段速控制电路,并完成接线、参数设置和运行。具体步骤如下:

①主回路和控制回路按图 2-5-2 接好。

②经检查无误后方可通电。

③根据要求,正确设置变频器参数。第 1 段速:15 Hz;第 2 段速:30 Hz;第 3 段速:50 Hz;第 4 段速:20 Hz;第 5 段速:25 Hz;第 6 段速:45 Hz;第 7 段速:10 Hz。

④运行:

a. 只接通 RH 与 SD 的前提下,接通 SD 与 STF,电动机将工作在于第 1 段速,正转 15 Hz 连续运行状态,断开 STF 电动机停止。

b. 在只接通 RM 与 SD 的前提下,接通 SD 与 STF,电动机将工作在第 2 段速,正转 30 Hz 连续运行状态,断开 STF 电动机停止。

c. 在只接通 RL 与 SD 的前提下,接通 SD 与 STF,电动机将工作在第 3 段速,正转 50 Hz 连续运行状态,断开 STF 电动机停止。

d. 在只接通 RM、RL 与 SD 的前提下,接通 SD 与 STF,电动机将工作在第 4 段速,正转 20 Hz 连续运行状态,断开 STF 电动机停止。

e. 在只接通 RH、RL 与 SD 的前提下,接通 SD 与 STF,电动机将工作在第 5 段速,正转 25 Hz 连续运行状态,断开 STF 电动机停止。

f. 在只接通 RH、RM 与 SD 的前提下,接通 SD 与 STF,电动机将工作在第 6 段速,正转45 Hz 连续运行状态,断开 STF 电动机停止。

g. 在只接通 RH、RM、RL 与 SD 的前提下,接通 SD 与 STF,电动机将工作在第 7 段速,正转 10 Hz 连续运行状态,断开 STF 电动机停止。

学习小结

变频器的多段速运行控制与模拟量无级调速相比，具有控制简单、经济、可靠等优点，与PLC结合，能满足大多数生产工艺的要求。多段速运行控制主要有继电器的简单控制、程序控制和PLC控制。

对于FR-E540变频器，与多段速控制相关的接线端子有RH、RM、RL和REX，相关的主要参数有Pr. 4~Pr. 6、Pr. 24~Pr. 27和Pr. 232~Pr. 239，最多可设定15段速度的频率值。三菱FR-A540、FR-A700等变频器，还自带了程序控制功能，可实现程序控制的多段速运行。

自我评估

①简述变频器多段速控制的主要优点、缺点与应用场合。

②变频器的多段速控制主要有哪几种实现方法？各有什么特点？

任务6　PID 控 制

任务描述

采用变频器进行的PID控制，在恒压供水、恒压供气、机械设备中得到了应用。本任务基本要求如下：

①熟悉变频器PID的应用背景。

②了解PID控制原理及其PID参数的选取依据。

③根据工艺要求设计PID控制电路，设置相关参数。

④调试运行。

知识准备

一、应用背景

PID控制是工业控制中应用最广泛的自动调节控制技术之一。当被控对象的结构和参数不能完全掌握，或得不到精确的数学模型，控制理论的其他技术难以采用时，系统控制器的结构和参数必须依靠经验和现场调试来确定，这时应用PID控制技术最为方便。在变频器应用中，具体控制方式有专用PID控制器、PLC控制、DCS控制、变频器自带PID控制等。变频器与压力、温度等敏感元件组成闭环控制系统，实现对被控量的自动调节，在温度、压力等参数要求恒定的场合应用广泛，是变频器在节能方面常用的一种方法。

对化学工程的冷循环水进行制冷时，采用以冷却塔进行制冷的空冷。而所需的空气以电动机驱动风机产生。为进行精密控制节约能源，以变频器控制速度的方式替代原有的循环水制冷分级控制（ON/OFF）。图2-6-1所示为采用PID控制器的冷却塔变频器控制的解决方案。

油泵从储油槽向飞机加油时，变频器根据对应负荷变化，采用PID控制，维持一定的压力进行供应，改善了工况。

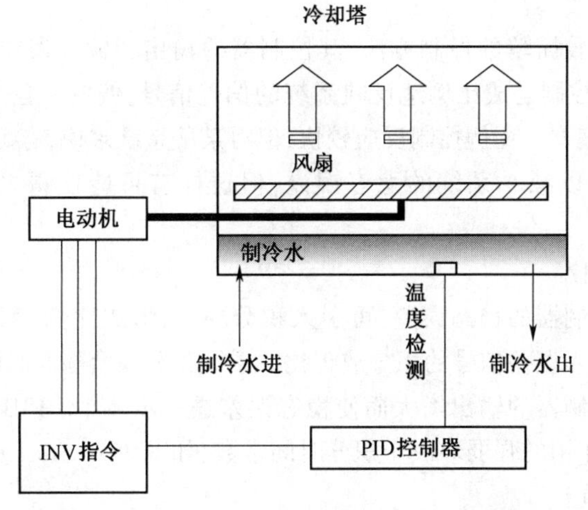

图 2-6-1 采用 PID 控制器的冷却塔变频器控制

DCS 接收来自压力传感器 4~20 mA 的信号,经 PID 控制向变频器发送控制指令,实现压力的闭环控制。

二、PID 控制原理及其 PID 参数的选取依据

1. PID 控制原理

PID 就是比例-积分-微分控制,是一种基于“误差来消除误差”的闭环控制,是将误差的过去(I)、现在(P)和将来(D)的(变化趋势)加权和作为控制量,去控制被控对象,使误差逐渐减小,以达到控制目的。具体地讲就是,随时将传感器测得的实际信号(即反馈信号)与被控量的目标信号相比较,以判断是否已达到预定的控制目标。如尚未达到,则根据两者的差值(即误差信号)进行调整,直到达到预定的控制目标为止。

PID 控制器由比例单元(P)、积分单元(I)和微分单元(D)组成,如图 2-6-2 所示。

PID 控制器的输出 $u(t)$ 等于误差信号 $e(t)$ 的比例项、积分项和微分项的线性组合,其数学表达式为

$$u(t)=K_{\mathrm{p}}\left[e(t)+\frac{1}{T_{\mathrm{i}}}\int_{0}^{t}e(t)\mathrm{d}t+T_{\mathrm{d}}\frac{\mathrm{d}e(t)}{\mathrm{d}t}\right]$$

式中:$u(t)$为 PID 控制器的输出;$e(t)=r(t)-c(t)$为误差信号;$r(t)$为输入量;$c(t)$为输出量;K_{p}、T_{i}、T_{d}分别为比例系数、积分系数和微分系数。

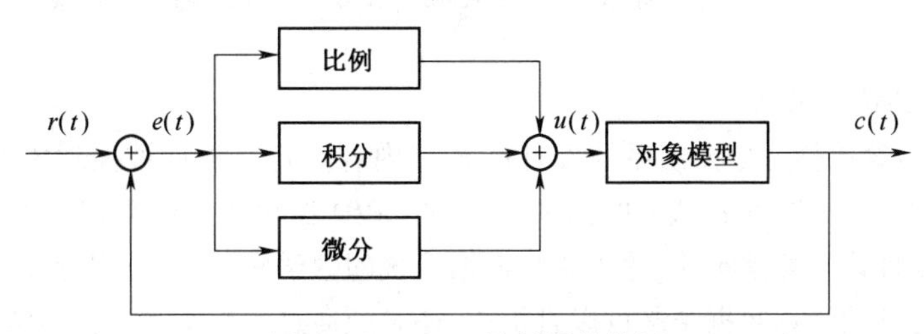

图 2-6-2 PID 控制器结构图

下面对 PID 中常用的比例(P)、比例-积分(PI)、比例-微分(PD)和比例-积分-微分(PID)这 4 种控制器作一简要分析,从而对比例、积分和微分作用有一个初步的认识。

（1）比例控制器

比例控制是一种比较简单的控制方法，其控制器的输出和输入误差信号成一定的比例关系。PID 控制中的比例控制是成比例地反映系统的偏差信号，偏差一旦产生，控制器就立刻会有控制作用，以便减小偏差。比例控制反应较快，但对某些系统来说，有可能存在稳态误差。通过增大比例系数 K_p，可以减小系统的稳态误差，但这样有可能使得系统的稳定性变差，如图 2-6-3（a）、（b）所示。

（2）比例-积分控制器

为了消除纯比例控制器的稳态误差，可引入积分环节，形成比例-积分控制器。积分控制是指控制器的输出和输入误差信号的积分成正比关系。积分项会随着时间的增加而增加，这就使得积分项可以推动控制器的输出增大而使稳态误差进一步减小。PID 控制中的积分环节主要用来消除静差，积分作用的强弱取决于积分时间常数，如图 2-6-3（c）所示。

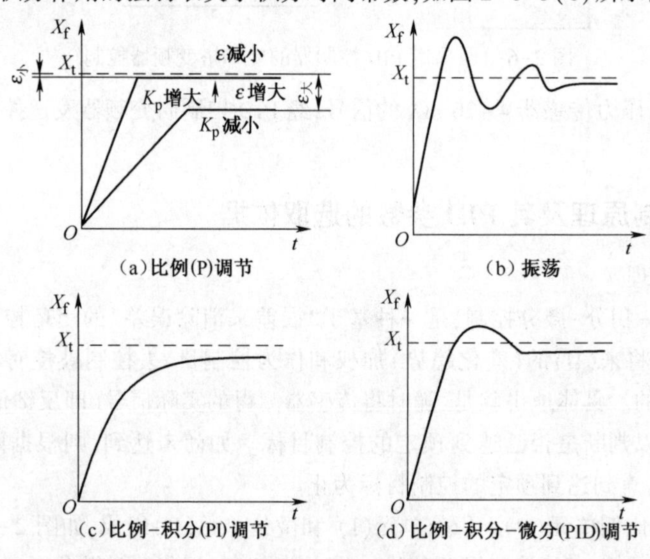

图 2-6-3　PID 调节功能

（3）比例-微分控制器和比例-积分-微分控制器

微分控制是控制器的输出与输入误差信号的微分成正比关系。自动控制系统在克服误差的调节过程中有可能会产生振荡，甚至失稳。PID 控制中的微分环节反映偏差信号的变化速率，能在偏差信号变得太大之前，在系统中引入一个有效的早期修正信号，从而加快系统的运动速度，降低超调和调节时间。而当输入没有变化时，微分环节的输出就是零，如图 2-6-3（d）所示。

2. PID 参数的选取依据

PID 控制器的参数整定是控制系统设计的核心内容。它是根据被控对象的特性确定 PID 控制器的比例系数、积分时间和微分时间的大小的。PID 控制器参数整定的方法很多，概括起来有两大类：一是理论计算整定法，它主要是依据系统的数学模型，经过理论计算确定控制器参数，这种方法所得到的计算数据未必可以直接用，还必须通过工程实际进行调整和修改；二是工程整定方法，它主要依赖工程经验，直接在控制系统的试验中进行，方法简单、易于掌握，在工程实际中被广泛采用。

PID 控制器参数的工程整定方法，主要有临界比例法、反应曲线法和衰减法。3 种方法各有特点,其共同点是通过试验,按照工程经验公式对控制器参数进行整定。但无论采用哪一种方法所得到的控制器参数,都需要在实际运行中进行最后调整与完善。

现在一般采用的是临界比例法。利用该方法进行 PID 控制器参数的整定步骤如下:

①首先预选择一个足够短的采样周期让系统工作。

②仅加入比例控制环节,直到系统对输入的阶跃响应出现临界振荡, 记下这时的比例放大系数和临界振荡周期。

③在一定的控制度下通过公式计算得到 PID 控制器的参数。

在实际调试中,只能先大致设定一个经验值,然后根据调节效果修改。

三、典型变频器 PID 控制系统

通过变频器实现 PID 控制主要有 2 种情况:一是利用变频器内置的 PID 控制功能,给定信号通过变频器的键盘面板或外接端子输入,反馈信号反馈给变频器的控制端,在变频器内部进行 PID 调节以改变输出频率。二是利用外部 PID 调节器,如 PID 控制器、PLC 或计算机等,将给定量与反馈量作比较后输出给变频器,加到变频器的频率设定端子作为控制信号。变频器的 PID 控制与传感器构成一个闭环控制系统,实现对被控制量的自动调节,在温度、压力等参数要求恒定的场合应用十分广泛,是变频器在节能方面常用的一种方法。由于大部分变频器都具有内置的 PID 控制功能,所以下面主要介绍变频器内置的 PID 控制功能及其应用。

以三菱 FR-E540 变频器为例说明。要实现变频器的 PID 控制,必须熟悉变频器 PID 控制的外围电路和有关 PID 的参数设置。

1. 变频器外围控制电路

三菱 FR-E540 变频器自带 PID 控制功能,典型外围电路如图 2-6-4 所示。水管的目标压

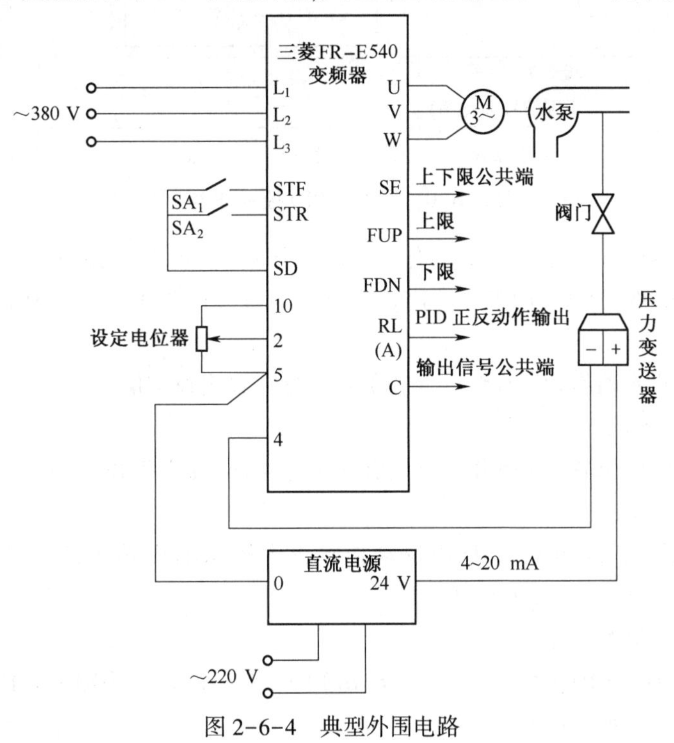

图 2-6-4　典型外围电路

力由电位器设定,水管的实际压力通过压力传感器和压力变送器转换为 4~20 mA 的信号接到变频器的模拟电流频率设定端子,经变频器内部的 PID 控制功能控制变频器的输出频率,实现水管压力的闭环控制。变频器 PID 控制典型接线图如图 2-6-5 所示。

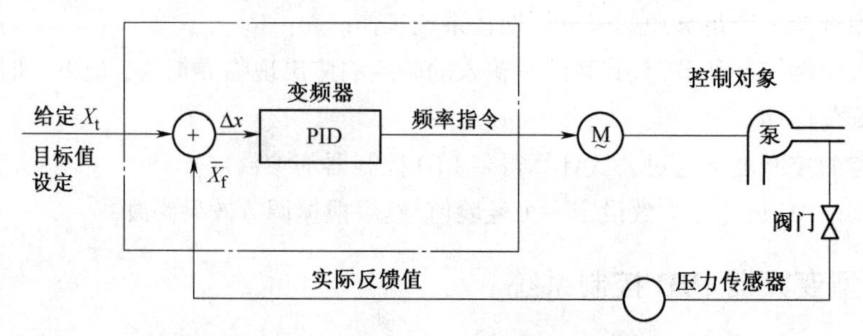

图 2-6-5　变频器 PID 控制典型接线图

2. 变频器相关参数设定

(1)PID 功能选择

由参数 Pr. 133 选择 PID 功能是否有效。当 Pr. 133=0 时,PID 功能无效;当 Pr. 133=20 或 21 时,PID 功能有效,见表 2-6-1。

(2)目标值给定

由电压输入信号(0~±5 V 或 0~±10 V)或参数 Pr. 133 的设定值作为设定点。变频器 PID 控制基本框图如图 2-6-6 所示。

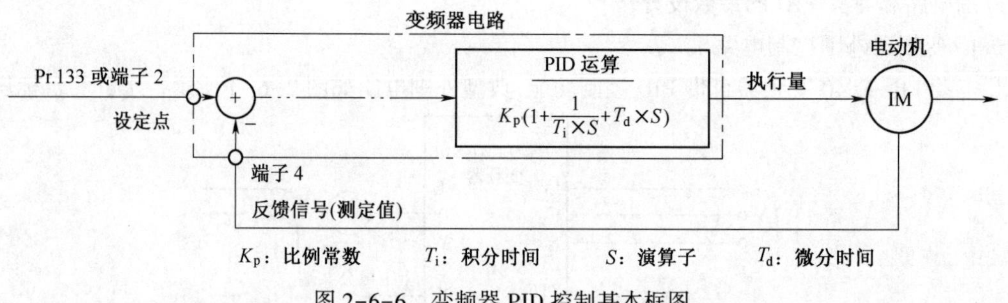

图 2-6-6　变频器 PID 控制基本框图

①由外接电压输入接线端子(2、5)作为目标值设定点。Pr. 73 设定为“0”时(端子 2 选择为 5 V),设定 0 V 为 0% ,5 V 为 100%;当 Pr. 73 设定为“1”时(端子 2 选择为 10 V),设定 0 V 为 0%,10 V 为 100%。

②Pr. 133 的设定值作为目标设定点。在 Pr. 133 中设定设定值(%)。

(3)反馈值输入端

电流输入信号接线端子 4-5 作为反馈值输入端,4 mA 相当于 0%,20 mA 相当于 100%。

(4)控制输出端子

PID 上限、下限控制输出,PID 正反动作输出等控制输出端子的定义由参数 Pr. 190~Pr. 192 设定。见表 2-6-1、表 2-6-2。

输出端子选择举例:

RUN 端作为输出 PID 上限,FU 端作为输出 PID 下限,AC 端作为输出 PID 正-反向输出,则 Pr. 190~ Pr. 192 设定如下:

表 2-6-1　输出端子定义

参数号	端子符号	出厂设定值	出厂设定端子功能	设定范围
190	RUN	0	变频器运行	0~99
191	FU	4	输出频率检测	0~99
192	ABC	99	报警输出	0~99

表 2-6-2　输出端子功能选择

设定值	信号名称	功能	动作	相关参数
0	RUN	变频器运行	运行期间当变频器输出频率上升到或超过起动频率时输出	—
1	SU	频率到达	参考 Pr. 41“频率到达动作范围”	Pr. 41
3	OL	过负载报警	失速防止功能动作期间输出	Pr. 22、Pr. 23、Pr. 66
4	FU	频率输出检测	参考 Pr. 42、Pr. 43(输出频率检测)	Pr. 42、Pr. 43
11	RY	变频器运行准备就绪	当变频器能够由起动信号起动或当变频器运行时	—
12	Y12	输出电流检测	参考 Pr. 150、Pr. 151(输出电流检测)	Pr. 150、Pr. 151
13	Y13	零电流检测	参考 Pr. 152、Pr. 153(零电流检测)	Pr. 152、Pr. 153
14	FDN	PID 下限	参考 Pr. 128、Pr. 134(PID 控制)	Pr. 128~Pr. 134
15	FUP	PID 上限		
16	RL	PID 正-反向输出		
98	LF	轻微故障输出	当发生轻微故障(风扇故障或通信错误报警)时输出	Pr. 121、Pr. 244
99	ABC	报警输出	当变频器的保护功能动作时输出此信号，并停止变频器的输出(严重故障时)	—

Pr. 190 = 15、Pr. 191 = 14、Pr. 192 = 16。

表 2-6-3 列出了三菱 FR-E540 变频器 PID 的有关参数的说明。

表 2-6-3　FR-E540 变频器 PID 参数说明

参数号	设定值	名称	说明	
128	0	选择 PID 控制	PID 不动作	
	20		对于加热、压力等控制	PID 负作用
	21		对于冷却等控制	PID 正作用
129	0.1%~1 000%	PID 比例范围	增益 K_p = 1/比例范围。如果比例范围较窄(参数设定值较小)，即 K_p 较大，反馈量的微小变化会引起执行量的很大改变。因此，随着比例范围变窄，响应的灵敏性(增益)得到改善，但稳定性变差，如发生振荡	
	9 999		无比例控制	
130	0.1~3 600 s	PID 积分时间	这个时间是指由积分(I)作用时达到与比例(P)作用时相同的执行量所需要的时间。随着积分时间的减少，到达设定值会更快，但也容易发生振荡	
	9 999		无积分控制	

续表

参数号	设定值	名 称	说 明
131	0%~100%	设定上限	设定上限，如果检测值超过此设定，则输出 FUP 信号（检测值的 4 mA 等于 0%，20 mA 等于 100%）
	9 999		功能无效
132	0%~100%	设定下限	设定下限，如果检测值在设定范围以下，则输出一个报警 FDN 信号（检测值的 4 mA 相当于 0%，20 mA 相当于 100%）
	9 999		功能无效
133	0%~100%	用 PU 设定的 PID 控制设定值	仅在 PU 操作或 PU/外部组合模式下对于 PU 指令有效。对于外部操作，设定值由端子 2-5 的电压决定（Pr. 902 值等于 0%，Pr. 903 值等于 100%）
134	0.01~10.00 s	PID 微分时间	时间值仅要求向微分作用提供一个与比例作用相同的检测值。随着时间的增加，偏差改变会有较大的响应
	9 999		无微分控制

任务实施

1. 恒压 PID 控制系统外围电路接线

①参考图 2-6-4，完成控制系统电气图和接线图设计。

②根据接线图，完成接线。

2. 设置三菱 FR-E540 变频器的 PID 相关参数

3. 调试运行

①观测运行状况，并进行记录。

②调整 PID 参数，优化控制系统运行状态。

学习小结

PID 控制是工业控制中应用最广泛的自动调节控制技术之一。在变频器应用中，具体控制方式有专用 PID 控制器、PLC 控制、DCS 控制、变频器自带 PID。变频器与压力、温度等传感器组成闭环控制系统，可以实现对被控量的自动调节。这种方法在温度、压力等参数要求恒定的场合应用广泛，是变频器在节能方面常用的一种方法。

大部分变频器都自带 PID 功能。采用变频器自带的 PID 功能实现闭环自动控制系统，通常需要：

①熟悉控制对象。不同的控制对象，应采用不同的 PID 反馈类型。对于加热、压力等控制系统，采用负反馈类型；对于冷却等控制系统，采用正反馈类型。三菱 FR-E540 变频器通过参数 Pr. 128 选择反馈类型。

②熟悉 PID 目标设定点、反馈信号接入点、控制输出信号的接入点的接线端子及其外围电路接线。由电压输入信号（0~±5 V 或 0~±10 V）或参数 Pr. 133 的设定值作为设定点。电流输入信号接线端子 4~5 作为反馈值输入端，PID 上限控制输出、下限控制输出、PID 正反动作输出等控制输出端子的定义由参数 Pr. 190~ Pr. 192 设定。

③熟悉 PID 参数整定。Pr. 129、Pr. 130、Pr. 134 分别为 PID 的比例范围、积分时间和微分时间,比例范围是比例系数的倒数。

自我评估

①调节 PID 比例范围、积分时间、微分时间对控制系统性能有何影响?这 3 个参数在三菱 FR-E540 变频器中对应的参数号是什么?

②简述三菱 FR-E540 变频器实现 PID 控制的主要步骤。

③查阅相关资料,设计采用专用变频器实现恒压供水的方案。

任务 7　工频/变频切换

任务描述

利用三菱 FR-E540 变频器设计工频/变频切换电路。本任务基本要求如下:

①了解变频器工频/变频切换的应用背景。

②熟悉变频器工频/变频切换的典型应用电路。

③能设计工频/变频切换电路并完成接线。

④调试运行。

知识准备

一、应用背景

在以下情形需要设计工频/变频切换:

①一些关键设备在投入运行后就不允许停机,否则就会造成重大损失。变频器一出现故障,应马上切换工频电源运行。

②对于像水泵、风机等负载,出于节能目的一般会配套变频器使用。如恒压供水系统多泵控制切换,如果变频器达到满负荷输出时就失去了节能作用,这时也应将变频器切换到工频运行。当水压过高需要停泵时,为了避免"水锤效应",也不允许突然切断水泵电源,而要求逐渐降低水泵转速,缓慢停车。这时需要将电动机再配套变频器运行,实现减速停车。

因此,在使用交流变频调速的场合,许多情况下为了节能、软起动、维修或单台变频器控制多台电动机时,需要在变频器和工频电源之间进行切换控制。

例如,某加工厂的 4 台电动机组成一个生产工序,用变频器实现一控四的异步切换,主电路如图 2-7-1 所示。4 台电动机的功率均为 55 kW,变频器(VFD)通过接触器 K_{11}、K_{21}、K_{31}、K_{41} 分别控制 4 台电动机;同时接触器 K_{12}、K_{22}、K_{32}、K_{42} 又分别将 4 台电动机连接至工频电源。变频器可以对 4 台电动机中的任何一台实行软起动,在起动到额定转速后将其切换到主电源。

下面以电动机 M_1 为例说明。首先 K_{11} 闭合,电动机由变频器恒流起动,当电动机到达 50 Hz 同步转速后,K_{11} 断开,K_{12} 吸合,电动机 M_1 转由工频电源供电,依此类推。变频器继续起动其他电动机,如果某台电动机需要调速,可安排到最后起动,不再切换至工频电源供电,而由变频

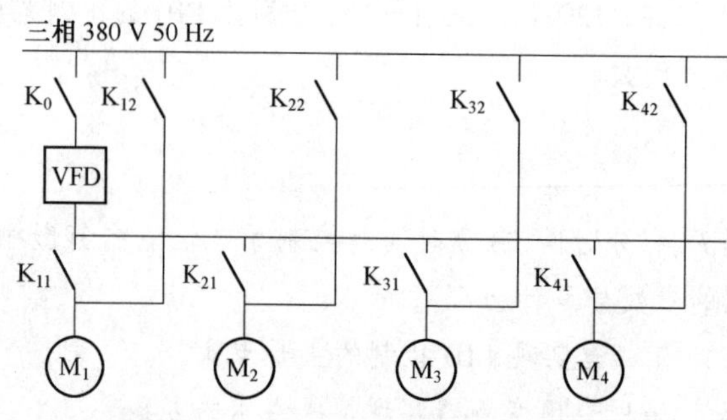

图 2-7-1　变频器一控四的异步切换

器驱动调速。本系统的切换中,对变频器的保护是切换控制可靠运行的关键。系统中分别采用了硬件和软件的双重保护,在硬件联锁中,充分利用了变频器的多机输入/输出接点。起动过程中,首先判别变频器是否有零功率信号,以此保证电动机必须由零功率开始升速。为减少电流冲击,必须在达到 50 Hz 时才可切换至电网。K_{11}断开前,必须首先保证变频器没有输出;K_{11}断开后,才能闭合 K_{12}、K_{11}、K_{12}不可同时闭合。控制过程可用 PLC 执行,通过 PLC 程序实现联锁。

二、工频/变频切换的控制方式

1. 主电路实现

变频运行的电动机切换成工频运行的主电路如图 2-7-2 所示。切换的基本过程:断开接触器 KM_2,切断电动机与变频器之间的联系。接通接触器 KM_3,将电动机投入到工频电源上。

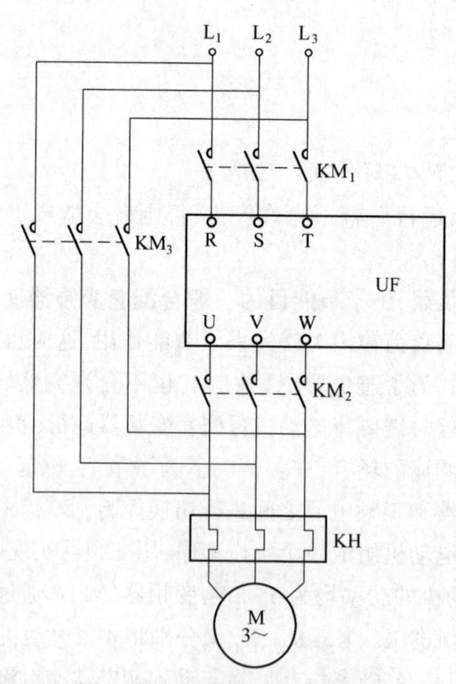

图 2-7-2　切换控制的主电路

根据上述 2 个过程先后顺序的不同,而有 2 种切换方式:

①先投后切。首先接通接触器 KM_3,在短时间内使电动机处于工频电源和变频电源同时供

电的状态，然后断开 KM_2，切断变频电源。这种方法必须解决好同频同相检测的问题。即在通电瞬间，必须做到：变频器的输出频率与工频绝对相同；变频器各相电压的相位也与工频电压的相位相吻合。这种方法在高压变频器中得到了成功应用。

②先切后投。首先断开接触器 KM_2，然后再接通 KM_3。在低压变频器中，这种方法将是主要的，甚至是唯一的切换方式。在切换过程中，必须解决好从 KM_2 断开到 KM_3 闭合之间的过渡问题。

2. 切换控制方式

(1)冷切换和热切换

根据切换时变频器是否带电，可分为冷切换和热切换 2 种。

①冷切换。冷切换为在变频器停车、停电时切换，等切换完成后再开机运行。即电动机在停止运行时，将电动机的驱动电源由变频器切换到工频电源，或者由工频电源切换到变频器。这种方式最为简单，只要增设 2 个适当容量的断路器或接触器即可，切换过程可以手动也可由 PLC 控制。

②热切换。热切换为在变频器运行时带电切换，又可分为硬切换或软切换。

a. 硬切换：硬切换是电动机在切换时要瞬时停电，再进行变频器切换到工频电源，或者由工频电源切换到变频器，此种切换方式会产生电流冲击。这种方式一般只用于功率较小的低压变频驱动系统。当电动机在变频器的控制下，转速达到额定值，变频器输出电压的频率与电网频率(50 Hz)一致时，将电动机从变频器驱动切换到工频电源驱动。由于电动机容量比电网小很多，切换过程对电网影响可忽略，但是必须防止切换时电网电压对变频器功率器件的冲击，以免造成变频器跳闸或开关器件损坏。从变频器向工频切换的过程中，为了避免变频器突然甩负荷而使功率器件承受过大的电流、电压冲击，在将电动机与变频器切离之前，应先封锁变频器的输出。从工频向变频器切换的过程中，为了避免过大的冲击电流使变频器跳闸或损坏，可以先将电动机由工频电源切除，自由停车运行，延时 1~3 s，避开反电动势的影响，在封锁输出的情况下将电动机接到变频器，变频器跟踪电动机转速并以跟踪频率起动。

b. 软切换：软切换又称同步切换，可实现不停电下的平稳切换。当电动机功率较大(一般 100 kW 以上)，尤其是高压变频器切换时，切换过程不仅要求变频器输出的电压和频率与电网一致，而且两者的相位也必须相同。如果相位相差太大，会造成对电网和变频器的冲击，不仅达不到软起动的效果，还会影响电网上其他设备的正常工作并损坏变频器。最严重的情况出现在变频器输出电压与电网电压相位差 180°时，电动机的反电动势将与电网电压叠加，造成很大的电压冲击和过电流。同步切换技术对异步电动机和同步电动机又有所不同。

冷切换是最安全、最简单的切换方式，但它只能用于可以间断工作的负载；对于需连续工作的负载，只能采用热切换的方式。

(2)同步切换(软切换)控制实现

同步切换就是在不停电的情况下，利用锁相环技术，使变频器输出电压的频率、幅值和相位均保持与工频电源电压一致，然后进行变频器与工频电源之间的相互平稳切换，如图 2-7-3 所示。

①由变频器向工频电源切换的过程。变频器拖动电动机软起动，频率平稳升到接近 50 Hz，进入锁相环路的捕捉范围；之后，在锁相环路的作用下，锁定变频器输出电压的频率、幅值、相序和相位与工频电源一致，将电动机与工频电源之间的接触器吸合，工频电源和变频器同时向电

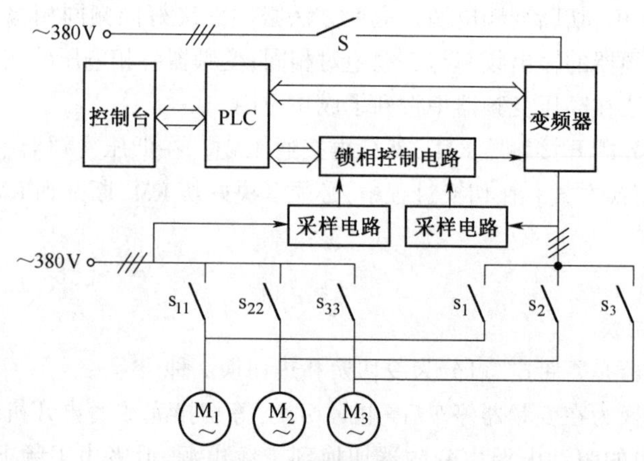

图 2-7-3　同步切换系统框图

动机供电,然后封锁变频器的输出,并将电动机从变频器输出回路中切出,电动机即可平稳地切换到工频电源运行。

由于进行了同步操作,变频器的输出参数与工频电源参数保持一致,在接入工频电源时对变频器和电动机都不会有影响,但有一段时间变频器和工频电源同时对电动机供电。为了使变频器能安全切除,应该逐渐减小变频器的负荷,可以稍稍降低变频器的输出电压幅值,然后封锁变频器的输出,再进行切换操作。

②由工频电源向变频器切换的过程。在由工频电源向变频器同步切换之前,变频器先空载加速到 50 Hz,启动锁相环路的跟踪,经过一段时间的跟踪调整,达到锁定状态后变频器合闸,然后工频电源开关跳闸,电动机即可平稳地由工频电源切换到变频器调速运行。

为了尽量减小切换过程中对变频器的冲击作用,在锁定状态,变频器合闸之前,应稍微调低变频器输出电压的幅值,以免合闸时造成对变频器过大的冲击电流。在由工频电源供电过渡到由工频电源和变频器同时供电的阶段,当变频器的输出电压达到工频电源的电压时,逐渐并小幅调高变频器输出电压的幅值,将负荷从工频电源切换到变频器,以免在工频电源开关跳闸时对变频器造成过大的冲击。

三、典型控制电路分析

变频器的工频/变频切换控制的典型控制电路通常有以下几种:

①故障保护电路:变频器发生故障时,切断变频器电源或自动切换到工频。

②手动控制切换电路:利用继电器电路手动控制普通变频器的工频与变频的切换。

③自动控制切换电路:利用变频器内置的工频/变频切换电路或 PLC 控制的切换电路,可实现工频/变频的自动切换,如恒压供水系统。

本节主要分析变频器的基本工频/变频切换电路,PLC 控制的切换电路见学习情境 3 任务 2 变频器恒压供水系统。

1. 变频器故障保护电路

变频器故障保护是指在变频器工作出现故障时切断电源,保护变频器。图 2-7-4 所示是一种常见的变频器故障保护电路。变频器 A、B、C 端子为故障输出端,A、C 之间相当于一个常开开关,B、C 之间相当于一个常闭开关,在变频器工作出现异常时,A、C 接通,B、C 断开。

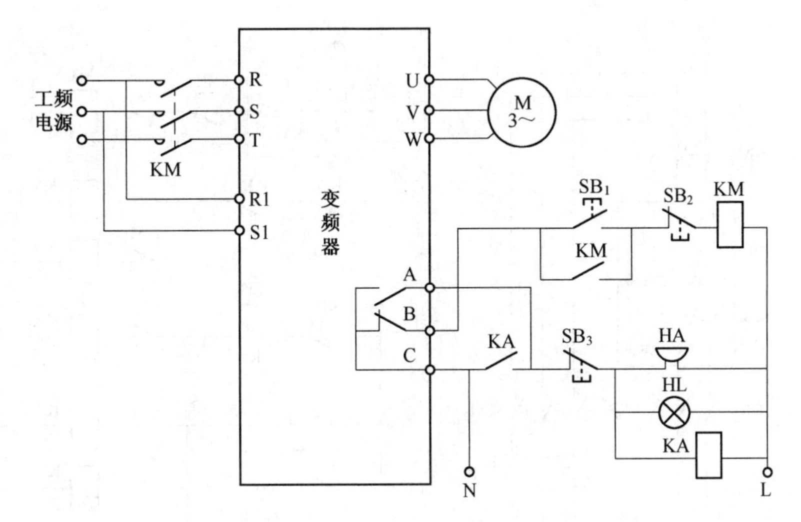

图 2-7-4　变频器故障保护电路

(1)正常工作

按下按钮 SB_1,KM 自锁闭合,变频器通电;按下按钮 SB_2,KM 断开,变频器断电。

(2)异常故障保护

若变频器在运行过程中出现故障,A、C 之间闭合,B、C 之间断开。B、C 之间断开使接触器 KM 失电,KM 主触点断开,切断变频器供电;A、C 之间闭合使继电器 KA 得电,KA 触点闭合,蜂鸣器 HA 和报警灯 HL 得电,发出变频器工作故障的声光报警。

按下按钮 SB_3,继电器 KA 绕组失电,KA 常开触点断开,HA、HL 失电,声光报警解除。

2. 继电器控制的手动切换电路

手动控制的工频/变频切换,可通过继电器电路来实现,切换电路如图 2-7-5 所示。在切换过程中,KM_2、KM_3 的电气、机械双联锁保证 KM_2、KM_3 不会同时导通;切换延时由时间继电器 KT 控制。

(1)工频运行

当 SA 合至"工频运行"方式时,按下起动按钮 SB_2,接触器 KM_3 动作并自锁,电动机进入"工频运行"状态。按下停止按钮,接触器 KM_3 断电,电动机停止运行。

(2)变频运行

当 SA 合至"变频运行"方式时,接触器 KM_2 动作,将电动机接至变频器的输出端。KM_2 动作后,KM_1 也动作,将工频电源接到变频器的输入端,并允许电动机起动。

按下起动按钮 SB_4,中间继电器 KA_1 动作并自锁,起动变频器,电动机开始加速,进入"变频运行"状态。按下停止按钮 SB_3,中间继电器 KA_1 断电,电动机停止运行。

在变频运行过程,如果变频器因故障而跳闸,则变频器输出继电器的常开触点"A-C"闭合,中间继电器 KA_2 动作,接触器 KM_2 和 KM_1 均断电,变频器和电源之间以及电动机和变频器之间均被切断。另一方面,由蜂鸣器 HA 和指示灯 HL 进行声光报警。同时,时间继电器 KT 得电,其触点延时后闭合,使 KM_3 动作,电动机进入工频运行状态。

操作人员发现故障报警后,应将选择开关 SA 合至"工频运行"位。这时,声光报警停止,并使时间继电器 KT 断电。

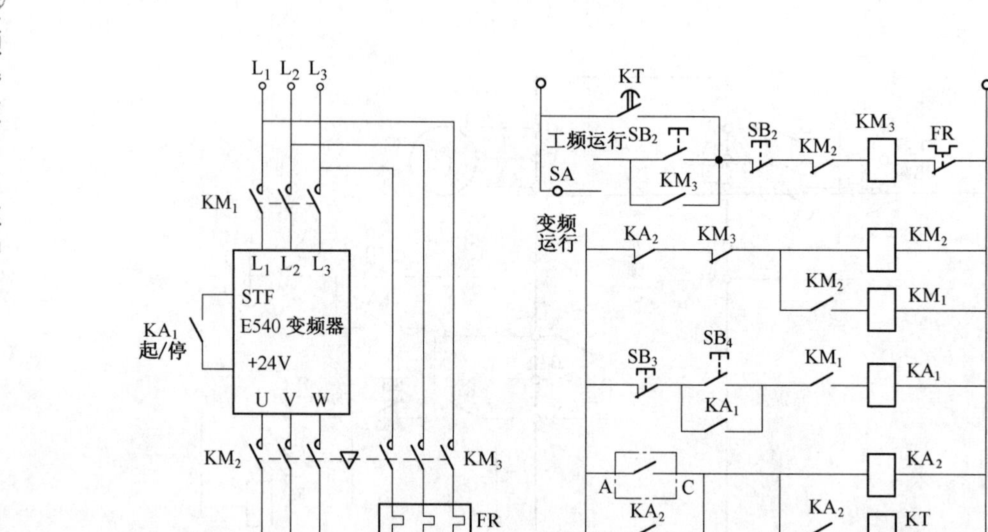

图 2-7-5　继电器控制的手动切换电路

3. 变频器程序控制切换

FR-E540、FR-A740 等变频器自带了工频/变频切换的功能，图 2-7-6 所示为 FR-A740 变频器的工频/变频切换控制电路。使用工频/变频切换时，需要对相关输入/输出端子的功能进行重新定义。输入端子包括：MRS（外接常开触点闭合时有效），CS（瞬时掉电自动再起动控制端），JOG（过热保护输入端）；输出端子包括：IPF（变频/工频切换控制端 MC_1），OL（工频/变频切换控制端 MC_2），FU（变频/工频切换控制端 MC_3）。KM_2、KM_3 采用机械、电气双联锁。

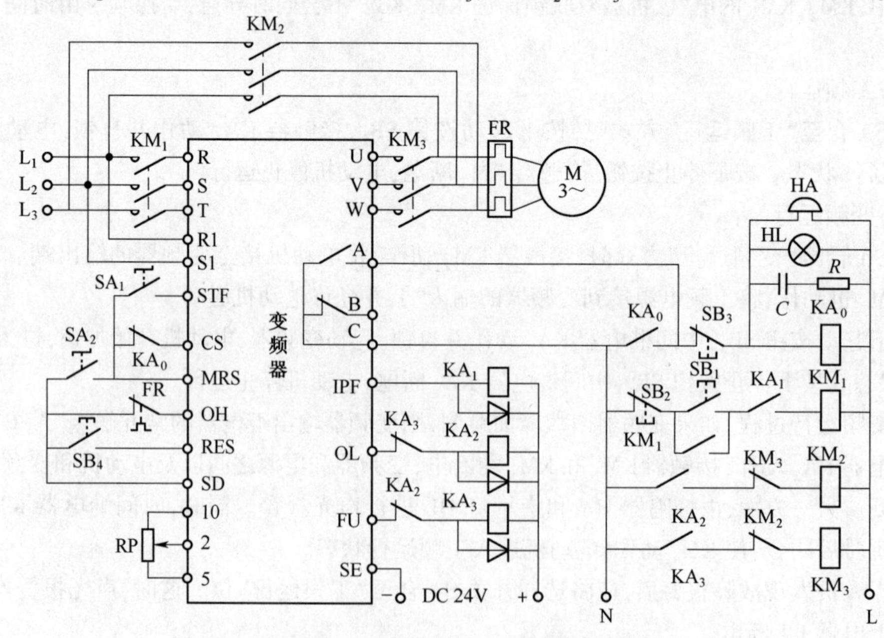

图 2-7-6　FRA-740 变频器的工频/变频切换控制电路

(1)控制电路

①变频运行控制。将开关 SA_2 闭合,接通 MRS 端子,允许进行工频/变频切换。由于已设置 Pr. 135 =1 使切换有效,IPF、FU 端子输出低电平,中间继电器 KA_1、KA_3 绕组得电。KA_3 绕组得电,KA_3 常开触点闭合,接触器 KM_3 绕组得电,KM_3 主触点闭合,KM_3 常闭辅助触点断开,KM_3 主触点闭合将电动机与变频器输出端连接;KM_3 常闭辅助触点断开使 KM_2 绕组无法得电,实现 KM_2、KM_3 之间的互锁(KM_2、KM_3 绕组不能同时得电),电动机无法由变频和工频同时供电。KA_1 绕组得电,KA_1 常开触点闭合,为 KM_1 绕组得电做准备。按下按钮 SB_1,KM_1 绕组得电,KM_1 主触点、常开辅助触点均闭合,KM_1 主触点闭合,为变频器供电;KM_1 常开辅助触点闭合,锁定 KM_1 绕组得电。

将开关 SA_1 闭合,STF 端子输入信号(STF 端子经 SA_1、SA_2 与 SD 端子接通),变频器正转起动,调节电位器 RP 可以对电动机进行调速控制。

②变频/工频切换控制。当变频器运行中出现异常,异常输出端子 A、C 接通,中间继电器 KA_0 绕组得电,KA_0 常开触点闭合,蜂鸣器 HA 和报警灯 HL 得电,发出声光报警。与此同时,IPF、FU 端子变为高电平,OL 端子变为低电平,KA_1、KA_3 绕组失电,KA_2 绕组得电,KA_1、KA_3 常开触点断开,KM_1、KM_3 绕组失电,KM_1、KM_3 主触点断开,变频器与电源、电动机断开。KA_2 绕组得电,KA_2 常开触点闭合,KM_2 绕组得电,KM_2 主触点闭合,工频电源直接提供给电动机(KA_1、KA_3 绕组失电与 KA_2 绕组得电并不是同时进行的,有一定的切换时间。它与 Pr. 136、Pr. 137 设置有关)。

按下按钮 SB_3 可以解除声光报警,按下按钮 SB_4 可以解除变频器的保护输出状态。若电动机在运行时出现过载,与电动机串联的热继电器 FR 发热元件动作,使 FR 常闭触点断开,切断 OH 端子输入,变频器停止输出,对电动机进行保护。

(2)参数设置

使用变频/工频切换功能时,变频器应工作在外部模式,即 Pr. 79=2。其他有关参数功能及设置值见表 2-7-1。

表 2-7-1 工频/变频切换有关参数功能及设置值

参数号	功 能	设定值范围	设定值	说 明
Pr. 135	工频/变频切换选择	0,1	1	0,切换功能无效。Pr. 136、Pr. 137、Pr. 138 和 Pr. 139 参数设置无效; 1,切换功能有效
Pr. 136	继电器切换互锁时间	0~100. 0 s	0. 3	设定 KA_2 和 KA_3 动作的互锁时间
Pr. 137	起动等待时间	0~100. 0 s	0. 5	设定时间应比从信号输入变频器到 KA_3 实际接通的时间稍微长 0. 3~0. 5 s
Pr. 138	报警时的工频/变频切换选择	0,1	1	0,切换功能无效。当变频器发生故障时,变频器停止输出(KA_2 和 KA_3 断开); 1,切换功能有效。当变频器发生故障时,变频器停止运行并自动切换到工频电源运行(KA_2:ON,KA_3:OFF)
Pr. 139	自动变频/工频电源切换选择	0~60. 0 Hz、9 999	50 Hz	0~60. 0 Hz,当变频器输出频率达到或超过设定频率时,自动切换到工频电源运行; 9 999,不能自动切换

续表

参数号	功　能	设定值范围	设定值	说　明
Pr. 17	MRS 输入选择	0、2、4	0	0,常开触点; 2,常闭触点; 4,外部输入:常闭触点;通信:常开触点
Pr. 57	变频器再起动前的等待时间	0~5,9 999	0.5 s	瞬时停电再恢复后变频器再起动前的等待时间。根据负荷的转动惯量和转矩,可设在 0.1~5 s 之间,对于 0.4~1.5 kW的变频器设为 0,表示 0.5 s
Pr. 58	变频器再起动频率上升时间	0~60	0.5 s	通常设定为出厂值 1.0 s,也可根据负荷的转动惯量和转矩设定

在使用变频/工频切换功能时,JOG、CS、IPF、OL、FU 等部分输入/输出端子的功能需重新定义,见表 2-7-2。

表 2-7-2　FR-A740 部分输入/输出端子的功能设置

参数与设置值	功 能 说 明
Pr. 185 =7	将 JOG 端子功能设置成 OH 端子,用作过热保护输入端
Pr. 186=6	将 CS 端子设置为瞬时掉电自动再起动控制端,即 KA_0 闭合,为变频运行;KA_0 断开,为工频运行
Pr. 192= 17	将 IPF 端子定义为变频/工频切换控制端 MC_1,控制 KA_1
Pr. 193= 18	将 OL 端子定义为工频/变频切换控制端 MC_2,控制 KA_2
Pr. 194= 19	将 FU 端子定义为变频/工频切换控制端 MC_3,控制 KA_3

四、相关参数

如要考虑同步跟踪控制,即到达指定频率时切换,则 Pr. 192=1,即 FU 作为频率到达控制输出,当变频器运行频率到达 Pr. 41(频率到达动作范围)时开始切换。

①Pr. 41 功能(频率到达动作范围)。输出频率达到运行频率时,频率达到信号(SU)动作范围可以在运行频率的 0%~±100%范围内进行调整,此参数用于确认运行频率达到或用作相关设备的起动信号等。Pr. 41 功能,如图 2-7-7 和表 2-7-3 所示。

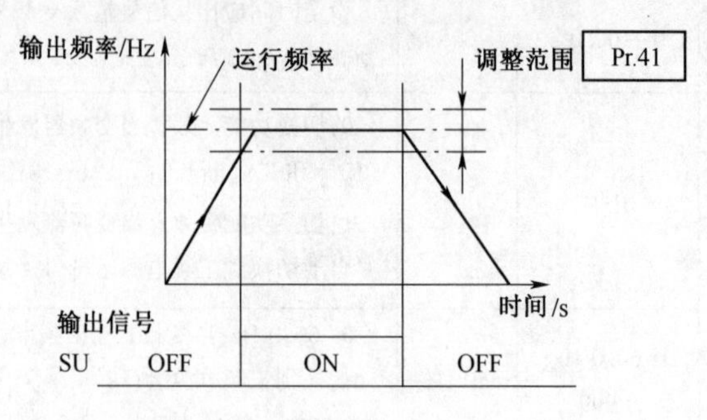

图 2-7-7　Pr. 41 功能

②Pr. 42、Pr. 43 功能(正、反转输出频率检测),如图 2-7-8 和表 2-7-4 所示。

表 2-7-3 Pr. 41 功能

参数号	出厂设定	设 定 范 围
41	10%	0~100%

表 2-7-4 Pr. 42、Pr. 43 功能

参数号	出厂设定	设 定 范 围
42	6 Hz	0~400 Hz
43	9 999	0~400 Hz ,9 999(9 999:同 Pr. 42 设置相同)

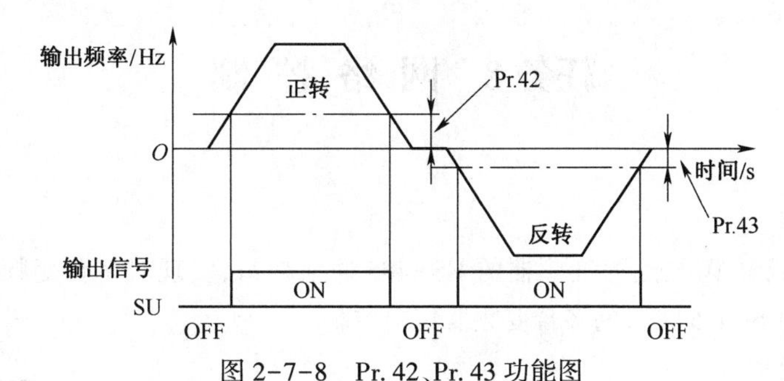

图 2-7-8 Pr. 42、Pr. 43 功能图

任务实施

1. 手动控制工频/变频切换

①参考知识准备中的电路设计工频/变频切换控制电路并完成接线。

②根据控制功能设置变频器相关参数。

③调试运行。

2. PLC 控制工频/变频切换

①参考图 2-7-5 设计 PLC 控制的工频/变频切换控制电路并完成接线。

②根据控制功能设置变频器相关参数。

③设计 PLC 程序。

④调试运行。

学习小结

工频/变频切换控制是实际工程中常见的项目之一,通常采用 PLC 来实现,有些变频器集成了工频/变频切换的功能。许多情况下为了节能、软起动、维修或单台变频器控制多台电动机,需要在变频器和工频电源之间进行切换控制。

工频/变频切换控制方式有冷切换和热切换 2 种。冷切换为在变频器停车、停电时进行切换,等切换完成后再开机运行。即电动机在停止运行时,将电动机的驱动电源由变频器切换到工频电源,或者由工频电源切换到变频器,这种方式最为简单。热切换为在变频器运行时带电切换,可分为硬切换和软切换。硬切换往往会对电网和变频器产生一定的冲击,因此在要求较高的场合,应采用软切换。软切换就是在不停电的情况下,利用锁相环技术,使变频器输出电压的频率、幅值和相位均保持与工频电源电压一致,然后可进行变频器与工频电源之间的相互平稳切换,从而减少在切换过程中对电网和变频器的冲击。

自我评估

①试结合变频器内部主电路分析:在工频/变频切换的瞬间,图 2-7-4、图 2-7-5 电路中 KM_2 与 KM_3 同时接通会出现什么后果?如何防范?

②应如何确定 PLC 梯形图中定时器的定时时间?

③结合图 2-7-5 的设计方案,列出需要设置的主要参数及其设定值。

任务8 网络控制

任务描述

PLC、计算机或触摸屏,通过变频器的 RS-485 通信接口,实现对多台变频器的集中控制。图 2-8-1 为基于 RS-485 接口的多台变频器集中控制。

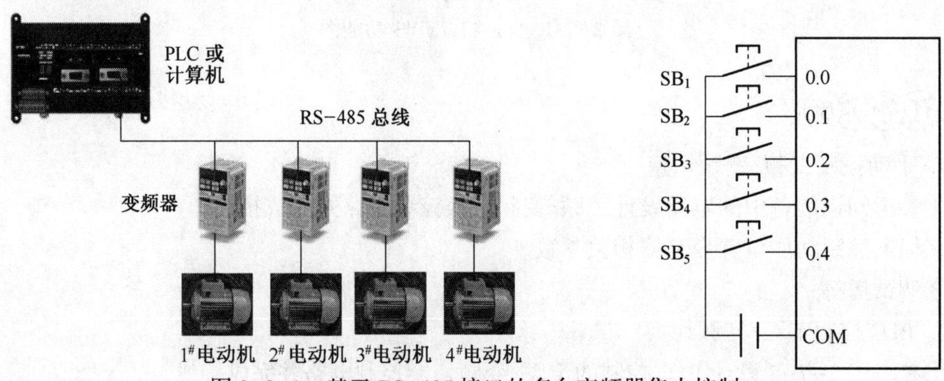

图 2-8-1 基于 RS-485 接口的多台变频器集中控制

按下 SB_1,1#电动机以 20 Hz 起动并运行,按下 SB_2,2#电动机以 30 Hz 起动并运行,按下 SB_3,3#电动机以 40 Hz 起动并运行,按下 SB_4,4#电动机以 50 Hz 起动并运行,按下 SB_5,所有电动机停止运行。

基本要求如下:

①熟悉变频器网络控制的应用背景。

②熟悉 RS-485 接口及其通信参数设置,完成通信线连接和通信参数设置。

③了解变频器的通信协议及其指令格式。

④能利用计算机软件,对变频器进行参数设置和监控。

知识准备

一、应用背景

随着计算机技术发展以及生产工艺对设备自动化的要求越来越高,通信功能已经成为现代变频器一种“标准配置”,采用通信的好处主要有以下几点:

①简化了硬件。

②提高了信号的传输精度。

③维护工作量小。

④能与高层网络方便地交换信息,从而实现工厂的高度自动化。

图 2-8-2 是利用 RS-485 通信集中控制 49 台变频器的一个应用案例。

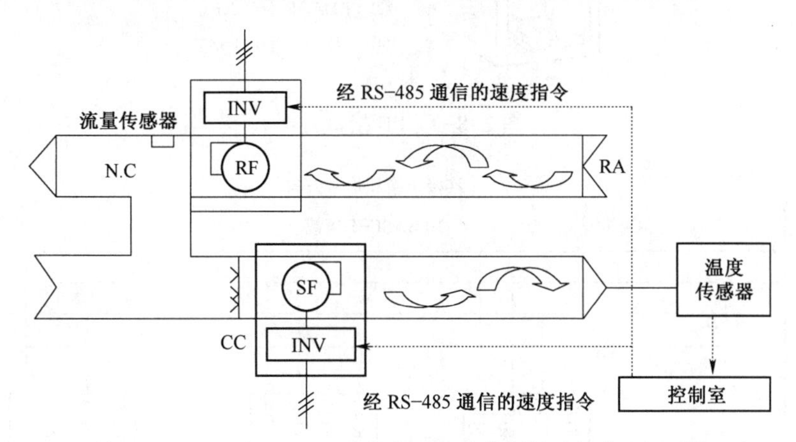

图 2-8-2　通过 RS-485 总线实现集中控制的建筑物空调系统

二、三菱 FR-E540 变频器通信功能

三菱 FR-E540 变频器的 PU 接口是一个 RS-485 接口,用于连接变频器的操作单元。上位机(PLC 或计算机)也可利用这个接口对变频器进行参数读写、开机、关机、改变运行频率等操作,如图 2-8-3 所示。

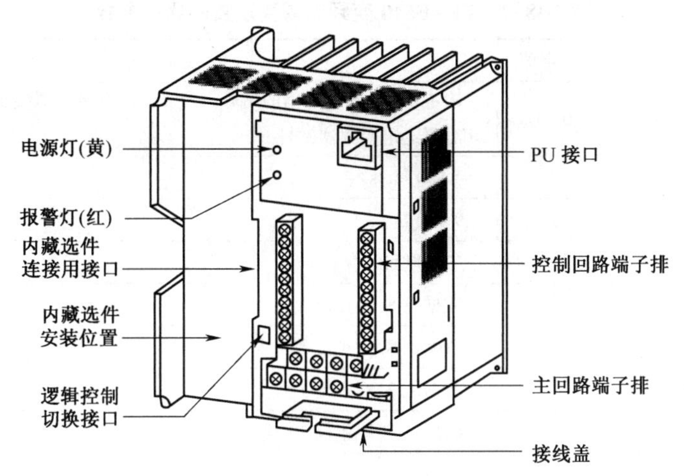

图 2-8-3　FR-E540 变频器前面板图

1. PU 接口

FR-E540 变频器采用 RS-485 接口。PU 接口引脚如图 2-8-4 所示(图中①~⑧为引脚编号)。图 2-8-5 为带有RS-485 接口的计算机与多台变频器的接线图,如计算机只有 RS-232 接口,则需要采用 RS-232/RS-485 转换器。

2. 变频器通信参数设置

变频器要与上位机正常通信,必须正确设置通信参数,主要通信参数有站号、波特率、数据位、起始位、停止位、检验位等,变频器内的 117~124 号参数用于设置通信参数。

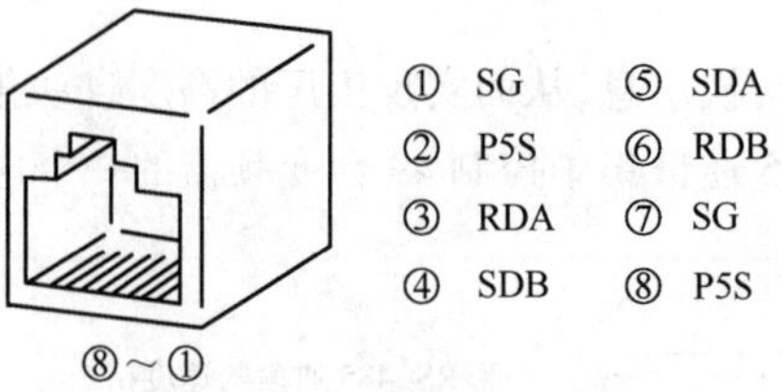

⑧～①
① SG
② P5S
③ RDA
④ SDB
⑤ SDA
⑥ RDB
⑦ SG
⑧ P5S

图 2-8-4　PU 接口引脚

连接电缆和信号方向
10 BASE-T 电缆
计算机
RDA
RDB
SDA
SDB
RSA
RSB
CSA
CSB
SG
FG
100 Ω
终端阻抗
RDB RDA SDB SDA
SG
站号 1
站号 2
站号 n
变频器

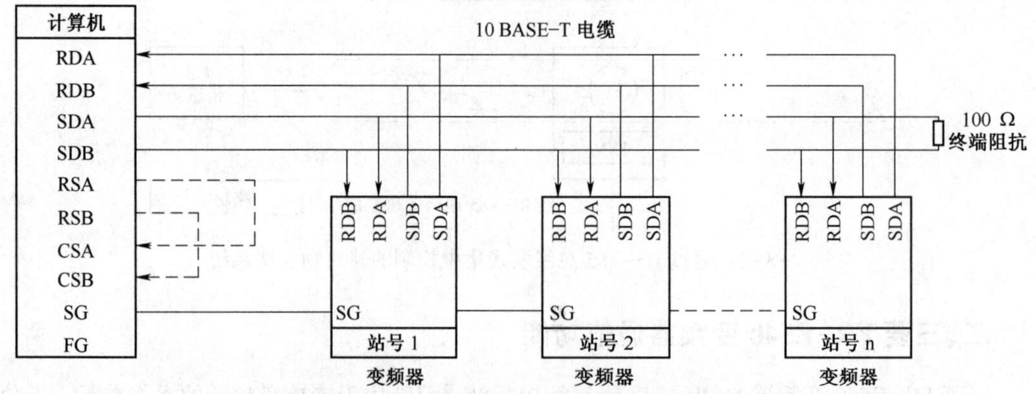

图 2-8-5　带有 RS-485 接口的计算机与多台变频器的接线图

表 2-8-1 列出了 FR-E540 变频器需要设置的通信参数。

表 2-8-1　FR-E540 变频器需要设置的通信参数

参数号	内　容	设定值	数　据　内　容
117	子站号	0~31	确定从 PU 接口通信的站号。当 2 台以上变频器接到 1 台计算机上时，就需要设定变频器站号
118	通信速率	48	4 800 bit/s
		96	9 600 bit/s
		192	19 200 bit/s
119	停止位长度/字节长度	0	数据位 8，停止位 1
		1	数据位 8，停止位 2
		10	数据位 7，停止位 1
		11	数据位 7，停止位 2
120	奇偶检验有/无	0	无检验
		1	奇检验
		2	偶检验
121	通信再试次数	0~10	设定发生数据接收错误后允许的再试次数，当错误连续发生次数超过允许值时，变频器将报警并停止运行
		9 999	如果通信错误发生时，变频器没有报警并停止运行，变频器可通过输入 MRS 或 RESET 信号使变频器停止。 通信错误（H0、H5）时，集电极开路端子输出轻微故障信号（LF）。用 Pr. 190 、Pr. 192 中的任何一个分配给相应的端子（输出端子功能选择）

续表

参数号	内 容	设定值	数 据 内 容
22	通信检验时间间隔	0	不通信
		0.1~999.8	设定通信检验时间间隔(单位为 s)。如果无通信状态持续时间超过允许时间,变频器进入报警停止状态
		9 999	通信终止
123	等待时间设定	0~150	设定数据传输到变频器的响应时间
		9 999	用通信数据设定
124	CR/LF 有/无选择	0	无 CR/LF
		1	有 CR 无 LF
		2	有 CR/LF
342	E^2PROM 写入有/无	0	参数写入到 E^2PROM
		1	参数写入到 RAM

3. 通信协议数据帧格式

变频器的主要操作功能分为运行指令、运行频率、参数设置、变频器复位、监视和参数读出等。

(1)写数据格式

①A 类格式数据帧。A 类格式数据帧(见表 2-8-2)适用于运行频率、参数设定和变频器复位操作。

表 2-8-2 A 类格式数据帧

ENQ	变频器站号	指令代码	等待时间	数据	检验和	CR 或 LF 代码
1B	2B	2B	1B	4B	2B	1B

数据帧中的数据定义如下:

a. ENQ 为十六进制数 05h,表示请求发送。其他通信控制代码见表 2-8-3。

表 2-8-3 通信控制代码

信 号	ASCII 码(十六进制数)	说 明
STX	02	Start of Text (数据开始)
ETX	03	End of Text (数据结束)
ENQ	05	Enquiry (通信请求)
ACK	06	Acknowledge (没发现数据错误)
LF	0A	Line Feed (换行)
CR	0D	Carriage Return (回车)
NAK	15	Negative Acknowledge (发现数据错误)

b. 变频器站号范围 0~31(十六进制数 00~1F),规定与计算机通信的站号。

c. 指令代码由计算机发给变频器控制操作指令(如运行监视)。通过相应的指令代码,变频器可进行各种方式的运行和监视。

d. 等待时间,规定变频器收到从计算机来的数据和传输应答数据之间的等待时间。根据计算机的响应时间,在 0~150 ms 设定,等待时间最小设定单位为 10 ms(如 1=10 ms,2=20 ms)。当 Pr. 123 不设定为"9 999"时,无数据格式的响应时间,此时该字节当作通信请求数据处理(字符数减少 1 个),如图 2-8-6 所示。

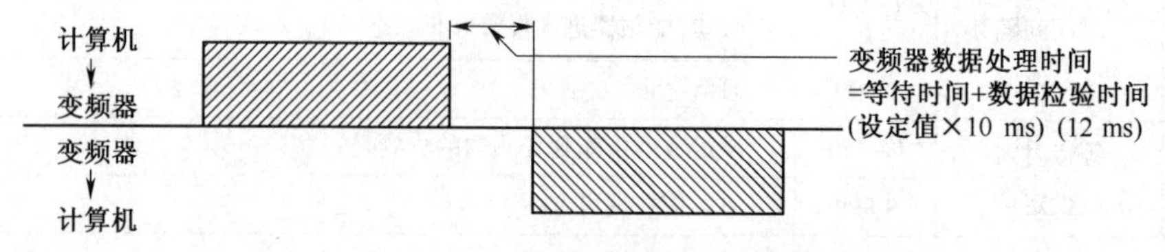

图 2-8-6 数据格式的响应时间

e. 数据表示变频器的频率和参数的写入或读出的数据,根据指令代码决定设定数据的定义和设定范围。

f. 检验和,由被检验的 ASCII 数据的总和(二进制)的最低 1 字节(8 位)表示的 2 个 ASCII 数字(十六进制),见表 2-8-4。

表 2-8-4 检验和计算示例数据帧

ENQ	变频器站号	指令代码	等待时间	数据	检验和
05	01	E1	1	07 A D	F4 h
05	30 31	45 31	31	30 37 41 44	46 h、44 h

对表 2-8-4 阴影部分字节累加:30 h+31 h+45 h+31 h+31 h+30 h+37 h+41 h+44 h+46 h+44 h=1F4 h,取低字节 F4 h 即为检验和,用 ASCII 码表示为 46 h、44 h。

g. CR 或 LF 代码,根据参数 124 确定。

A 类格式数据帧应用举例:

指定 01 号子站的变频器的运行频率为 30 Hz,数据写入 E^2ROM 中(写入数据掉电保护)。ENQ 控制码为 05 h,直接表示;站号 01,转换为 ASCII 码为 30 h、31 h;设定频率写入(E^2PROM)的指令码为 EEH,转换为 ASCII 码为 45 h、45 h;等待时间 10 ms,即 1,转换为 ASCII 码为 31 h;30 Hz对应的数据=30/0. 01=3000=0BB8H,转换为 ASCII 码为 30 h、42 h、42 h、38 h;检验和=30 h+31 h+45 h+45 h+31 h+30 h+42 h+42 h+38 h=08 h,转换为 ASCII 码为 30 h、38 h;CR/LF 选无。

综合上述计算,变频器的运行频率数据帧见表 2-8-5。

表 2-8-5 变频器的运行频率数据帧

ENQ	01 子站	设定频率写入(E^2PROM)	等待延时 10 ms	频率 20 Hz	检验和
05 h	30 h、31 h	45 h、45 h	31 h	30 h、42 h、42 h、38 h	30 h、38 h

变频器接收到指令后,经过处理返回给上位机的数据有 2 种类型:

- 接收数据正确,变频器返回应答数据帧格式,见表 2-8-6。

表 2-8-6 C 类格式数据帧

ACK	变频器站号	CR 或 LF 代码
1B	2B	1B

• 接收数据错误,变频器返回应答数据帧格式,见表 2-8-7。

表 2-8-7　D 类格式数据帧

ACK	变频器站号	错误代码	CR 或 LF 代码
1B	2B	1B	1B

②A′类格式数据帧。A′类格式数据帧适用于运行指令操作。数据位为 2B,见表 2-8-8。

表 2-8-8　A′类格式数据帧

ENQ	变频器站号	指令代码	等待时间	数　据	检验和	CR 或 LF 代码
1B	2B	2B	1B	2B	2B	1B

(2)读数据格式

B 类格式数据帧适用于监视和参数读出,见表 2-8-9。

表 2-8-9　B 类格式数据帧

ENQ	变频器站号	指令代码	等待时间	检验和	CR 或 LF 代码
1B	2B	2B	1B	2B	1B

变频器接收到读指令后,返回以下数据帧:

①没有发现数据错误时,根据数据长度不同,有 E、E′、E″这 3 种格式。E 类格式数据帧见表 2-8-10。

表 2-8-10　E 类格式数据帧

STX	变频器站号	读出数据	检验和	CR 或 LF 代码
1B	2B	4B	2B	1B

E′格式的读出数据为 2B,E″格式的读出数据为 6B。

②发现数据错误时,变频器返回 F 类数据帧,见表 2-8-11。

表 2-8-11　F 类格式数据帧

NAK	变频器站号	错误代号	CR 或 LF 代码
1B	2B	1B	1B

4. 指令代码说明

数据帧中的指令代码主要分为操作模式、监视、运行、变频器状态监视、频率设定、变频器复位、异常内容全部清除、参数全部清除、参数写入读出等 12 条指令,见表 2-8-12。

表 2-8-12　指令代码表

序号	项　　目		指令码	说　　明	数据位(数据代码 FF=1)
1	操作模式	读出	7B	H0001:外部操作;H0002:通信操作	4
		写入	FB	H0001:外部操作;H0002:通信操作	4

续表

序号	项目		指令码	说明	数据位(数据代码 FF=1)
2	监视	输出频率	6F	H0000~HFFFF:输出频率(十六进制)最小单位 0.01 Hz,[Pr. 37=0.019 998 时,转速(十六进制)单位 r/min]	4
		输出电流	70	H0000~HFFFF:输出电流(十六进制)最小单位 0.01 A	4
		输出电压	71	H0000~HFFFF:输出电压(十六进制)最小单位 0.1 V	4
		报警	74-77	H0000~ HFFFF:最近的 2 次报警记录	4
3	运行指令		FA	B1=1,正转;B2=1,反转	2
4	变频器状态监视		7A	B0:变频器正在运行;B1:正转;B2:反转;B3:频率达到;B4:过负荷;B5:—;B6:频率检测;B7:报警	2
5	设定频率读出(E^2PROM)		6E	读出设定频率(RAM 或 E^2PROM);H0000~H9C40:单位 0.01 Hz(十六进制)	4(6)
	设定频率读出(RAM)		6D		
	设定频率写入(E^2PROM)		EE	H0000~H9C40:单位 0.01 Hz(十六进制);0~400.00 Hz,频繁改变运行频率时,请写入到变频器的 RAM	
	设定频率写入(RAM)		ED		
6	变频器复位		FD	H9696:复位变频器。当变频器在通信开始由计算机复位时,变频器不能发送应答数据给计算机	4
7	异常内容全部清除		F4	H9696:异常内容全部清除	4
8	参数全部清除		FC	所有参数返回到出厂设定值,根据设定数据的不同,有 4 种清除操作方式,当执行 H9696 或 H9966 时,所有参数被清除,与通信相关的参数设定值也返回到出厂设定值,当重新操作时,需要设定参数。Pr. 75 不被清除	4
9	参数写入		80-FD	参考数据代码表,写入读出必要的参数	4
10	参数读出		00-7D		
11	网络参数其他	读出	7F	H00~H6C,H80~HEC 参数值可以改变;H00:Pr. 0、Pr. 96 值可读写;H01:Pr. 117、Pr. 158、Pr. 901、Pr. 905 值可读写;H02:Pr. 160、Pr. 192、Pr. 232、Pr. 251 值可读写;H03:Pr. 338、Pr. 340 值可读写(通信选件插上时) Pr. 342 的内容可读出写入,Pr. 345、Pr. 348 的值可读写(FR-E5ND 插上时);H05:Pr. 500、Pr. 502 值可读写(通信选件插上时);H09:Pr. 990、Pr. 991 值可读写	2
		写入	FF		
12	第 2 参数更改(代码 HFF= 1)	读出	6C	设定偏置增益(数据代码 H5E~H61、DE~HE1)参数的情况。H00:补偿/增益;H01:模拟;H02:端子的模拟值	2
		写入	EC		

三、PLC对多台变频器的控制

以FX2N PLC集中控制4个FR-E540变频器为例，如图2-8-1所示按下SB_1，1#电动机以20 Hz起动并运行，按下SB_2，2#电动机以30 Hz起动并运行，按下SB_3，3#电动机以40 Hz起动并运行，按下SB_4，4#电动机以50 Hz起动并运行，按下SB_5，4台电动机同时停止运行，如图2-8-1所示。

假设1#~4#变频器站地址分别为01 h、02 h、03 h、04 h。00 h为广播地址。

变频器通信参数设置见表2-8-13。

表2-8-13　变频器通信参数设置（以1#子站变频器为例）

序　号	参　数　号	名　称	设　定　值	说　　明
1	Pr. 79	操作模式选择	1	PU操作模式
2	Pr. 117	站号	1	01号子站
3	Pr. 118	波特率	96	波特率为9 600 Bd
4	Pr. 119	停止位长度/字节长度	10	停止位1位，数据位7位
5	Pr. 120	奇偶检验有/无	2	偶检验
6	Pr. 121	通信再试次数	9 999	即使发生通信错误，变频器也不停止
7	Pr. 122	通信检验时间间隔	9 999	通信检验终止
8	Pr. 123	等待时间设定	9 999	用通信数据设定
9	Pr. 124	CR/LF有无选择	1	有CR无LF

FX2N PLC通信参数设置：RS指令通信参数由D8120设置。若通信参数设置为：波特率9 600 Bd、8位数据位、1位停止位、偶检验，则PLC的D8120（通信格式）设置如下：00001100 10001000，即C88h。

四、PLC程序设计及实例

1. RS指令编程

RS指令格式如下：RS、D0、K10、D10、K14，其中D0为发送数据首地址，K10为发送数据字节数，D10为接收数据首地址，K14为接收数据字节数。

采用RS指令编程，最多可控制32台变频器，但需要了解详细的数据帧数据，编程较复杂。

下面是数据帧定义与计算：

（1）4个变频器运行频率设定数据帧（见表2-8-14）

表2-8-14　4个变频器运行频率设定数据帧

变频器	ENQ	子　站	设定频率写入（E^2PROM）	等待延时 10 ms	频率20 Hz、30 Hz、40 Hz、50 Hz	检验和
1#数据帧	05h	30h、31h	45h、45h	31 h	30h、37h、44h、30h	46h、37h
2#数据帧	05h	30h、32h	45h、45h	31 h	30h、42h、42h、38h	30h、39h
3#数据帧	05h	30h、33h	45h、45h	31 h	30h、46h、41h、30h	30h、35h
4#数据帧	05h	30h、34h	45h、45h	31 h	31h、33h、38h、38h	46h、33h

（2）4个变频器正转起动数据帧（见表2-8-15）

表 2-8-15　4 个变频器正转起动数据帧

变频器	ENQ	子　站	运　行　指　令	等待延时 10ms	数据(正转 02h)	检验和
1#数据帧	05h	30h、31h	46h、41h	31 h	30h、32h	37h、42h
2#数据帧	05h	30h、32h	46h、41h	31 h	30h、32h	37h、43h
3#数据帧	05h	30h、33h	46h、41h	31 h	30h、32h	37h、44h
4#数据帧	05h	30h、34h	46h、41h	31 h	30h、32h	37h、45h

(3)4 个变频器停止数据帧(见表 2-8-16)

表 2-8-16　4 个变频器停止数据帧(广播方式)

变频器	ENQ	子　站	运　行　指　令	等待延时 10ms	数据(正转 02h)	检验和
数据帧	05h	30h、30h	46h、41h	31 h	30h、30h	37h、38h

2. EXTR 指令编程

采用 EXTR 编程,最多可控制 8 台变频器。FX2N PLC 指令说明,见表 2-8-17。

表 2-8-17　FX2N PLC 指令说明

序号	功　能	对　应　指　令	内　　容
1	变频器运行监视	EXTR K10	可读取输出转速、运行模式等
2	变频器运行控制	EXTR K11	可变更运行指令、运行模式等
3	变频器参数读取	EXTR K12	可读取变频器参数值
4	变频器参数写入	EXTR K13	可变更变频器参数值

PLC 参考程序,如图 2-8-7 所示。D50 中是当前变频器的运行频率,D51 中是电流监视值,D52 中是电压监视值。

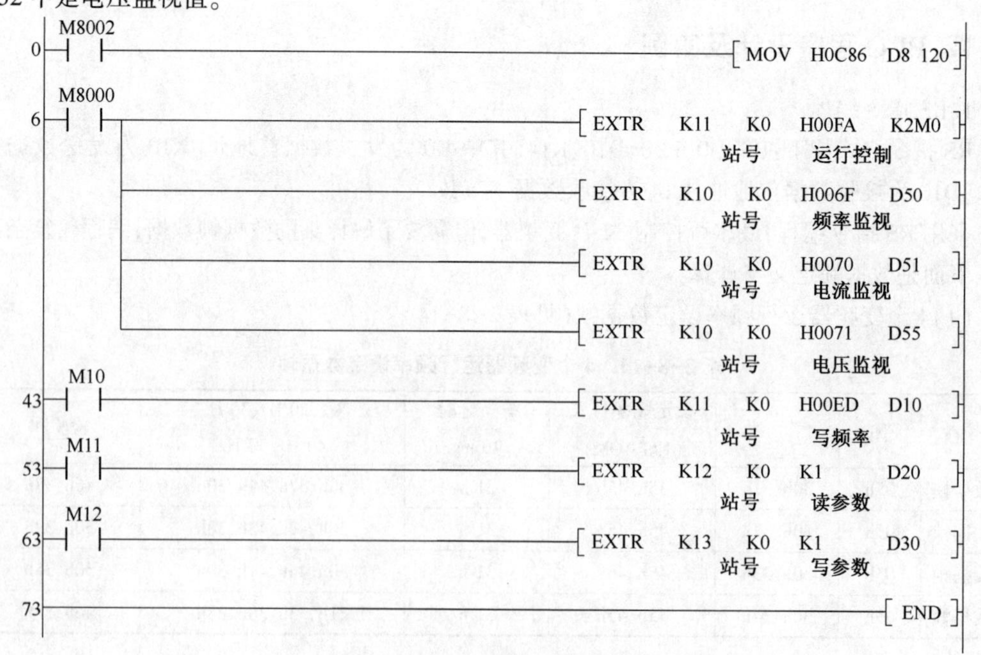

图 2-8-7　PLC 参考程序

五、上位机 MCGS 组态软件对多台变频器的控制

通过变频器的通信口，上位机可以对多台变频器进行集中控制。变频器的通信协议一般有2类：第1类，采用通用的 MODBUS 协议；第2类，采用自定义协议。三菱 FR-E540 变频器采用的是三菱公司自己的通信协议。MCGS 软件带有 FR-E540 变频器的驱动程序，可方便地实现对 FR-E540 变频器的控制。下面以 TPC7065 屏的嵌入版 MCGS 为例，说明组态软件对 FR-540 变频器的控制。

1. 控制电路

TPC7065 屏的串行通信接口有 RS-485、RS-232 和以太网接口等，RS-485、RS-232 接口同时在一个9芯插座上，RS-232 为 COM1 口，RS-485 为 COM2 口，7引脚为 RS-485 A+，8引脚为 RS-485 B-。FR-E540 变频器 RJ-45 插座的3引脚与5引脚短接、4引脚与6引脚短接，如图 2-8-8 所示。

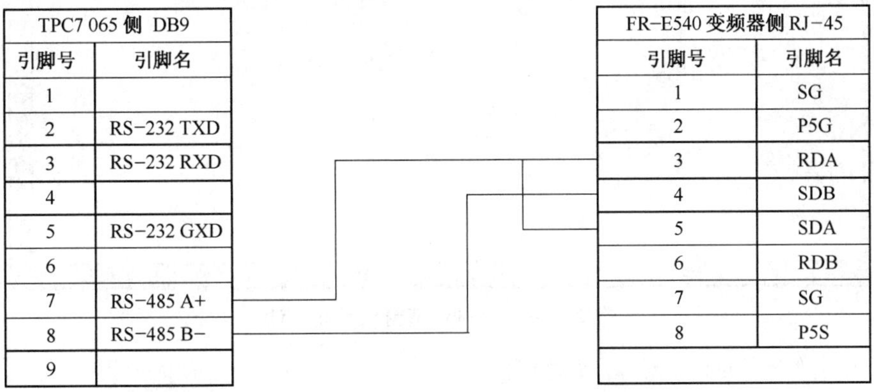

TPC7 065 侧 DB9	
引脚号	引脚名
1	
2	RS-232 TXD
3	RS-232 RXD
4	
5	RS-232 GXD
6	
7	RS-485 A+
8	RS-485 B-
9	

FR-E540 变频器侧 RJ-45	
引脚号	引脚名
1	SG
2	P5G
3	RDA
4	SDB
5	SDA
6	RDB
7	SG
8	P5S

图 2-8-8　TPC7065 与 FR-E540 变频器的接线

2. 变频器参数设置

变频器的相关参数设置，见表 2-8-18。由于 FR-E540 变频器的操作面板与变频器主机之间也采用串行通信，占用了通信接口，因此，在连接通信线之前，先用操作面板设置好相关参数，然后拆下操作面板，接上通信线。

表 2-8-18　变频器通信参数设置（以1号子站变频器为例）

序　号	参　数　号	名　称	设定值	说　　明
1	Pr. 79	操作模式选择	1	PU 操作模式
2	Pr. 117	站号	1	1号子站
3	Pr. 118	波特率	96	波特率为 9 600 Bd
4	Pr. 119	停止位长度/字节长度	10	停止位1位，数据位7位
5	Pr. 120	奇偶检验有/无	2	偶检验
6	Pr. 121	通信再试次数	9 999	即使发生通信错误，变频器也不停止
7	Pr. 122	通信检验时间间隔	9 999	通信检验终止
8	Pr. 123	等待时间设定	9 999	用通信数据设定
9	Pr. 124	CR/LF 有无选择	1	有 CR 无 LF
10	Pr. 342		0	

3. 组态软件设计

图 2-8-9 所示的界面为电动机正反转控制的一个实例。按“电动机正转起动”按钮,电动机正转,正转指示灯亮,输出频率显示正转运行频率;按“电动机反转起动”按钮,电动机反转,反转指示灯亮,输出频率显示反转运行频率;输入频率设定的文本框输入设定的频率值,输出电压显示框显示输出电压值;按“电动机停止运行”按钮,电动机停止运行,正、反转指示灯均不亮。

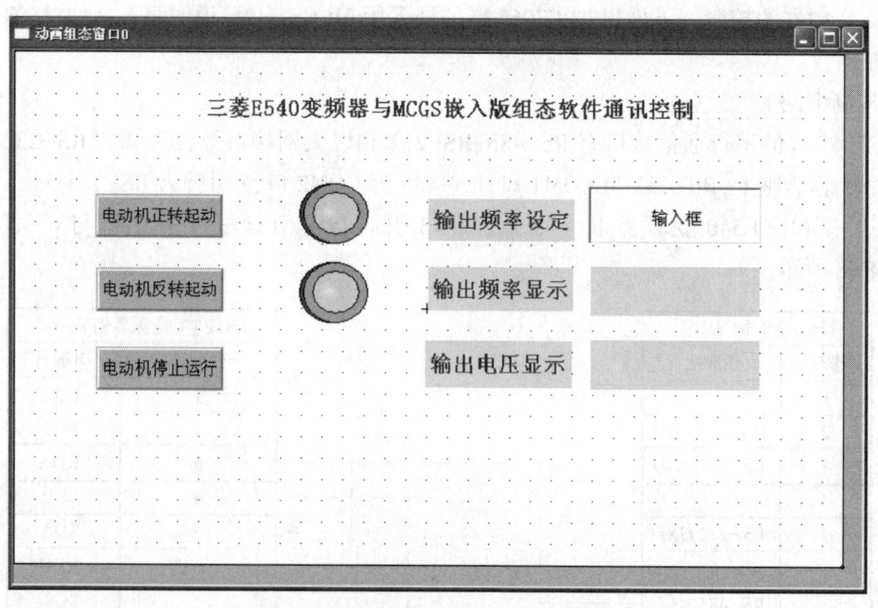

图 2-8-9　动画组态窗口界面设计

(1)实时数据库的数据对象(变量)定义

根据上述功能要求,需要定义 6 个数据对象,分别是 run_set、flg_fwd、flg_rev、fre_set、fre_output、v_output,如图 2-8-10 所示。6 个数据对象的含义,见表 2-8-19。

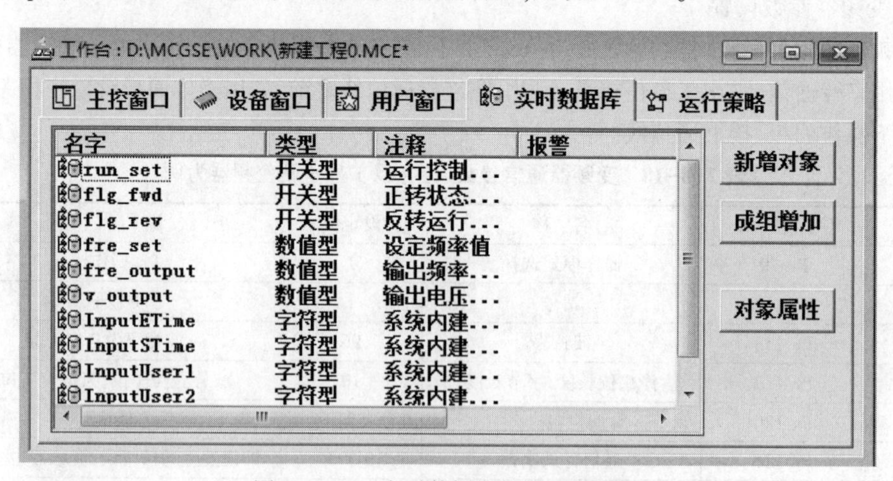

图 2-8-10　实时数据库数据对象定义

(2)设备组态

进入设备窗口,添加“通用串口父设备”和“三菱_FR500 系列变频器”(子设备)的驱动程序,如图 2-8-11 所示。

表 2-8-19　数据对象(变量)定义

对应设备的索引号	数据对象	数据类型	对象初值	工程单位	小数位数	最小值	最大值	操作方式	说　明
1	flg_fwd	开关型	0	—	—	—	—	只读	正转状态
2	flg_rev	开关型	0	—	—	—	—	只读	反转运行
8	run_set	开关型	0	—	—	—	—	只写	运行控制。=0,停止;=2,正转;=4,反转
9	fre_set	数值型	0	0.01	2	0	400	读写	设定频率 RAM
10	fre_output	数值型	0	0.01	2	0	400	只读	输出频率(速度)
12	v_output	数值型	0	0.1	1	0	1000	只读	输出电压

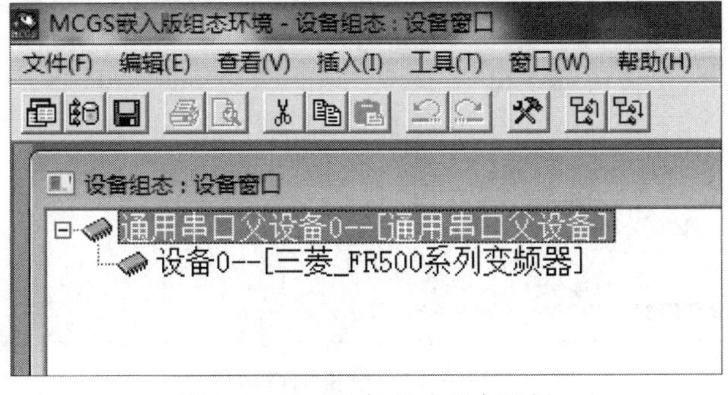

图 2-8-11　设备驱动程序选择

然后,双击“通用串口父设备”,编辑通用串口父设备的基本属性,如图 2-8-12 所示。串口端口号选 COM2。

通用串口设备属性编辑

基本属性　电话连接

设备属性名	设备属性值
设备名称	通用串口父设备0
设备注释	通用串口父设备
初始工作状态	1 - 启动
最小采集周期(ms)	1000
串口端口号(1~255)	1 - COM2
通讯波特率	6 - 9600
数据位位数	1 - 8位
停止位位数	0 - 1位
数据校验方式	2 - 偶校验

检查(K)　确认(Y)　取消(C)　帮助(H)

图 2-8-12　通用窗口父设备属性编辑

最后,双击“三菱_FR500 系列变频器”,连接通道名称所对应的实时数据库中的 6 个数据对象,如图 2-8-13 所示。

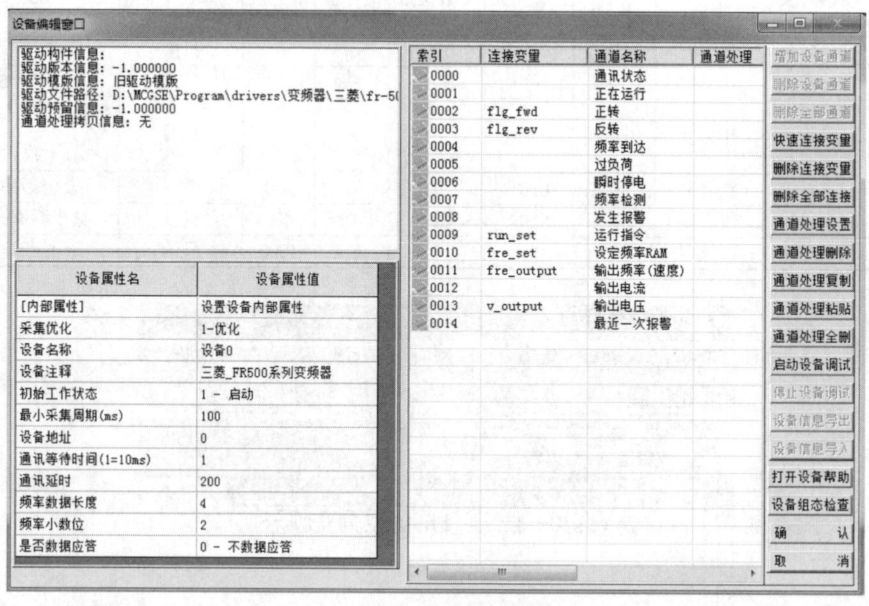

图 2-8-13　设备编辑窗口

(3)动画界面设计

首先,设计图 2-8-9 所示的组态界面,然后,把界面中的控件与数据对象进行连接。电动机正转起动按钮、电动机反转起动按钮、电动机停止运行按钮的连接,需要通过脚本程序对数据对象 run_set 进行赋值。

设计完成的工程项目可先在计算机上进行模拟运行,也可下载到 TPC7065 上实际运行。实际运行界面,如图 2-8-14 所示。

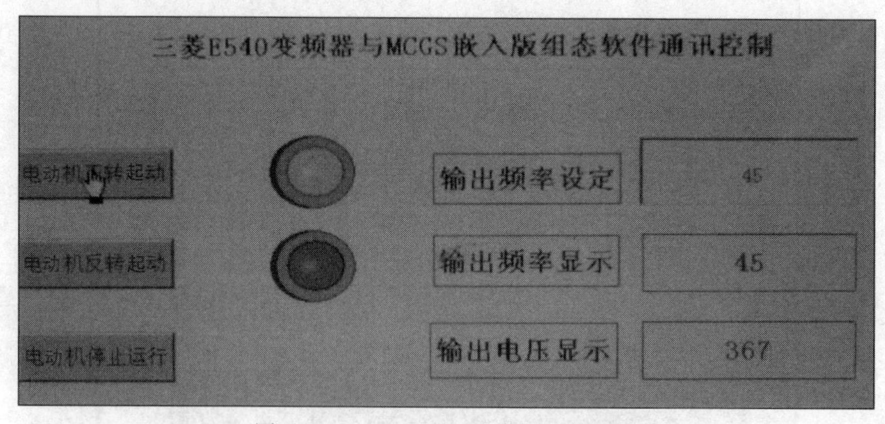

图 2-8-14　TPC7065 上实际运行界面

任务实施

1. PLC 控制多台变频器

①变频器接线。按图 2-8-1、图 2-8-4 接好 PLC 与各变频器的通信线、变频器外围线路、

PLC 控制线路。

②变频器参数设置。设置各变频器的站号及通信参数。4 个变频器的站号分别为 1、2、3、4,通信参数设为9 600 Bd、8 位数据位、1 位停止位、偶检验。PLC 的通信参数由 D8120 设置。

③PLC 程序设计。参考图 2-8-7 的梯形图,设计 PLC 程序。

④调试运行。

2. 上位机组态软件控制多台变频器

①按图 2-8-8 接好计算机或 TPC7065 嵌入式触摸屏与各变频器的通信线,若计算机或 TPC7065 嵌入式触摸屏接口为 RS-232 接口,则须加 RS-232/RS-485 接口转换器。

②设置变频器参数。设置各变频器的站号及通信参数。4 个变频器的站号分别为 1、2、3、4,通信参数设为9 600 Bd、8 位数据位、1 位停止位、偶检验。

③设置上位机通信参数。

④设计组态监控界面和脚本程序。

⑤调试运行。

学习小结

多台变频器的集中控制,往往需要通过变频器的 RS-485 总线来实现。常用的控制方法有 PLC 控制、上位机组态软件控制、上位机的其他应用程序控制(通过 VB、VC 等编程来实现)。借助以太网服务器、无线通信模块,也能实现变频器的远程控制。

自我评估

①1# 变频器的子站号位为 01,波特率 4 800 Bd、7 位数据位、1 位停止位、偶检验,试设置变频器的相关参数。

②若通过计算机的 RS-232 接口与变频器的 RS-485 接口通信,试画出连接示意图。

学习情境 3

变频器的典型工程实施

学习目标

通过 5 个任务的学习,掌握变频器的选型和方案设计,能根据实际应用工程,完成变频器应用系统的安装与运行调试。

知识目标

- 理解不同负载类型的特性及其对变频器控制的影响。
- 熟悉变频器的典型应用背景。
- 了解变频器的相关行业标准。

技能目标

- 能完成变频器的基本接线。
- 能进行面板操作和参数操作。

方法目标

- 会阅读相关变频器的产品使用手册。
- 会根据用户要求制订工程方案。
- 具备节能意识和环保意识。

任务 1　变频器的选用

任务描述

根据实际工程项目要求合理选择变频器及其配套的设备是变频器应用项目实施过程中的重要内容之一。基本要求如下:

①能根据不同的负载类型特性,合理选择变频器的控制方式。

②能根据负载大小,合理选择变频器的功率大小。

③会进行节能效果分析。

知识准备

一、负载类型及其特点

一个电力拖动系统的工作情况,主要取决于电动机和负载的机械特性,因此要正确选择变频器,合理配置一个电力拖动系统,首先要了解负载的机械特性。负载的机械特性,一般可分为恒转矩负载、恒功率负载、二次方律负载等类型。下面分别介绍其特性。

1.恒转矩负载及其特性

(1)机械特性

恒转矩负载是指负载转矩的大小仅仅取决于负载的轻重,与转速大小无关。即负载转矩T_L=常数。带式输送机就是恒转矩负载的典型例子之一,如图3-1-1所示,负载的阻力来自于传动带与滚筒间的摩擦力,其机械特性如图3-1-2所示。

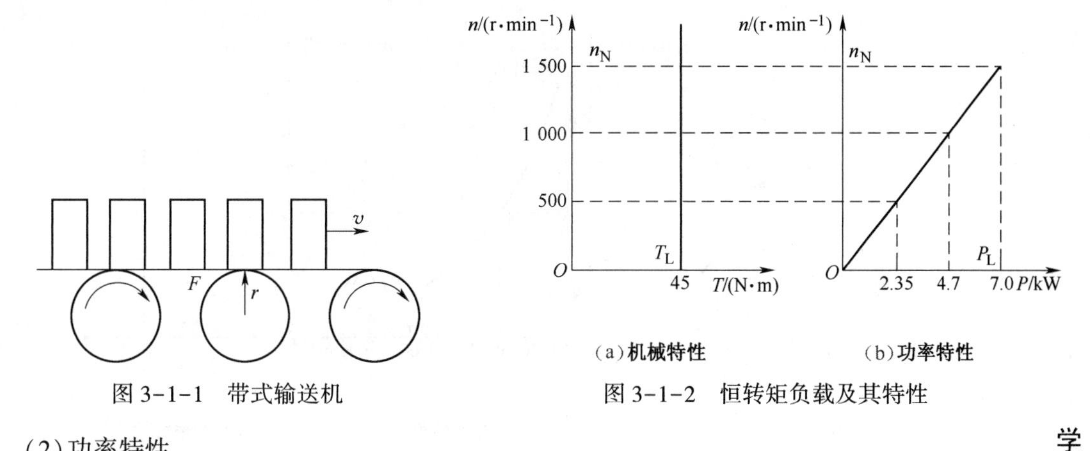

图3-1-1　带式输送机

图3-1-2　恒转矩负载及其特性

(2)功率特性

根据负载的功率P_L、转矩T_L和转速n_L之间的关系,有式(3-1-1)

$$P_L = T_L n_L / 9\,550 \qquad (3-1-1)$$

即负载功率与转速成正比,其功率特性如图3-1-2(b)所示。

(3)运行要求

转矩负载在低速运行时,也要求电动机具有足够大的电磁转矩,才能拖动负载稳定运行。为此,如果负载要求长时间低速运行,变频器容量选择应加大一挡。如果是U/f控制变频器,应加低速转矩提升补偿。采用矢量控制方式,可使低速运行时的带负载能力提高1.5倍。

2. 恒功率负载及其特性

恒功率负载是指负载转矩的大小与转速成反比,而其功率基本维持不变的负载。整经机卷绕机械是恒功率负载的典型例子,如图3-1-3、图3-1-4(a)所示。为使被卷物在放卷和卷绕过程中不变形,要求在运行过程中,被卷物的张力保持不变。

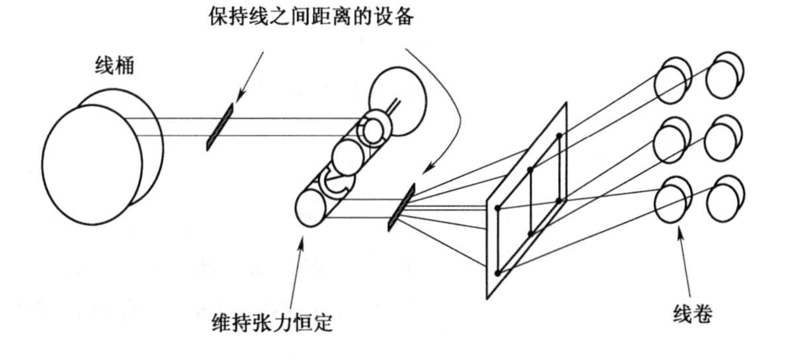

图3-1-3　变频器在整经机卷绕控制中的应用

(1)机械特性

根据负载的功率 P_L、转矩 T_L和转速 n_L之间的关系,有式(3-1-2)

$$T_L = 9\ 550P_L/n_L \tag{3-1-2}$$

即负载阻转矩与转速成反比,其机械特性如图 3-1-4(b)所示。

(2)功率特性

在不同的转速下,负载的功率 P_L基本恒定:P_L为常数。

即负载的功率与转速的高低无关,其负载功率特性如图 3-1-4(c)所示。

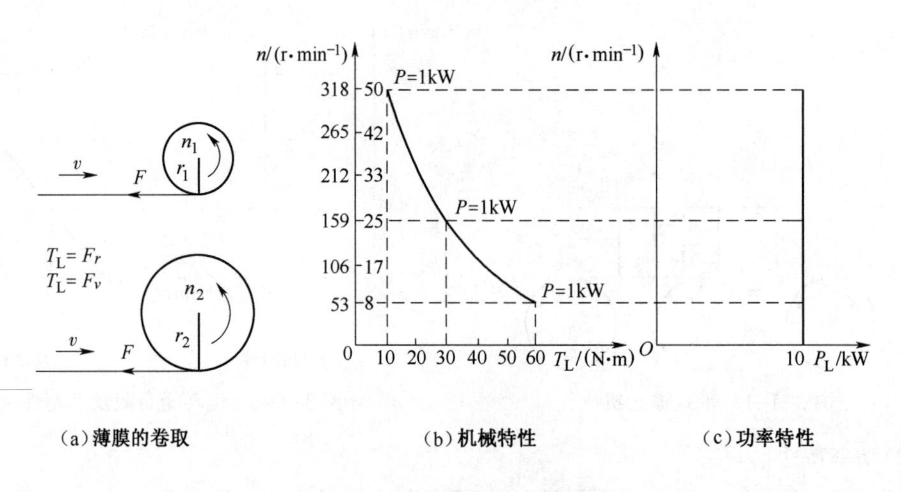

图 3-1-4　恒功率负载及其特性

3. 二次方律负载及其特性

二次方律负载是指转矩与速度的二次方成正比例变化的负载,如离心式风机、泵等,如图 3-1-5、图 3-1-6(a)所示。此类负载在低速时,由于流体的流速低,所以负载转矩很小,随着电动机转速的增加,流速增加,负载转矩和功率也越来越大。

(1)机械特性

根据负载的功率 P_L、转矩 T_L和转速 n_L之间的关系,有式(3-1-3)

$$T_L = T_0 + K_T n_L^2 \tag{3-1-3}$$

即负载阻转矩与转速的二次方成正比,其机械特性如图 3-1-6(b)所示。

(2)功率特性

根据负载的功率 P_L与转速 n_L的三次方成正比,有式(3-1-4)

$$P_L = P_0 + K_P n_L^3 \tag{3-1-4}$$

即负载的功率与转速的三次方成正比,其功率特性如图 3-1-6(c)所示。

二、变频器的选择依据

通用变频器的选择主要包括类型选择和容量选择。总的原则是首先保证可靠地满足机械设备的实际工艺要求和使用场合,再尽可能节省资金。即根据机械设备的类型、负载转矩特性、调速范围、静态速度精度、起动转矩和使用环境的要求,合理选择性价比较高的品牌和类型。

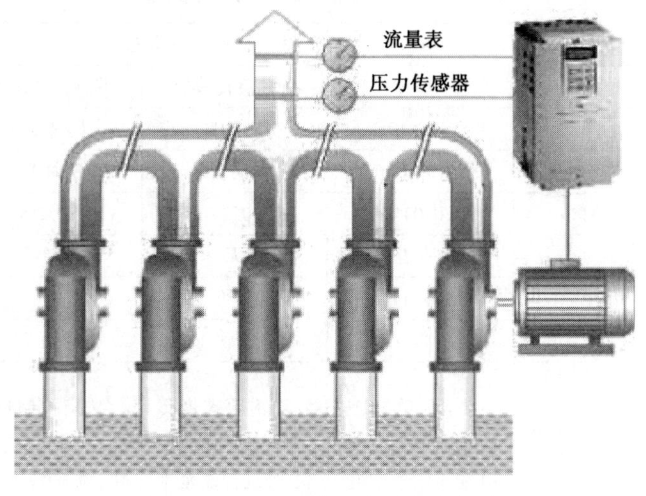

图 3-1-5　变频器在水泵中的应用

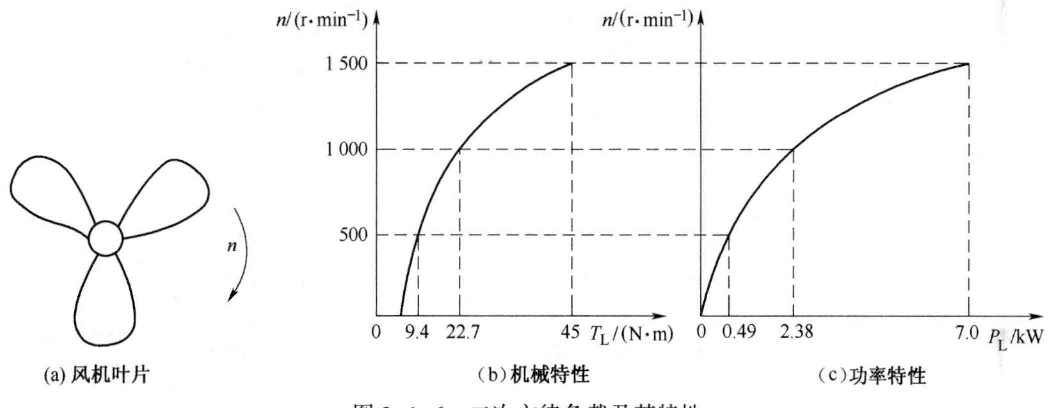

图 3-1-6　二次方律负载及其特性

1. 变频器控制方式的选择

变频器控制方式是决定变频器调速性能的重要因素。表 3-1-1 列出了一些变频器控制方式的性能特点。根据负载特性选用不同的控制方法,就可以得到不同性能特点的调速特性。

2. 变频器防护结构的选择

变频器的防护结构要与其安装环境相适应,这就要考虑环境温度、湿度、粉尘、酸碱度、腐蚀性气体等因素。这关系到变频器能否长期、安全、可靠地运行。大多数变频器厂商可提供以下几种常用的防护结构供用户选用。

(1) 开放型结构

它从正面保护人体不能触摸到变频器内部的带电部分,适用于安装在电控柜内或电气室内的屏、盘、架上,尤其在多台变频器集中时,效果尤为明显。但它对安装环境要求较高。

(2) 封闭型结构

这种防护结构的变频器四周都有外罩,可在建筑物内的墙上壁挂式安装。它适用于大多数的室内安装环境。

表 3-1-1　变频器控制方式的性能特点

控制方式	*U/f* 控制		矢量控制		直接转矩控制
	开环	闭环	无速度传感器	带速度传感器	
调速范围	<1 : 40	<1 : 40	1 : 100	1 : 1 000	1 : 100
起动转矩	3 Hz 时 150%	3 Hz 时 150%	1 Hz 时 150%	0 Hz 时 150%	0 Hz 时 150%
静态速度精度	±(2~3)%	±0.03%	±0.2%	±0.2%	±(0.1~0.5)%
反馈装置	无	速度传感器	无	速度传感器	无
零速度运行	不可	不可	不可	可	可
响应速度	慢	慢	较快	快	快
特点　优点	结构简单、调节容易,可用于通用笼形异步电动机	结构简单、调速精度高,可用于通用笼形异步电动机	不需要速度传感器、转矩的响应快、速度控制范围广、结构较简单	转矩控制性能良好、转矩的响应快、调速精度高、速度控制范围广	不需要速度传感器、转矩的响应快、速度控制范围广、结构较简单
特点　缺点	低速转矩小、不能进行转矩控制、调速范围窄	低速转矩小、不能控制力矩、调速范围窄、要增加速度传感器	需要设定电动机的参数,需要有自动测试功能	需要设定电动机的参数,需要有自动测试功能,需有高精度速度传感器	需要设定电动机的参数,需要有自动测试功能
主要应用场合	风机、泵类节能调速或单台变频器带多台电动机	用于保持压力、温度、流量、酸碱度恒定等过程控制场合,如恒压供水等	一般工业设备、大多数调速场合	要求精确控制转矩和速度的高动态性能应用场合,如数控机床主轴	要求精确控制力矩和速度的高动态性能应用场合,如起重机、电梯、轧机等

(3)密封型结构

它适用于工业现场环境较差的场合。

(4)密闭型结构

它具有防尘、防水的防护结构,适用于工业现场环境条件差,有水淋、粉尘及一定腐蚀性气体的场合。

3. 变频器容量的选择

变频器容量的选择是一个重要且复杂的过程。过程涉及变频器容量与电动机容量的匹配,容量偏小会影响电动机有效转矩的输出,影响系统的正常运行,甚至损坏装置;而容量偏大则电流的谐波分量会增大,设备投资较大。

变频器容量一般有 3 种表示方法:额定电流、额定功率和额定视在功率。变频器的额定电流是反映变频器负载能力的关键量,负载电流不超过变频器的额定电流是选择变频器容量的基本原则。变频器的额定功率指的是适用于 4 极交流异步电动机的功率,电动机的额定电流随着极数的增加而增大,因此,电动机的额定功率只能作为参考。

对于实际改造项目,也不能完全以电动机的额定电流作为变频器容量选择的依据,因为工业用电动机的容量选择要考虑最大负荷、裕量、电动机规格等因素，电动机经常在 50%~60%的额定负荷下运行，如以电动机的额定电流为依据选择变频器的容量，会造成不必要的浪费。实际选型时，还要考虑以下几点：

①由于变频器输出含有高次谐波，会造成电动机的功率因数和效率降低，电动机的温升增大。因此，在选择电动机和变频器时，应适当留有余量。

②变频器和电动机之间的电缆较长时，变频器的容量可放大一挡或在变频器的输出端加装电抗器。

③单台变频器驱动多台电动机时，变频器的容量应大于多台电动机容量之和，并保留10%的余量。变频器只能选择 U/f 控制方式，不能采用矢量控制方式。

④对于一些特殊的应用场合，如高环境温度、高开关频率、高海拔等，会引起变频器降容，因此选择变频器时应放大一挡。

⑤使用变频器驱动高速电动机时，由于高速电动机的电抗小，高次谐波会增加输出电流，因此选择变频器容量时应稍增大。

⑥使用变频器驱动变极电动机时，变频器的额定电流应大于电动机的最大额定电流，因为同样功率、不同极数的电动机的额定电流是不同的。

⑦使用变频器驱动绕线转子异步电动机时，由于绕线转子异步电动机与普通笼形异步电动机相比，电动机绕组的阻抗较小，容易发生由于纹波电流而引起的过电流跳闸现象，因此选择变频器容量时应稍增大。

1. 变频器选型案例

(1) 变频器容量正确选型案例

某水泥厂 3#石灰石破碎机，其喂料系统采用 1 500×12 000 板式喂料机，拖动电动机选用 Y225M-4 型交流电动机，电动机额定功率为 45 kW，额定电流为 84.6 A。在进行变频器改造前，通过测试发现，板式喂料机的拖动电动机正常运行时，三相平均电流仅为 30 A，只有电动机额定电流的 35.5%，为了节省投资，选用 ACS601-0060-3 型变频器，该变频器额定电流为 76 A，适用于 4 极、37 kW 的电动机。

(2) 变频器容量不正确选型案例

某水泥厂 ϕ24 m×13 m 的水泥磨二级粉磨系统中，有 1 台国产 N-1500 型 O-sepa 高效选粉机，配用电动机型号为 Y2-315M-4 型，电动机额定功率为 132 kW，选用了 FRN160-P9S-4E 型变频器。这种变频器适用于 4 极、160 kW 的电动机。投入运行后，最大运行频率只有 48 Hz，电流只有 180 A，不到电动机额定电流的 70%，电动机本身已有相当的裕量。而变频器选用规格又比拖动电动机大一个等级，造成不应有的浪费，可靠性也不会因此提高。

2. 节能案例分析

(1) 节电原理

我国的电动机用电量占全国发电量的 60%~70%，风机、水泵设备年耗电量占全国电力消耗的 1/3。造成这种状况的主要原因是风机、水泵设备传统的调速方法是通过调节入口或出口的挡板、阀门开度来调节给风量和给水量，其输出功率大量的能源消耗在挡板、阀门的截流过程中。由于风机、水泵设备的负载大多为二次方律负载，轴功率与转速成三次方关系，所以当风机、水泵设备转速下降时，消耗的功率也大大下降。例如，当转速下降1/2时，流量下降1/2，压力下降1/4，功率下降1/8，即功率与转速成三次方的关系下降。在不装变频调速装置时，泵的出口排量靠出口阀调节，电动机往往过负荷运转，流量小时，靠关小阀门调节，增加了管道阻力，使部分能量白白消耗在泵出口阀门上。安装变频调速器后，可以降低泵的转速，泵的扬程也相应降低，电动机的能耗也相应降低，使原来消耗在泵出口阀上的能量，用变频调速方法得到了解决。由于采用恒转矩特性，变频降速后的电动机转矩不变，拖动力矩恒定，可以保证排量，从而实现了节约电能的作用。

因此最有效的节能措施就是采用变频调速器来调节流量、风量，应用变频器节电率为20%~50%，而且通常在设计中，用户水泵电动机设计的容量比实际需要高出很多，存在“大马拉小车”的现象，效率低，造成电能的大量浪费。因此，推广交流变频调速装置效益显著。

(2)变频器在水泵上的应用

某厂60WT/N催化P205柴油泵(75 kW)工频满载运行电流为140 A，有2/3的时间减载运行电流为90 A，改造后，柴油泵运行频率经常在30~40 Hz，运行电流平均为70 A，基本上没有卸载时间。如果柴油泵平均每天工作16 h，每月工作25天。柴油泵每月用电量计算如下：

$$W_{改造前} = 1.73 \times (I \times U) \times 16 \times 25 \div 1\,000$$

$$= [1.73\times(140\times1/3+90\times2/3)\times380\times16\times25\div1\,000]\,\text{kW}\cdot\text{h} = 28\,049.07\ \text{kW}\cdot\text{h}$$

$$W_{改造后} = (1.73\times70\times380\times16\times25\div1\,000)\,\text{kW}\cdot\text{h} = 18\,407.2\ \text{kW}\cdot\text{h}$$

$$每月节省电量 = W_{改造前} - W_{改造后} = (28\,049.07-18\,407.2)\,\text{kW}\cdot\text{h} = 9\,641.87\ \text{kW}\cdot\text{h}$$

按每千瓦·时0.85元计算，每月可节省电费=9 641.87kW·h×0.85元/(kW·h)=8 195.6元

整套系统改造费用5万元左右，约6个月就能收回设备投资。

(3)变频器在注塑机上的应用

注塑机是由电动机带动油泵从油箱吸油并加压输出，经各种控制阀控制油的压力、流量和方向，以保证工作机构以一定的力(或扭矩)和一定的速度按所要求的方向运动。从而实现注塑过程。传统定量泵注塑机通常在需要改变负载流量和压力时，用阀门调节，这时输入功率变化不大，大量能量以压力差的形式损耗在阀门上，产生溢流，如图3-1-7所示。

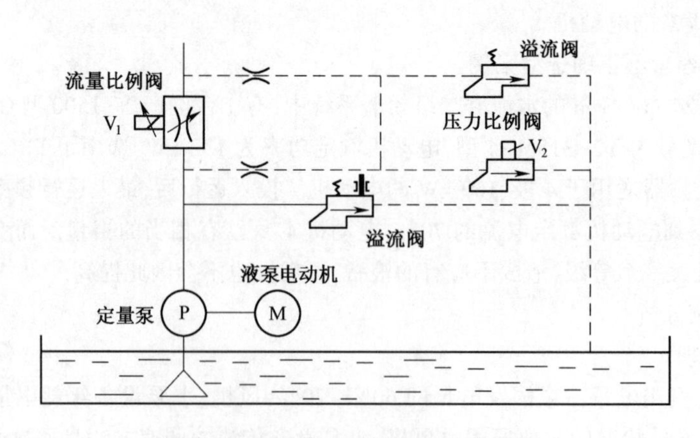

图3-1-7　变频器在注塑机上的应用

变频器可根据注塑机的当前工作状态，如锁模、射胶、熔胶、开模、顶针等阶段以及压力和速

度的设定要求，自动调节油泵的转速，调节油泵供油量，使油泵实际供油量与注塑机实际负载流量在任何工作阶段均能保持一致，使电动机在整个变化的负荷范围内的能量消耗最小化，彻底消除溢流现象，并确保电动机平稳、精确运行。

在一个周期工作流程中，负载的变化会导致系统压力变化较大，但油泵仍在 50 Hz 运行，其供油量是恒定不变的，多余的液压油经溢流阀流回油箱，做无用功，白白地浪费了电能。对油泵进行变频调速，将定量泵改变为类似变量泵的特性。系统所需压力较高时，油泵电动机以 50 Hz 运行，所需压力较小时，变频器降频运行。电动机输出的轴功率与油泵的出口压力、流量的乘积成正比，油泵电动机转速降低后，输出轴功率降低，可以有效节能，一般节电率在 20%~50%。

塑机的耗电量与电动机性能、模具、原料等工况密切相关。一般情况下，负载率在 60%左右，即市电运行实耗功率为液泵电动机功率的 55%。

假设油泵电动机功率为 45 kW，改造前该机油泵电动机每小时的耗电量为 45 kW×55% = 24 750kW · h，按电费 0. 85 元/(kW · h)计算，若使用时间为每月 30 天，每天 20 h，则每月注塑机油泵电动机部分的电费为 24 750 kW · h×30 天×20 h×0. 85 元/(kW · h)= 12 622. 5 元/月。

改造后注塑机的节电率按平均 30%核算，则每月回收效益为：12 622. 5×30% = 3 786 元/月，年回收效益为：3 786 元/月×12 月 = 45 432 元。

学习小结

通用变频器的选择主要包括形式选择和容量选择，基本依据是电动机的额定电流和负载特性。选择的原则：首先其功能特性能保证可靠地实现工艺要求，其次是获得较好的性能价格比。

根据负载的机械特性，一般可分为恒转矩负载、恒功率负载、二次方律负载。

恒转矩负载特性：负载转矩与转速无关，负载功率与转速成正比。如果负载要求长时间低速运行，变频器容量选择应加大一挡。如果是 *U/f* 控制变频器，应加低速转矩提升补偿。采用矢量控制方式，可使低速运行时的带负载能力提高 1. 5 倍。

恒功率负载特性：负载功率与转速的高低无关，负载转矩与速度成反比。

二次方律负载：风机、泵类属于此类负载。负载转矩与速度的二次方成正比，负载功率与速度的三次方成正比。随着转速的减小，负载转矩按转速的二次方减小，而所需功率按速度的三次方减少。当所需风量、流量减小时，利用变频器通过调速的方式来调节风量、流量，可以大幅节约电能。

变频器容量选择的基本原则：变频器的额定电流应大于电动机的实际工作电流。

自我评估

①根据机械特性，负载一般有哪几类？各有何特点？对变频器选择有何影响？

②举例说明采用变频器改造传统设备有何优点？

任务 2　变频恒压供水系统

任务描述

恒压供水系统是变频器广泛应用的工程系统之一。根据工程需要，可采用供水专用控制器

+变频器、PLC+变频器、供水专用变频器等多种方案。基本要求如下：

①了解变频恒压供水的节能原理。

②了解变频恒压供水系统的构成和工作过程。

③熟悉变频恒压供水系统的基本实施方案。

一、变频恒压供水系统概述

在生产、生活的实际中，用户用水的多少是经常变动的，因此供水不足或供水过剩的情况时有发生。而用水和供水之间的不平衡集中反映在供水的压力上，即用水多而供水少，则压力低；用水少而供水多，则压力大。保持供水压力的恒定，可使供水和用水之间保持平衡，即用水多时供水也多，用水少时供水也少，从而提高供水的质量。

恒压供水是指在供水网中用水量发生变化时，出水口压力保持不变的供水方式。供水网系统出口压力值是根据用户需求确定的。传统的恒压供水方式是采用水塔、高位水箱、气压罐等设施实现的。随着变频调速技术的日益成熟和广泛的应用，可利用内部包含用 PID 调节器、单片机、PLC 等器件有机结合的供水专用变频器构成控制系统，调节水泵输出流量，以实现恒压供水。

用变频调速来实现恒压供水，与用调节阀门来实现恒压供水相比，节能效果更明显。另外，变频调速起动平稳，起动电流可限制在额定电流以内，从而避免了起动时对电网的冲击。降低泵的平均转速可延长泵和阀门的使用寿命，消除起动和停机时的水锤效应。

二、变频恒压供水系统对变频器的要求

①由于水泵是典型的二次方律负载，可选用带有二次方律负载 *U/f* 线的变频器，以实现最大程度的节能。

②恒压供水系统中，变频器往往要对多个电动机变频，还要进行工频/变频之间的切换，因此变频器不能工作在矢量控制方式。

③为了保证水压的恒定，变频器最好具有 PID 控制的功能。

三、变频恒压供水系统的构成和工作过程

1. 变频恒压供水系统的构成

变频恒压供水系统是一个压力闭合控制系统，由变频器、PID 控制器（很多变频器内置了 PID 功能）、电动机、水泵、压力变送器等组成，如图 3-2-1 所示。

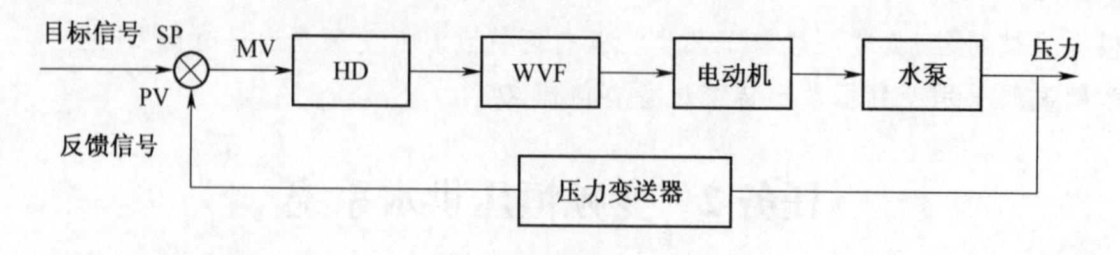

图 3-2-1　恒压供水系统框图

①目标信号 SP。该信号是一个与压力的控制目标相对应的设定值，通常用百分数表示。目标信号由键盘直接给定或通过外接电位器来给定。

②反馈信号 PV。该信号是压力变送器反馈回来的信号,该信号是一个反映实际水压的信号。

③目标信号的确定。目标信号的大小除了与所要求的压力的控制目标有关外,还与压力变送器的量程有关。举例说明:设用户要求的供水压力为 0.4 MPa,压力变送器的量程为 0~1 MPa,则目标值应设定为 40%。

2. 变频恒压供水系统的工作过程

现代的变频器一般都具有 PID 调节功能,其内部的框图如图 3-2-2 所示,SP 为目标水压设定值,PS 为实际水压测量值,水压误差信号 MV= SP-PV,经过 PID 调节处理后得到频率给定信号,决定变频器的输出频率。当用水流量减小时,供水能力大于用水流量,则供水压力的反馈信号 PV 上升,水压误差信号 MV 下降,变频器输出频率下降,电动机转速下降,供水能力下降,直至压力大小恢复到目标设定值,供水能力与用水流量重新达到平衡;反之,当用水流量增加,供水能力小于用水流量,则供水压力的反馈信号 PV 下降,水压误差信号 MV 上升,变频器输出频率上升,电动机转速增大,供水能力提高,直至压力大小恢复到目标设定值,才达到新的平衡。

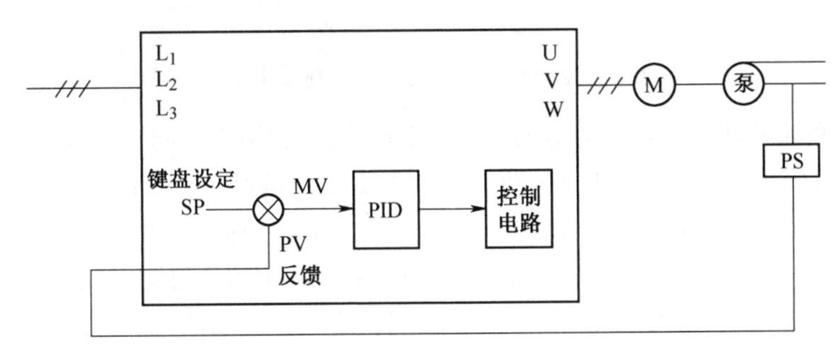

图 3-2-2 变频器 PID 调节功能内部框图

四、变频恒压供水的实施方案

1. 专用变频器方案

恒压供水变频器集成了 PID 控制器、简易 PLC 及其用于水泵控制的特有功能,简化了电路结构、缩小了设备体积、降低了设备成本、提高了系统可靠性。下面以广州三晶的 8200B 智能水泵变频控制器为例,说明专用变频器恒压供水系统的实施方案。

(1)系统特点

8200B 智能水泵变频控制器具有 IP54 高防护等级(防尘、防水),适应多种传感器信号,如压力传感器、远传压力表、压力开关等,专用于水泵控制,安装方便、操作简单、运行稳定、噪声低、可靠性高、性价比优越,还可以实现多泵之间的自动切换。

①具有过载、过电流、过电压、过热等保护功能。

②具有缺水保护功能和休眠功能。

③内置 PID,外加压力传感器即可实现闭环控制。

④具有停电后自动停机和低水位保护功能。

⑤具有定期自动巡检水泵功能。

⑥当管道有漏水,使得管道压力小于设定压力一定值时,能在 5 s 内将压力补到设定值后再停机。

⑦可根据管道情况设定漏水的大小，无论漏水大小都能有效停机。

(2)供水系统控制原理

8200B 智能水泵变频控制器供水控制系统由 1 个主机和 4 个辅机组成，如图 3-2-3 所示。

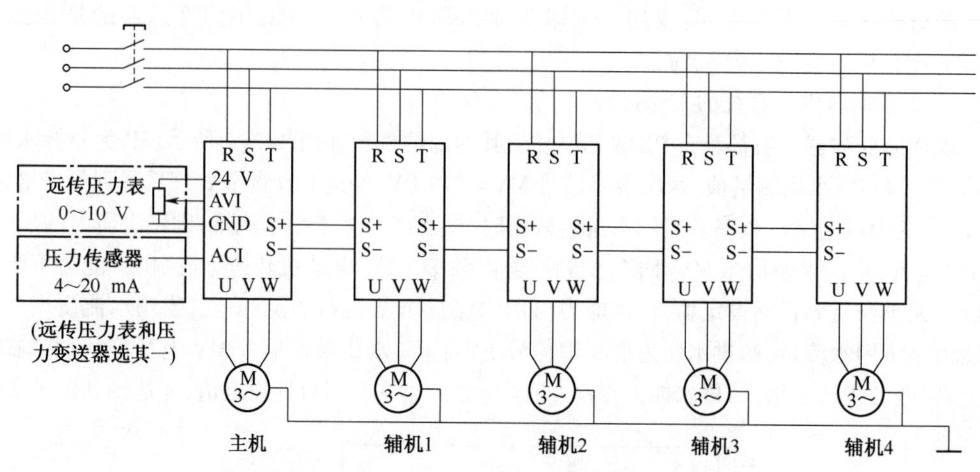

图 3-2-3　8200B 智能水泵变频控制器供水控制系统

检测水压的远程压力表或压力传感器接到主机，主机和辅机之间通过 RS-485 通信。通过主机检测管网的压力，并传送给所有辅机，同时，根据压力情况自动控制辅机运行、停止及 PID 状态。主机实时检测辅机的状态，当辅机出现故障时，自动跳过该辅机，起动下一辅机运行，主机出现故障时，停止运行。主辅机可顺序交替运行，实现水泵的均匀使用，延长水泵使用寿命。

8200B 面板设有水压设定与显示的快捷键，能设定目标水压的大小，并显示反馈的实际水压大小，见表 3-2-1、表 3-2-2。

表 3-2-1　运行状态下，面板显示参数

显　示	名　称	说　明	单　位
P	当前压力	实际运行时的压力值	bar
H	运行频率	当前运行频率	Hz
d	设定压力/温度	设定压力或温度	bar/℃
A	运行电流	控制器实际输出电流	A

注：1 bar = 10^5 Pa。

表 3-2-2　停机状态下，面板显示参数

显　示	名　称	说　明	单　位
P	当前压力	实际运行时的压力值	bar
d	设定压力/温度	设定压力或温度	bar/℃
电压值	母线电压	直流母线电压值	V

(3)相关参数设定

以下为 1 台主机、1 台辅机的主要参数设置。假定反馈器件的规格：电流为 4~20 mA，量程为 1 MPa，客户压力需求为 3 bar。

主机参数设定见表 3-2-3,辅机参数设定见表 3-2-4。

表 3-2-3　主机参数设定

参数	设定值	说　明	参数	设定值	说　明
F9.00	10	传感器最大量程	FB.01	5.0	起动辅机延时时间
F9.01	3	压力设定	FB.02	5.0	停止辅机延时时间
F9.02	1	传感器反馈类型(压力变送器)	FC.00	255	主机地址
FB.00	1	辅机台数			

表 3-2-4　辅机参数设定

参数	设定值	说　明	参数	设定值	说　明
F9.00	10	传感器最大量程	FB.03	2	起动信号选择(由主机通信控制起停)
F9.01	3	压力设定	FC.00	1	辅机地址(如有多台辅机一次累加,如 2、3)
F9.02	3	传感器反馈类型(主机给定)			

相关 PID 参数组设定等可参考 8200B 智能水泵变频控制器说明书。

2.“供水系统专用控制器+变频器”方案

(1)系统特点

采用变频器与多泵供水系统专用控制器构成控制系统,进行优化控制泵组的调速运行,并自动调整泵组的运行台数,完成供水压力的闭环控制,在管网流量变化时达到稳定供水压力和节约电能的目的。该系统具有以下优点:

①采用变频器改变电动机的电源频率,可以调节水泵转速,改变水泵出口压力,降低管道阻力,减少截流损失。

②由于变量泵工作在变频工况,在其出口流量小于额定流量时,泵的转速降低,减少了轴承的磨损和发热,延长了泵和电动机的使用寿命。因实现恒压自动控制,不需要操作人员频繁操作,降低了人员的劳动强度,节省了人力。

③水泵电动机采用软起动方式,按设定的加速时间加速,避免了电动机起动时的电流冲击对电网电压造成波动的影响,同时也避免了电动机突然加速造成泵系统的喘振。

(2)供水系统控制原理

以 4 泵供水为例,由变频供水控制器和通用变频器构成的恒压供水系统如图 3-2-4 所示。

当有若干台水泵同时供水时,由于在不同时间(白天和晚上),不同季节(夏天和冬天),用水流量的变化很大,为了节约能源和保护设备,本着多用多开,少用少开的原则,进行切换。

变频器能根据压力闭环控制要求自动确定运行泵的台数,在设定的范围内,同一时刻只有一台泵由变频器控制。当定时轮换间隔时间设定在 0.05~100.00 之间,稳定运行相应时间后,变频器将按先开先关的原则轮换控制泵的运行,以保证每台泵能得到均等的运行机会和时间,防止部分泵因长期不用而锈死。

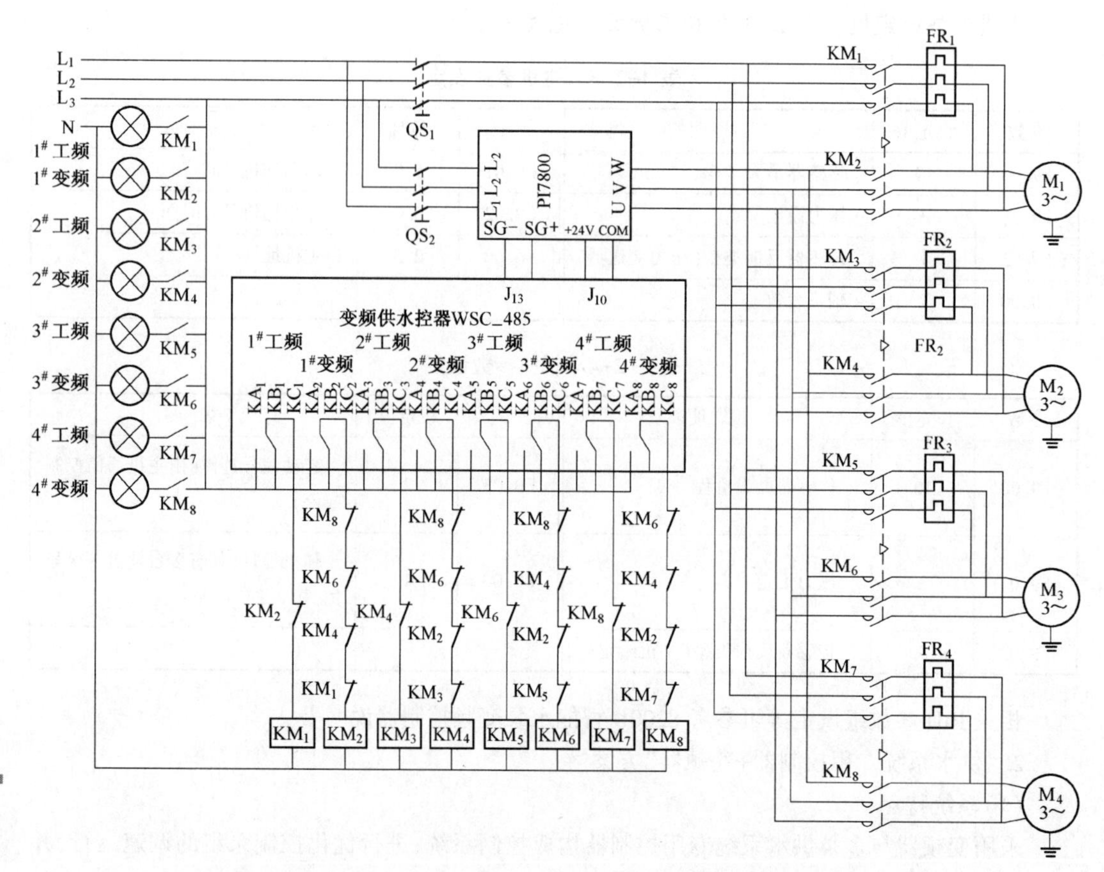

图 3-2-4　变频供水控制器和通用变频器构成的恒压供水系统

(3)相关参数设定(见表 3-2-5)。

表 3-2-5　参 数 设 定

相关参数	说　明	相关参数	说　明
F04	频率给定模式	P03	给定信号选择
F61	负载类型选择	C01	起动压力百分比
P00	PID 调节方式	C02	停机压力百分比
P01	输出频率限制	d00	定时供水时间
P02	反馈信号选择	d01	定时轮换间隔时间

3."PLC+变频器"方案

(1)系统特点

采用 PLC 和变频器构成的恒压供水系统,由变频器的内置 PID 功能实现水压的闭环控制,PLC 实现对多个水泵的切换控制。本系统具有以下特点:

①水泵起停由 PLC 控制,具备全循环软起动功能。

②具有自动、手动切换和手动操作装置,不使用控制柜或控制柜出现故障时,可手工操作,使水泵直接在工频下运行。

③控制水泵(包括备用泵)周期性自动交换使用,以期水泵使用寿命基本一致。

④工作泵发生故障后自动切换至备用泵。

⑤地下储水池缺水后停泵保护，有故障显示功能。

⑥供水系统中一般设有一台小泵或气压罐，是为了适应小流量情况下（如夜间）的使用，系统能自动切换并控制，即“休眠”功能。

⑦具有自动用工频起动消防泵功能，或者自动变频以适应消防供水要求。

⑧缺相、漏电、过载和瞬时断电保护等电气保护功能。

（2）供水系统控制原理

系统采用三菱 FR-A540 变频器和三菱 FX0N PLC，FR-A540 变频器内置有 PID 控制功能。以下是控制系统基本工作原理。

用户的用水水管中的压力变化经压力传感器采集传送给变频器，再通过变频器与变频器中的设定值进行比较，根据变频器内置的 PID 功能进行数据处理，将数据处理的结果以运行频率的形式进行输出，控制水泵电动机的转速，从而控制流量和水压。

当供水的压力低于设定压力，变频器就会将运行频率升高；反之则降低，并且可以根据压力变化的快慢进行调节。由于本系统采取了负反馈，当压力在上升到接近设定值时，反馈值接近设定值，偏差减小，PID 运算会自动减小执行量，从而降低变频器输出频率的波动，进而稳定压力。

水网中的用水量增大时，会出现“变频泵”效率不够的情况。这时就需要增加水泵参与供水，通过 PLC 控制的交流接触器组负责水泵的切换工作。PLC 通过检测变频器频率输出的上下限信号来判断变频器的工作频率，从而控制接触器组中水泵的工作数量。

（3）系统设计

①主电路设计。主电路接线图如图 3-2-5 所示，KM_1、KM_3、KM_5 分别为电动机 M_1、M_2、M_3 工频运行时接通电源的控制接触器，KM_0、KM_2、KM_4 分别为电动机 M_1、M_2、M_3 变频运行时接通电源的控制接触器，KM_6 为由 PLC 控制，作为接通变频器电源用的接触器，变频器的起动由 PLC 控制 Y_7 实现。

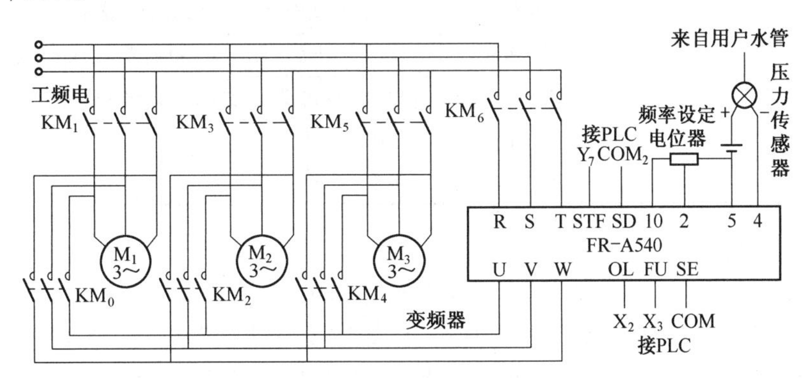

图 3-2-5　主电路接线图

②PLC 控制电路设计。PLC 控制电路如图 3-2-6 所示，图中 Y_0～Y_5 分别接接触器 KM_0～KM_5。为了防止出现某台电动机既接工频电又接变频电，设计了电气互锁，即在同时控制电动机 M_1 的 2 个接触器 KM_1、KM_0 绕组中分别串入了对方的常闭触点，形成电气互锁。供水压力设定值通过变频器的端子 2 和端子 5 之间的电位器设定，频率检测的上下限信号分别通过 OL 和

FU 输出至 PLC 的 X_2 与 X_3 输入端,作为 PLC 增、减泵的控制信号。

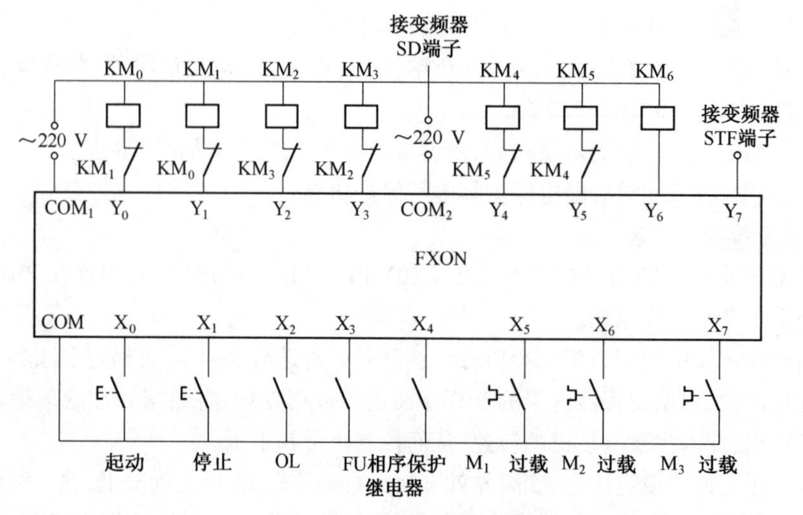

图 3-2-6 PLC 控制电路

(4)变频器的参数设置

系统对调速的精度要求不高,但要使供水系统运行性能稳定、工作可靠,必须正确设置变频器的各种参数,具体设置见表 3-2-6。

表 3-2-6 FR-A540 变频器参数设定表

参数号	设定值	设定范围	注解
Pr. 128	20	10. 11. 20. 21	PID 控制为 4 端输入,起负反馈作用
Pr. 129	100	0. 1~1 000	PID 比例常数设定为 100%
Pr. 130	0. 5	0~3 600 s	PID 积分常数设定为 0. 5 s
Pr. 134	0. 5	0. 01~10 s	PID 积分常数设定为 0. 5 s
Pr. 183	14	0~99. 999 9	RT 端子功能设定为“PID 控制有效端”
Pr. 193	4	0~199. 999 9	OL 端子功能设置为“Pr. 50 的频率检测(上限频率)”
Pr. 194	5	0~199. 999 9	FU 端子功能设置为“Pr. 42 的频率检测(下限频率)”
Pr. 42	10	0~400 Hz	下限标志频率为 10 Hz
Pr. 50	49	0~400 Hz	上限标志频率为 49 Hz

(5)PLC 程序设计

PLC 程序流程图如图 3-2-7 所示。系统起动时,KM_0 闭合,1#水泵以变频方式运行。如果水压过低,而变频器已经达到上限设定值时,OL 发出“频率上限”动作信号,PLC 起动增泵程序;PLC 通过这个上限信号将 KM_0 断开、KM_1 吸合,1#水泵由变频运行转为工频运行,同时 KM_2 吸合,变频起动 2#水泵。此时电动机 M_1 为工频运行,M_2 为变频运行。如果再次接收到变频器上限信号,则 KM_2 断开、KM_3 吸合,2#水泵由变频运行转为工频运行,同时 KM_4 闭合,3#水泵变频运行,这时电动机 M_1、M_2 为工频运行,M_3 为变频运行。如果变频器频率偏低,即压力过高,输出下限信号,PLC 起动减泵程序,KM_4 断开,将正在使用的 3#水泵切除,KM_3 断开,KM_2 吸合,将 2#水泵由工频运行转为变频运行,此时电动机 M_1 为工频运行,M_2 为变频运行。若再次收到下限信号，就 KM_2、KM_1 断开，KM_0 吸合，只剩 1#水泵变频运行。

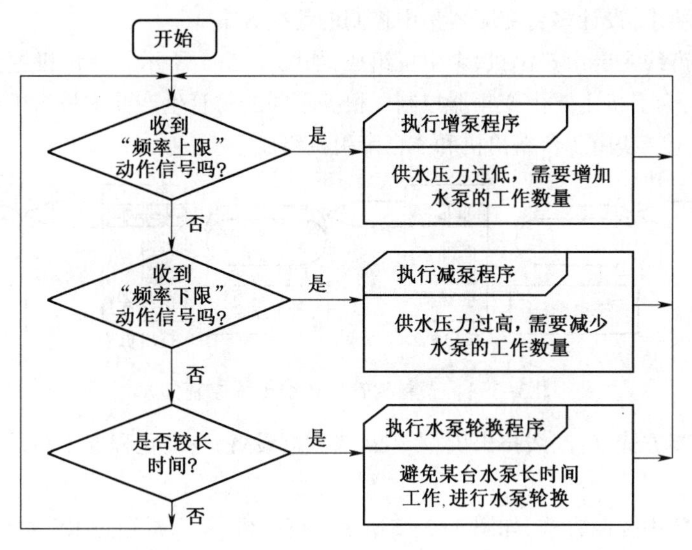

图 3-2-7　PLC 程序流程图

任务实施

利用内置 PID 功能的通用变频器和 PLC，设计 3 泵恒压供水控制系统实施方案。

①设计电气控制回路图。

②设计 PLC 控制程序。

③设置变频器相关参数。

学习小结

变频恒压供水系统通常可采用“供水系统专用控制器+变频器”、“PLC+变频器”和专用变频器等多种方案实施。采用变频调速来实现恒压供水，不但节能效果十分显著，而且还能有效解决“水锤效应”的影响，延长供水设备使用寿命，提高供水质量。

自我评估

①与传统供水系统相比，变频恒压供水系统有何优点？

②简述变频恒压供水系统的主要实施方案。

任务 3　塑料软管生产线中变频器的集中控制

任务描述

利用嵌入式触摸屏实现对塑料软管生产线中 4 台变频器的集中控制。通过本任务的学习，要求学生达到：

①了解多台变频器集中控制的方法、变频器的通信接口及其通信协议。

②熟悉嵌入式触摸屏及其 MCGS 组态方法。

③根据工艺要求,设计多台变频器集中控制的解决方案。

塑料软管生产线主要由挤出机、牵引机组成,如图 3-3-1 所示。挤出机主要由变频器与温度控制器等组成,牵引机主要由变频器控制。根据不同的软管生产要求挤出机和牵引机的数量不同。本任务的生产线由 3 台挤出机和 3 台牵引机组成。

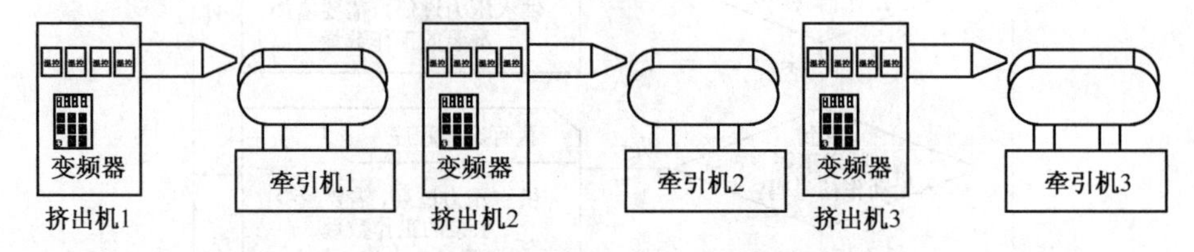

图 3-3-1　塑料软管生产线传统控制方案

对于传统控制方式,生产线挤出机、牵引机为独立设备,自动化程度不高,影响生产效率,产品的成品率低。

本项目采用集中控制方式,如图 3-3-2 所示。挤出机、牵引机通过 RS-485 总线与上位机-嵌入式触摸屏相连,由上位机通过组态软件实现集中控制与管理,可在很大程度上提高生产效率及成品率。

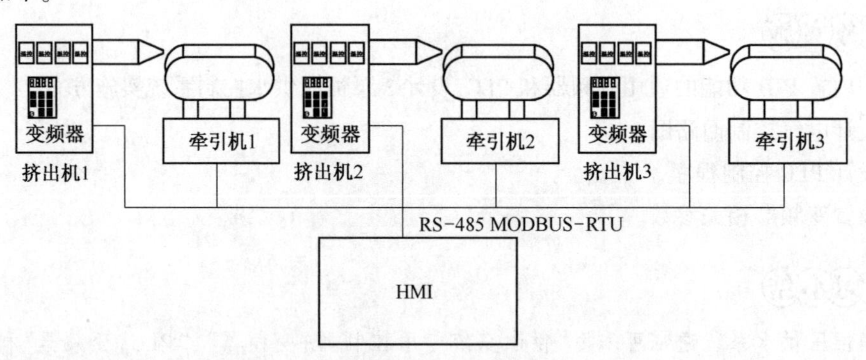

图 3-3-2　塑料软管生产线中集中控制方案

在实施过程中,要解决的主要问题:

①RS-485 通信链路的设计与施工。在现场工业环境下,各种干扰因素都会对通信产生严重的干扰,影响通信的可靠性。为此,必须做好通信电缆的屏蔽、终端阻抗的匹配、防雷等措施。

②变频器的通信参数设置。

③上位机-嵌入式触摸屏组态软件的设计与调试。

一、控制方案设计

集中式控制系统控制方案,如图 3-3-3 所示。变频器采用国产 MD320 变频器。MD320 变频器通过 RS-485 通信接口接入 RS-485 通信网络,支持 MODBUS-RTU 通信协议。触摸屏采用北京昆仑通态的嵌入式一体化触摸屏 TPC7062KS,触摸屏自带 RS-485 通信接口、MODBUS-RTU 通信协议、MCGS 组态软件等,上位机控制与管理软件采用 MCGS 编程。

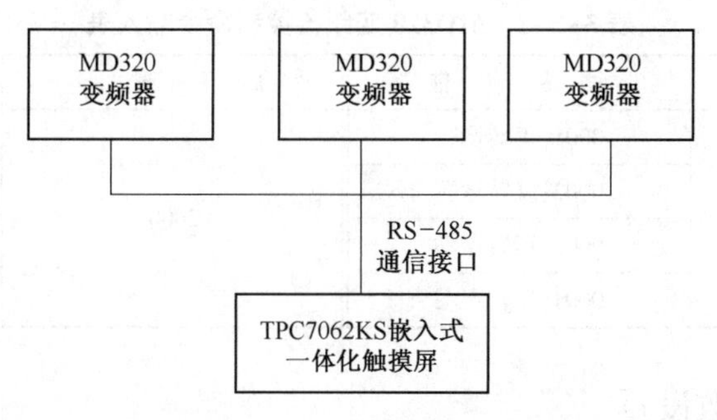

图 3-3-3　集中式控制系统控制方案

二、MCGS 组态软件编程

TPC7062KS 是嵌入式一体化触摸屏控制器。它自带嵌入版本的 MCGS 组态软件和 RS-485 通信接口。为了与变频器进行通信,需要设置触摸屏通信格式等参数。

首先打开 MCGS 嵌入版组态环境,切换到“设备窗口”选项卡,双击“设备窗口”选项卡图标,单击“设备管理”按钮,添加“通用串口父设备”和“标准 Modbus RTU 设备”。

然后建立“通用串口父设备”,下挂 3 个“Modbus RTU 设备”子设备,设置“通用串口父设备”通信参数,见表 3-3-1。其中“通用串口父设备”的通信参数应与变频器的通信参数一致,否则无法正常通信。

表 3-3-1　“通用串口父设备”通信参数

设 置 项	参 考 值
通信波特率	9600(默认),19200,38400
数据位位数	7,8(默认)
停止位位数	1(默认),2
奇偶检验位	奇检验、偶检验(默认)、无检验

对“标准 Modbus RTU 设备”进行设置,首先双击“设备 0”进入子设备,单击“设置设备内部属性”按钮。在查看变频器停机/运行参数表及控制命令的基础上,增加通道,如变频器中地址 H1001 为变频器的“运行频率”,增加该通道时,寄存器类型选择“[4 区]输出寄存器”进行读写,数据类型为“16 位无符号二进制数”,寄存器地址为“4097”,通道个数为“1”。变频器的相关控制命令,见表 3-3-2、表 3-3-3。

表 3-3-2　MD320 变频器停机/运行参数表

参 数 地 址	参 数 描 述	参 数 地 址	参 数 描 述
1000	通信设定值	1004	输出电流
1001	运行频率	1005	输出功率
1002	母线电压	1006	输出转矩
1003	输出电压	1007	运行速度

表 3-3-3　MD320 变频器控制命令输入表

命令地址	命令功能	命令地址	命令功能
2000	0001:正转运行	2000	0005:自由停机
	0002:反转运行		0006:减速停机
	0003:正转点动		0007:故障复位
	0004:反转点动		

三、变频器参数设置

变频器的通信参数要与触摸屏的通信参数一致,具体设置见表 3-3-4。

表 3-3-4　变频器通信参数设置

参数名称	设定值	参数定义
F0-02	2	串行口命令通道
F0-03	9	主频率源选择通信给定
FD-00	5	选择通信波特率
FD-01	1	数据格式
FD-02	1	本机地址
FE-05	1	通信协议选择

任务实施

设计上位机对 3 台变频器实现集中控制的控制方案。

①RS-485 网络配线。

②变频器参数设置。

③MCGS 组态软件设置。

④MCGS 组态软件界面设计与运行。

学习小结

RS-485 总线通信是实现生产线上多台变频器的集中控制与管理的有效方法。与常规的 PLC 控制相比,具有通信距离远、配线简单方便、成本低、维护方便等优点。支持标准 MODBUS-RTU 协议的通用变频器,均可通过 MCGS 等组态软件来实现集中控制。

自我评估

①画出变频器与 TPC7062KS 嵌入式一体化触摸屏的通信连线。

②变频器要实现与上位机的通信,一般需要设置哪些通信参数?

任务 4　变频器在电梯中的应用

任务描述

通过本任务的学习,希望达到以下目标:

①了解电梯(垂直电梯)的组成结构和工作原理。

②掌握西威<SIEI>AVy 系列矢量交流变频器在电梯控制系统中的具体应用。

一、电梯专用变频器概述

电梯是人和物体的垂直承载工具,要求拖动系统稳定可靠、频繁加减速和方向切换运行。电梯的动态运行特性和可靠性的提高基本立足于增强电梯运行的稳定性、舒适感和高质量的工作效率。过去电梯调速以直流居多,近几年逐渐转变为交流曳引机(又称牵引机,电梯行业中对组合曳引轮后动力电动机的别称)变频调速。垂直电梯的基本结构如图 3-4-1 所示。

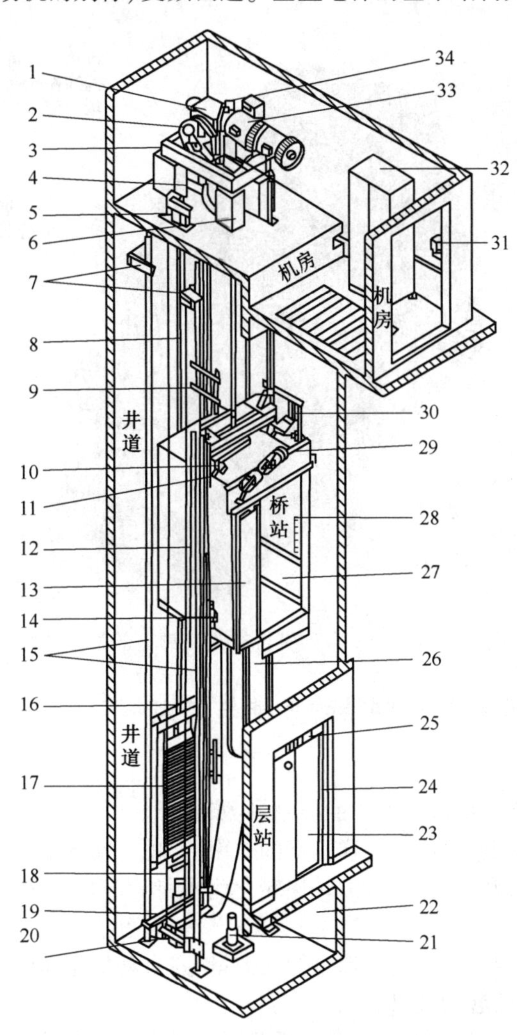

图 3-4-1　垂直电梯的基本结构

1—减速箱;2—曳引轮;3—曳引机底座;4—导向轮;5—限速器;6—机座;7—导轨支架;8—曳引钢丝绳;9—开关碰铁;10—紧急终端开关;11—导靴;12—轿架;13—轿门;14—安全钳;15—导轨;16—绳头组合;17—对重;18—补偿链;19—补偿链导轮;20—张紧装置;21—缓冲器;22—底坑;23—层门;24—呼梯盒;25—层楼指示灯;26—随行电缆;27—轿壁;28—轿内操纵箱;29—开门机;30—井道传感器;31—电源开关;32—控制柜;33—曳引电动机;34—制动器

所谓电梯专用变频器,就是专为电梯等承载场合应用而研发,而同时具备变频器调速等功能的速度控制装置。目前,针对电梯专用变频器而言,国内外有西威、欧姆龙、安川、三菱、富士、科比、施耐德、日立、台达、正阳等诸多品牌。自2000年,西子奥的斯就开始运用国际最先进的电梯技术自行研发了堪称“绿色电梯”的OH5000系列无齿轮电梯,该型号电梯采用了最先进的稀土永磁同步电动机(曳引机)核心技术,配合意大利SIEI(西威:GEFRAN集团专门研发和生产运动控制变频器的子公司)的AVy系列矢量交流同/异步变频器,使西子奥的斯电梯成为中国国内无齿轮化潮流的代表产品。与传统的齿轮电梯相比,OH5000系列无齿轮电梯在满负荷运转时最多可节能40%,平均节能则在25%以上,相当于运行1年的电梯只用了3个季度的电。同时,OH5000系列无齿轮电梯也大大减少了磨损、热能、机械能等各类损耗。SIEI(西威)-AVy系列矢量交流同/异步变频器是西子奥的斯电梯的核心部件之一。图3-4-2为AVy系列矢量交流变频器的基本结构。

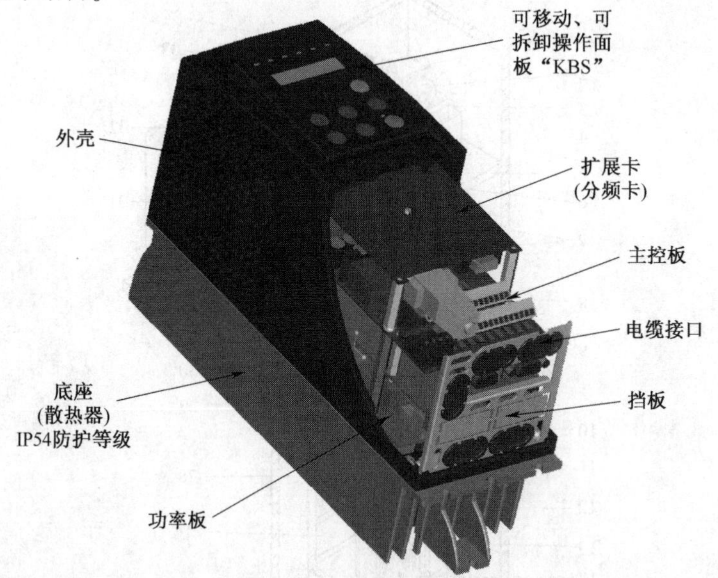

图3-4-2　AVy系列矢量交流变频器的基本结构

二、电梯专用变频器的一些特殊功能与特点

1. 高性能的参数设置

电梯专用变频器设有一些电梯专用的控制参数和功能。

①特有的门区位置控制,提高了电梯运行的效率,实现了精确平层。

②依据系统的机械参数,将电动机的转速转化为电梯运行的线速度,最大限度地提高了控制的精度。

③依据系统的质量参数,计算出电梯运行的惯量,并自动优化速度调节器的响应,无需称重装置反馈,也能达到较好的起动效果。

④同样的硬件能够驱动异步有齿轮曳引机和同步无齿轮曳引机。

⑤人性化的调试软件,提供联机帮助、向导设置以及示波器功能,缩短了现场调试的时间。

2. 舒适感调节模式

拥有两组斜坡设定和独立的运行加、减速S曲线定义,结合平滑起动能完美地实现电梯的平稳运行。

在矢量控制模式下，将电梯的运行分为起动、低速、中速、高速4段，并设置不同的响应来抑制各阶段的机械抖动。

3. 预转矩功能

根据电梯的称重反馈信号，预先设定起动转矩，保障各种负载情况下的电梯平稳起动。可以通过模拟量信号或串行通信方式输入。在无称重反馈信号时，可以通过参数设定所需补偿的负载状态。称重反馈模拟信号具有偏差、增益、自学习功能。

4. 过载能力

针对电梯频繁起动、停止的运行特性而设计，具有183%倍额定电流10 s的过载能力，136%倍额定电流60 s的过载能力。

5. 电梯专用逻辑功能和保护功能

设有电梯专用逻辑功能和保护功能，如抱闸逻辑控制、输出接触器及提前开门控制逻辑、超速保护、编码器检测保护、抱闸与接触器反馈故障保护以及故障自动复位并写入故障历史记录功能等。

6. 停电紧急安全运行功能

在电梯停电瞬间，能够直接使用单相UP(电池)供电。连接及设定方式的简易使得停电紧急运行安全可靠。专用的后备电池运行模组(选件)可以实现就近楼层停靠运行的功能，也可以使用蓄电池替代。

7. 便捷化内置功能

内置编码器接口，能适配各种增量及绝对值型编码器，提供5 V/8 V电源。75 kW以下内置制动单元，能满足各种速度及载重电梯的应用需求。无齿轮曳引机静态的自学习及编码器定位，简化了安装和调试过程。

三、电梯专用变频器现场调试与对维护人员的要求

提高电梯专用变频器的开动率与正常运行，缩短对变频器的现场调试时间，调试与维护人员是关键。

对调试与维护人员有如下要求：

①调试与维护人员应熟练掌握电梯运行的工作原理与基本结构，以及AVy系列矢量交流变频器的工作特性与工作模式。

②调试与维护人员必须熟读AVy系列矢量交流变频器的相关说明书，了解有关规格、操作说明、维护说明，以及变频器结构布局、线缆连接、相关的电气原理图和电气元件应用常识等，实地观察变频器(电梯)的运行状态，使现场实践与理论学习相对应，做到学以致用。

③调试与维护人员除了会使用传统的仪器仪表工具外，还应具备使用多通道示波器、振动仪等仪器的技能，并掌握相关的专业英语知识。

④调试与维护人员要提高工作能力与效率，必须借鉴他人的经验从中获得有益的启发。在完成一次调试和故障处理过程后，应对该次工作进行回顾和总结，分析与寻找更快、更好、更可靠、更便捷的处理方法。

四、电梯专用变频器电气控制系统

电梯专用变频器电气控制系统主要由电梯控制器、变频器、安全电路、电梯门控制系统、电梯轿厢控制系统、呼梯按钮、电动机和编码器等组成，电梯专用变频器是电梯控制系统的关键部

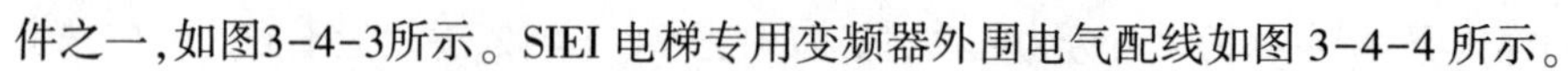

件之一，如图3-4-3所示。SIEI 电梯专用变频器外围电气配线如图 3-4-4 所示。

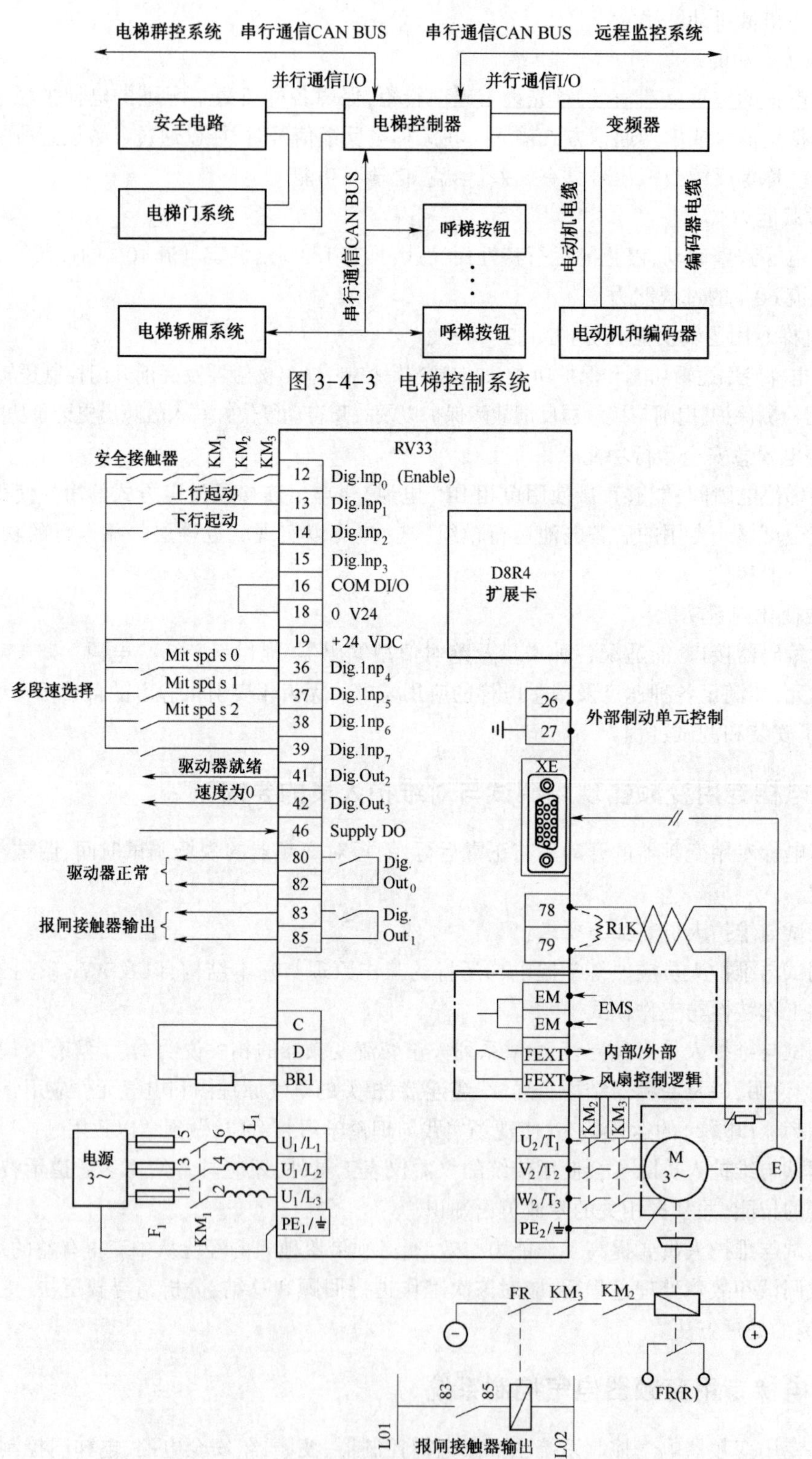

图 3-4-3　电梯控制系统

图 3-4-4　SIEI 电梯专用变频器外围电气配线

运行控制包括上行起动、下行起动和停止，由电梯控制器通过变频器控制。Dig. lnp_1、Dig. lnp_2 是变频器控制上行起动、下行起动的外部接线端子。速度控制由 4 个多段速控制接线端子（Dig. lnp_4、Dig. lnp_5、Dig. lnp_6、Dig. lnp_7）来实现。

安全是电梯控制的关键。电梯专用变频器采取多种安全控制逻辑来保证电梯运行的安全。Dig. lnp_0 是变频器的使能控制端，只有当安全控制器输出接触器、KM_1、KM_2、KM_3 均闭合时，变频器才能运行；否则，变频器没有输出，电动机处于抱闸状态。

五、变频器的运行控制分析

1. 变频器的时序控制

根据电梯运行及速度曲线的要求，系统运行控制时序如图 3-4-5 所示。

运行时应首先接通接触器 KM，其次要考虑 KM 接通的延迟时间。经一定的时间 T_1，再给出运行指令（FWD 或 REV），当变频器的输出信号 OL 和运行指令（FWD 或 REV）有效后，经过一定时间 T_2 延时，使制动器有效，考虑到制动器信号 LBRK 的投入延迟，经过一定时间 T_3 给出速度指令 SS_1、SS_2、SS_3，变频器投入运行。减速过程中，变频器从爬行速度减速到零的时间是一定的，与速度指令无关。所以，从爬行速度减速到零后，经过一定的时间 T_4 后，切除制动器，断开 KM 前将运行指令切除。

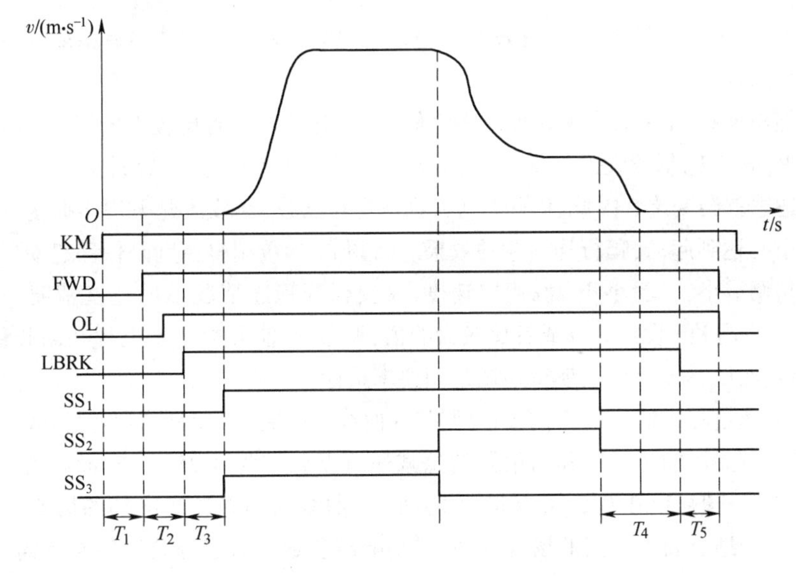

图 3-4-5　系统运行控制时序

2. 速度曲线的选择与电梯运行舒适感调整

根据电梯运行速度要求，一般可分为高速、中速、检修、爬行 4 种速度。其速度可通过变频器的多功能输入端来设定，并通过设定不同的频率来控制变频器的输出频率，达到控制电动机转速，满足电梯不同运行速度的要求。

通过内置 S 曲线调节器调节 S 曲线形状，以改变加、减速时间等参数来调节电梯运行的舒适感。速度曲线跟踪的情况和起动、停止曲线的形状将直接影响电梯运行的舒适感，如图 3-4-6 所示。

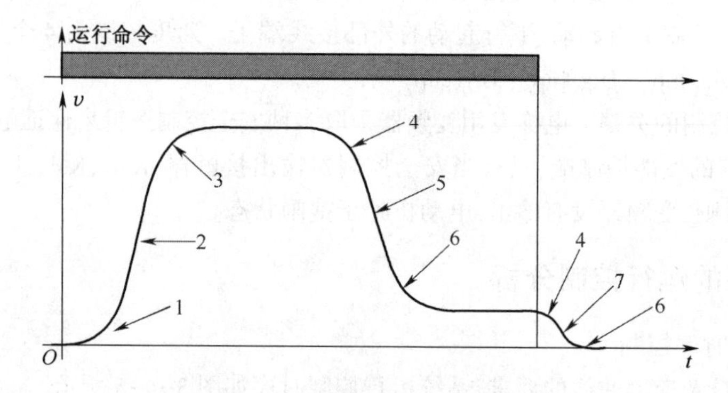

图 3-4-6　变频器运行曲线设定

1—MR0 acc ini jerk(开始加速时的加加速度):350(r/min)/s;

2—MR0 acceleration(加速度):600(r/min)/s;

3—MR0 arc end jerk(结束加速时的加加速度):600(r/min)/s;

4—MR0 dec ini jerk(开始减速时的减减速度):600(r/min)/s;

5—MR0 deceleration(减速度):600(r/min)/s;

6—MR0 dec end jerk(结束减速时的减减速度):600(r/min)/s;

7—MR0 end decel(结束运行时的减速度):600(r/min)/s

通过速度环 PI 参数调整,可以有效调整变频器的动态响应速度和稳速精度,可提高电梯起动和稳态运行的舒适感。

起动性能与低频 PI 参数有关。可以先将低频 I 设定为 0 或者比较大的值,不考虑平层精度情况下调节 P,增大 P,低频动态响应加快,起动转矩大,但是 P 过大,容易引起振荡,起动和停车爬行的舒适感就会变差。因此,P 只能增大到电梯在满载、空载情况下均不振荡的程度,然后可以逐步减小 I,达到起动、爬行均满意的效果。高频 PI 参数调整原则是保证起动、加速和停车减速过程的超调最小,一般小于 2%额定速度,又要保证稳速情况下的速度精度,一般不超过 0.001 m/s。先将高频 I 设定为 0 或者比较大的值,调节 P,使参数小于电梯在高频稳态产生振荡的临界参数,然后逐步减小 I,使得超调达到要求指标。

对于加、减速过程中的舒适感,要通过调整 S 曲线来解决。一般是加速度和减速度在 0.5~1.0 m/s^2 之间,开始段的急加速和结束段的急减速可以调整为 0.25~0.5 m/s^2,结束段的急加速和开始段的急减速可以在 0.5~0.9 m/s^2 之间。S 曲线的调整还与电梯的场所有关,对于医院、疗养院等对舒适感要求较高的场合,需要减小响应参数。对于办公写字楼等需要高效工作的场合,可以适当增大响应参数。结束段急加速和开始段的急减速增大,有利于克服间隙造成的加、减速过程的抖动。

3. 调试软件

为了方便变频器的调试,SIEI 提供了现场调试前的软件 Conf99。该软件可以设置变频器的参数,可现实电梯的运行曲线,并进行模拟调试,主要功能有离线模拟联机调试,参数的上传、下载,参数处方 Recipe 功能,曲线记录功能(通信方式及同步记录方式),故障报警及故障信息诊断,更改控制板功率,设置密码及时间,PlayGround 功能,VeiwSetup 功能,AlarmLog 功能,向导功能等,软件的快捷菜单如图 3-4-7 所示。

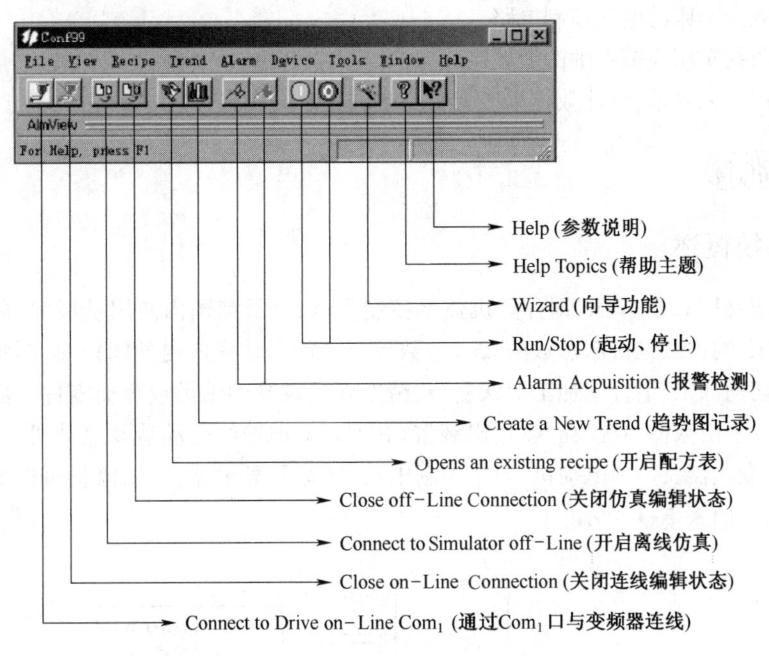

图 3-4-7　Conf99 软件的快捷菜单

任务实施

整理电梯专用变频器的设计、调试要点。

①变频器的选型。

②变频器的配线。

③变频器的调试。

学习小结

电梯是人和物体的垂直承载工具，要求拖动系统稳定可靠，能频繁加、减速和进行方向切换运行，动态运行特性好。电梯一般采用专用变频器，通过合理设计运行控制时序，速度曲线和加、减速曲线，来保证在高速、中速、检修、爬行等不同运行条件下安全、可靠地运行，同时提高电梯起动和稳态运行的舒适感。

自我评估

①电梯属于什么类型的负载？有何特点？

②SIEI 电梯专用变频器有哪些特殊功能？

任务 5　数控车床中变频器的主轴控制

任务描述

普通数控车床的主轴通常采用变频器来控制。通过本任务的学习，要求学生：

①了解数控车床的电气控制电路。

②熟悉数控车床模拟主轴的变频调速方法。

③能根据工艺要求,设计数控车床变频器主轴控制的实施方案。

一、系统概述

数控车床又称 CNC 车床,即计算机数字控制车床,是目前国内使用量最大、覆盖面最广的一种数控机床,约占数控机床总数的 25%。数控车床能自动完成内外圆柱面、圆弧面、端面、螺纹等工序的切削加工,适合于加工形状复杂、精度要求较高的轴类或盘类零件。数控车床的电气控制系统一般由数控系统、输入/输出装置(PLC)、X 轴进给驱动器及电动机、Z 轴进给驱动器及电动机、变频器及主轴电动机、刀架控制电路、键盘及显示器、机床控制面板及其辅助控制电路等组成,如图 3-5-1 所示。

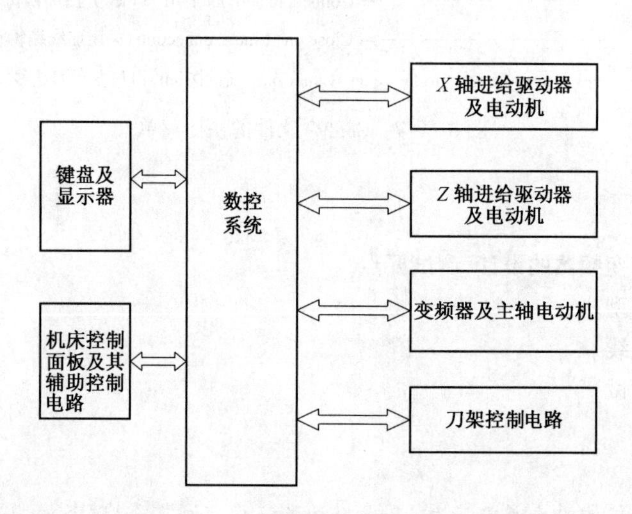

图 3-5-1　数控车床的电气控制系统

数控车床的主轴是机床的主要动力轴,主要特点如下:

(1)宽范围的连续调速

由于机床加工范围较宽,不同的工件和工序使用不同的刀具,要求机床执行部件具有不同的运动速度,因此机床的主运动应能进行调速,如某 C6150 普通车床的调速范围是 11~1 600 r/min。

(2)位置控制功能

当要求数控车床具有加工螺纹、准停功能时,主轴系统必须具有位置控制的功能,即要求在主轴上加装编码器,用于检测主轴的角位移。螺纹加工要求主轴与进给轴同步进给;自动装夹工件时,要求主轴准确停在某一设定的位置;为了保证工件表面粗糙度的一致性,要求工件相对于车刀刀尖线速度恒定,即主轴的转速与切削点的半径成反比。

(3)低速大转矩

数控车床加工毛坯工件时,进刀量大,加工速度低,由于工件表面不平整,加工过程有冲击性负载,负载较大,要求主轴有足够的、稳定的起动转矩。

(4)最高转速较大

车床精加工时,进刀量小,为了保证加工效率,要求主轴的转速较高。

二、数控车床主轴控制对变频器的要求

①选用具有矢量控制方式的变频器,低频时也能输出足够大的转矩,确保机床在低速重切削时有强劲的切削力。

②高速时能超频运行。

③频率给定信号和电动机实际转速线性度高,受负载干扰小。

④提供模拟电压、多段速等多种频率给定方式,方便与数控车床连接。

三、数控车床主轴控制的实施方案

1. 通用变频器方案

下面以西门子 802S 数控车床控制系统为例,说明通用变频器主轴控制的实施方案。数控系统采用西门子 802S 系统,变频器采用 MICROMASTER 420,变频器工作于外部操作模式,即运行控制采用外部接线端子 DIN_1 与 DIN_2,频率设定采用外部 0~10 V 模拟电压,电气控制电路如图 3-5-2 所示。

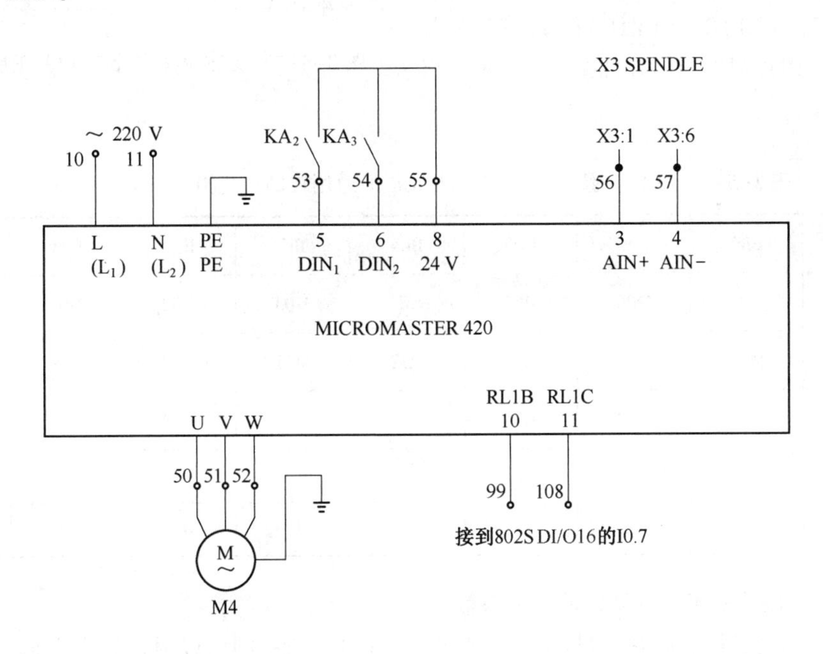

图 3-5-2　数控车床变频器控制电路

(1)速度控制

AIN+、AIN-为变频器的频率设定模拟电压,输入电压范围为 0~10 V,输入电压越大,主轴转速越大。该模拟电压信号,来自 802S 数控系统的 X3∶1 和 X3∶6。以指令 M03S600 为例,该指令表示主轴正转,转速为 600 r/min,数控系统接收到该指令后,首先经过译码处理,得到转速值 600,经 D/A 转换器变换为相对应的模拟电压速度指令信号,变频器接收到该信号后,转换为

预先设定的频率,电动机实现相应转速。M03 表示主轴正转,经译码后通过 PLC 程序控制变频器的正反转外部输入端子,实现主轴电动机的正转、反转与停止。

(2)正反转控制

802S 的 DI/O16 模块是一种内嵌的西门子 S7-200 PLC,主轴的正反转与停止控制主要由 PLC 程序来实现,控制电路如图 3-5-3 所示。

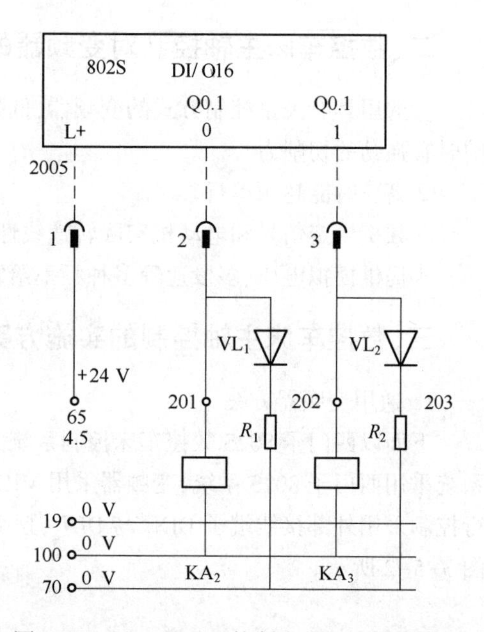

图 3-5-3　802S PLC 控制变频器正反转控制

与主轴控制相关的数控编程指令主要有 M03(主轴正转)、M04(主轴反转)、M05(主轴停止),当 802S 的 NCK 接收到上述控制指令后,把 PLC 参数 V25001000 相应的位设置为 1,见表 3-5-1。例如,接收到 M03 指令,则 V250001000.3 置 1,PLC 程序根据 V250001000.3 是否为 1 决定 Q0.0 是否输出有效。若 V250001000.3 为 1,则 Q0.0 输出有效,KA_2 闭合,变频器的正转外部输入端 DIN1 与+24 V 接通,变频器控制主轴电动机正转。M04、M05 指令的处理与 M03 指令的处理流程类似。

当变频器发生故障报警,则变频器的报警输出继电器动作,即 RL1B 与 RL1C 接通,该信号接到 PLC 的 I0.7,PLC 程序控制外部接触器切断变频器的电源。

表 3-5-1　PLC 变量(来自 802S 的 NCK 的通用辅助功能指令 M00~M99)

Byte	Bit7	Bit6	Bit5	Bit4	Bi3	Bit2	Bit1	Bit0
V25001000	M07	M06	M05	M04	M03	M02	M01	M00
V25001001	M15	M14	M13	M12	M11	M10	M09	M08
V25001002	M23	M22	M21	M20	M19	M18	M17	M16
				⋮				
V25001012					M99	M98	M97	M96

(3) 802S 数控系统主轴调试的主要参数

主轴分为开关量主轴和模拟量主轴。如果是模拟量主轴,则可以通过设定主轴参数,根据不同的机床类型使机床具有各种不同的功能,如螺纹加工、恒线速度、编程主轴转速极限等。机床数据 MD30130 用于设定主轴模拟给定的输出类型,机床数据 MD30134 用于设定主轴模拟给定的电压是单极性还是双极性。如果是 0~10 V 单极性模拟电压(通常用于变频器),主轴的正反转控制将通过 PLC 程序来实现;如果是 0~±10 V 双极性模拟电压,则主轴的正反转控制将由模拟电压的极性来控制,通常用于主轴伺服驱动器,见表 3-5-2、表 3-5-3。变频器模拟主轴控制通常采用单极性模拟电压设定变频器的频率值。

表 3-5-2 机床数据 MD30130 参数设置

轴参数号	参 数 名	单 位	轴	输 入 值	参 数 定 义
30130	CTRLOUT_TYPE	—	主轴	1	给定值输出类型; 0:无模拟量输出; 1:有 DC ±10 V 模拟量输出

表 3-5-3 机床数据 MD30134 参数设置

轴参数号	参 数 名	单 位	轴	输 入 值	参 数 定 义
30134	IS_UNIPOLAR_OUT	—	主轴	0	0:单极性主轴输出,Q0.0 和 Q0.1 可以由 PLC 使用。 1:双极性主轴输出,Q0.0 和 Q0.1 不可以由 PLC 使用。Q0.0=伺服使能,Q0.1=负方向运行。 2:双极性主轴输出,Q0.0 和 Q0.1 不可以由 PLC 使用。Q0.0=伺服使能正方向运行,Q0.1=伺服使能负方向运行

表 3-5-4 列出了主轴编码器选择的相关参数的设置。

表 3-5-4 机床数据 MD30200 参数设置

轴参数号	参 数 名	单 位	轴	输 入 值	参 数 定 义
30200	NUM_ENCS	—	主轴	0	编码器个数(主轴有或没有编码器): 0:主轴无编码器反馈; 1:主轴有无编码器反馈
30240	ENC_TYPE	—	主轴	2	编码器类型: 0:仿真; 2:方波发生器、标准编码器; 3:用于步进电动机的编码器

表 3-5-5 列出了主轴编码器设定的相关参数。

表 3-5-5 其他主轴参数设置参考

轴参数号	参 数 名	单 位	轴	举例值	参 数 定 义
31020	ENC_RESOL	IPR	主轴	1024	编码器每转脉冲数
32260	RATED_VELO	RPM	主轴	3000	主轴额定转速
36200	AX_VELOLIMIT[0…5]	RPM	主轴	3300	最大主轴监控速度
36300	MA_ENC_FREQ_LIMIT	Hz	主轴	55000	主轴监控频率

如果使用模拟量主轴,且有机械换挡,还需设置表 3-5-6 中的参数。

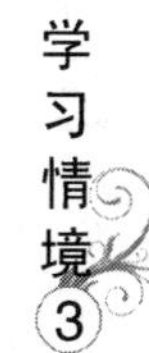

表 3-5-6　带机械换挡的模拟主轴的相关参数设置

轴参数号	参　数　名	单位	轴	举例值	参　数　定　义
35010	GEAR_STEP_CHANGE_ENABLE	—	主轴	1	模拟主轴换挡使能
35110	GEAR_STEP_MAX_VELO[0…5]	RPM	主轴	转速[i]	主轴换挡最大转速
35130	GEAR_STEP_MAX_VELOLIMIT[0…5]	RPM	主轴	转速[i]	主轴各挡最大转速
36200	AX_VELOLIMIT[0…5]	RPM	主轴	转速[i]	各挡最大主轴监控速度
31050	DRIVE_AX_RATIO_DENUM[0…5]	—	主轴	分母[i]	主轴各挡变比(电动机端)、减速箱电动机端齿轮齿数
31060	DRIVE_AX_RATIO_NUMBER[0…5]	—	主轴	分子[i]	主轴各挡变比(主轴端)、减速箱主轴端齿轮齿数

2. 专用变频器方案

针对数控车床的主轴控制,国内变频器生产企业开发了一系列专用变频器,如 SINE320 系列数控车床主轴专用变频器等,具备了一些特殊功能,如 0.5 Hz 运行时,起动转矩能输出150%额定转矩,调速范围为 0~600 Hz,而且调试非常方便,只需设定模拟量对应的最大频率即可开机正常工作。数控系统部分设置和 PLC 程序设计,与采用通用变频器的数控车床主轴控制方案相同。

下面以 EM303B 变频器为例予以说明。

(1)EM303B 变频器机床主轴应用的特点

①矢量控制方式,0.5 Hz 低频运行时,能输出 150%额定转矩,确保机床在低速时有强劲的切削力。

②优异的快速加、减速能力,自动限流,自动稳压,实现机床的高性能和高可靠性。

③调速范围最高可达 600 Hz,完全满足数控车床的高频运行的要求。

(2)连接线示意图

图 3-5-4 为 EM303B 变频器的接线示意图。

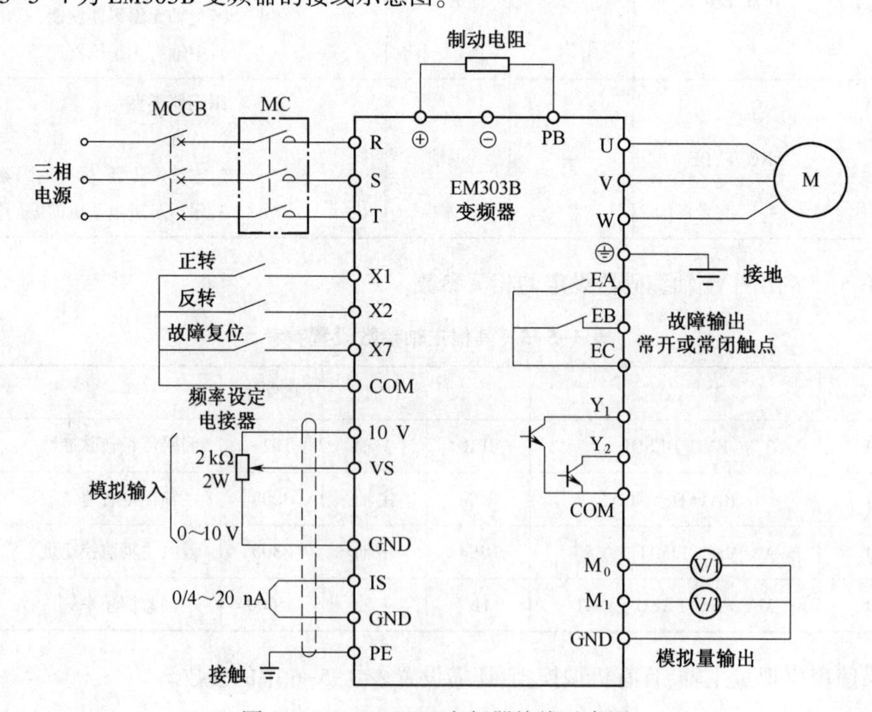

图 3-5-4　EM303B 变频器接线示意图

(3)相关参数设置。详述如下：

①设置的电动机参数。确保变频器内的电动机参数与电动机铭牌上一致，按照电动机铭牌设置表3-5-7中的参数。

表3-5-7 与电机相关的参数

功能代码	功能代码名称	备 注	功能代码	功能代码名称	备 注
F1-01	电动机额定功率		F1-02	电动机额定电压	
F1-03	电动机额定电流		F1-04	电动机额定频率	
F1-05	电动机额定转速		F1-06	电动机连接方式	
F1-07	额定功率因数		F1-14	电动机效率	

注：如果铭牌上没有F1-07(额定功率因数)，F1-14(电动机效率)2个电动机参数，请使用默认值。

②电动机参数自学习

主要步骤：确认F0-04启动控制选择0，键盘控制；在负载无法卸载的情况下，进行静止自学习，F1-15参数自辨识选择1，静止辨识；按下键盘上的【Enter】键，开始参数辨识。

注意：

a. F0-04=0键盘控制时，电动机自学习后才能使用。

b. 如果负载可以从电动机轴上卸下，建议使用旋转自学习，性能表现更佳。

c. 旋转自学习在F1-15选择2，并按下键盘上的【Enter】键时，就会开始执行，电动机会旋转，请确认安全后再执行！

③应用参数设置。主轴电动机要实现快速减速必须接制动电阻，且需要按照应用参数设置表设置FC-19为0010，制动电阻才能生效，恢复出厂值后，默认值为2000，制动电阻无效，需要再次设置为0010。

为了确保有出色的性能表现，请按照应用参数表设置F0.02=3选矢量控制，并确保进行电动机参数自学习，见表3-5-8。

电动机参数旋转自学习，功能码选择后，按下【Enter】键，电动机就会旋转，应首先确认人员的安全，然后再按下【Enter】键。

表3-5-8 机床主轴应用需要设置的相关参数

功能代码	功能代码名称	功能代码参数说明	单位	参数设置
F0-02	驱动控制方式	0:V/F开环控制;1:保留;2:无PG矢量控制0;3:无PG矢量控制1	—	3
F0-04	起动停车控制选择	0:本机键盘;1:外部端子;2:计算机通信	—	1
F0-05	端子起动停车选择	0:RUN为运行,F为正转,R为反转; 1:RUN为运行,F为正转,R为反转; 2:RUN为常开正转,Xi为常闭停车,F/R为常开反转; 3:RUN为常开运行,Xi为常闭停车,F为正转,R为反转	—	1
F0-06	通用速度给定方式	0:主数字频率; 1:VP; 2:VS; 3:IS; 4:保留; 5:K3×VS+K4×IS;	—	2

续表

功能代码	功能代码名称	功能代码参数说明	单位	参数设置
F0-06	通用速度给定方式	6：K3×VS+K5×VF； 7：K4×IS+K6×IF； 8：MAX{K3×VS，K5×VF}； 9：MAX{K4×IS，K6×IF}； 10：保留	—	2
F0-09	加速时间1	0.00~600.00	S	2.00
F0-10	减速时间1	0.00~600.00	S	2.00
F0-16	最大频率	F_{max}：20.00~600.00	Hz	请按需要设置
F0-17	上限频率	F_{up}：F_{down} ~ F_{max}	Hz	
FC-19	过电压保护控制	个位：保留。 十位。能耗制动选择： 0：制动电阻无效；1：制动电阻运行时有效；2：制动电阻通电时有效； 百位：保留。 千位。过电压失速保护方式：0：无效；1：保留；2：有效	—	0010

任务实施

整理数控车床模拟主轴控制的设计、调试要点。

①变频器的选型。

②变频器的配线。

③变频器的参数设置与调试。

学习小结

数控车床是目前国内使用量最大、覆盖面最广的一种数控机床，适合于加工形状复杂、精度要求较高的轴类或盘类零件，能自动完成内外圆柱面、圆弧面、端面、螺纹等工序的切削加工。变频器是数控车床主轴控制的典型方案之一。为了保证主轴既能在较宽范围内连续调速，又能在低速时输出较大的转矩，同时还要考虑与数控系统连接的要求，一般要求变频器具有以下基本功能：

①采用矢量控制方式。

②运行控制具有外部接线端子等多种操作模式，频率设定可采用模拟电压等多种指令源。

自我评估

①数控车床属于什么类型负载？有何特点？

②为什么数控车床用变频器要采用矢量控制方式？

③绘制数控车床变频器主轴的控制电路图，并说明其控制原理。

学习情境4

变频器的维护与维修

学习目标

了解变频器的内部结构和电路基本工作原理，会排除常见故障，能进行变频器的日常维护和保养。

知识目标

- 熟悉变频器正常工作所需的环境要求和电气要求。
- 熟悉变频器维护维修所用的测试仪器和测试方法。
- 了解变频器的电气工作原理。
- 熟悉变频器的内部结构。

技能目标

- 能拆装变频器。
- 能对常见模块进行测试与更换。
- 能对变频器常见故障进行分析、排除。
- 会对变频器进行性能测试和维护。

方法目标

- 会阅读相关变频器的产品使用手册。
- 能基本看懂变频器电路。
- 根据5S[SEIRI(整理)、SEITON(整顿)、SEISO(清扫)、SEIKETSU SHITSUKE(素养)]现场管理要求，养成良好的工作习惯和职业素养。

任务1　元器件的选型与测试

任务描述

①熟悉变频器常用的元器件和功率模块。书面整理变频器的整流模块、IGBT模块、电解电容、接口电路等易损元器件的型号及其电气参数，可替换的元器件型号。

②掌握变频器常用元器件和功率模块的检测方法。根据测试单，完成整流模块、IGBT模块、电解电容等易损元器件的测试。

一、常用检修仪表和工具

1. 万用表

一般的数字万用表和指针式万用表均能满足变频器的维护与维修的要求，如 T91A 型数字万用表和 MF45 型指针式万用表。

数字万用表用于测量印制电路板上元器件的连接、晶体管的好坏、关键测试点的电压值等。它的输入阻抗高，测量精确较高，显示数字值也比较直观。

指针式万用表主要用于测量电流和电压。变频器的输出电压为 SPWM 波，虽然基频一般在 0~60 Hz 以内，其载波频率可达数万赫。数字万用表因内部检波电路的滤波作用，会出现显示数值紊乱、跳变和有超量程显示等情况，用指针式万用表则能稳定显示输出电压值。另外，用指针式万用表的直流挡，测量变频器的输出电压，能根据测量结果，判断逆变功率电路的故障。

2. 示波器

示波器又分为模拟示波器和数字示波器 2 种，主要用于测量 IGBT 的驱动脉冲信号波形。IGBT 的驱动脉冲信号为 SPWM 波，其频率为数千赫至数万赫；主板 MCU 的时钟频率一般为几兆赫至十几兆赫，选用 20 MHz 带宽的单踪或双踪(模拟)示波器即可满足要求。

在用示波器测量 IGBT 的驱动脉冲信号波形时要注意电源隔离，即示波器的电源要与变频器的电源隔离，可采用 2 种方法解决：一是示波器的电源输入端经过隔离变压器接入；二是示波器探头采用差分探头。

二、关键电力电子器件

1. 单相晶闸管

单向晶闸管是单向晶体闸流管的简称，又称可控硅整流器(Silicon Controlled Rectifier，SCR)或可控硅。单向晶闸管有 3 个电极：阳极(A)、阴极(K)和门极(G)，如图 4-1-1 所示。

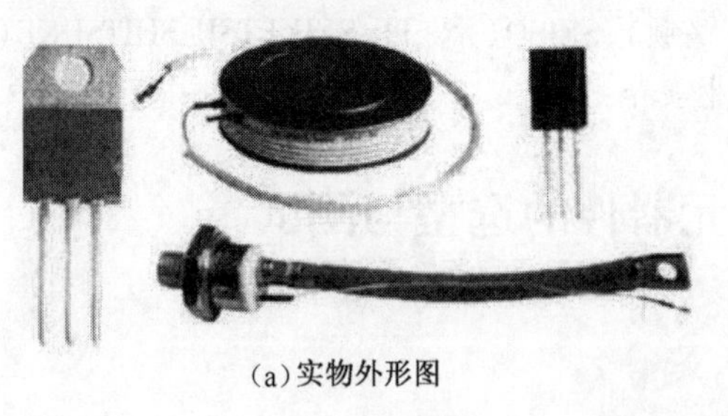

(a)实物外形图

A
G
K

(b)新符号

图 4-1-1　单相晶闸管

(1)控制特性

单向晶闸管是一种半控型、电流控制器件，具有以下特点：

①无论 A、K 极之间加什么电压，只要 G、K 极之间未加正向电压，单向晶闸管就无法导通。

②只有 A、K 极之间加正向电压，并且 G、K 极之间也加一定的正向电压和足够的电流，单向晶闸管才能导通。

③单向晶闸管导通后，即使撤掉 G、K 极之间的正向电压，单向晶闸管仍将继续导通。

④要让导通的单向晶闸管截止，可采用 2 种方法：

a. 让流入单向晶闸管 A、K 的电流少于维持电流；

b. 单向晶闸管 A、K 的正向电压为零，或 A、K 之间加反向电压。

(2)在变频器中的应用

单向晶闸管主要用于变频器的可控整流电路、变频器通电限流电阻的开关控制电路等。

图 4-1-2 为变频器通电过程中的浪涌保护电路。在接通电源时，开关 S 断开，整流电路通过限流电阻 R 对电容 C 充电，由于 R 的阻碍作用，流过二极管并经过 R 对电容的充电电流较小，保护了整流二极管。图中的开关 S 一般由晶闸管取代，在刚接通电源时，让晶闸管关断(相当于开关断开)，待电容充入较高的电压后再让晶闸管导通，相当于开关闭合，电路开始正常工作。

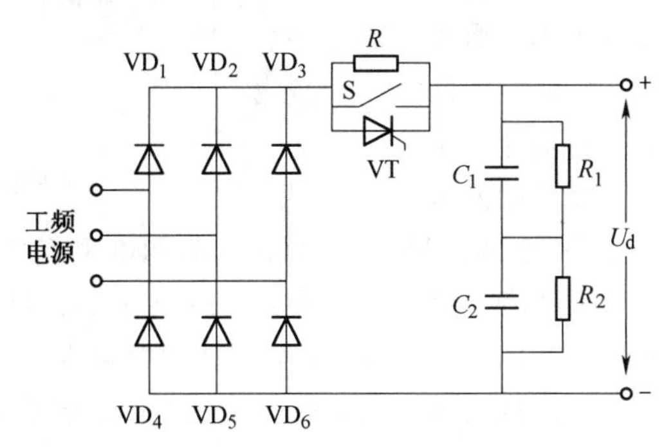

图 4-1-2　变频器通电过程的浪涌保护电路

(3)检测

①极性检测。单向晶闸管的 G、K 极之间有一个 PN 结，它具有单向导电性，即正向电阻小、反向电阻大，而 A、K 极之间与 A、G 极之间的正、反向电阻都接近无穷大。根据这个原则，可采用下面的方法来判别单向晶闸管的电极。

万用表拨至 $R\times100$ 或 $R\times1$ k 挡，测量任意 2 个电极之间的电阻值，当测量出现电阻值较小时，黑表笔接的电极为 G 极，红表笔接的电极为 K 极，剩下的一个电极为 A 极，如图 4-1-3 所示。

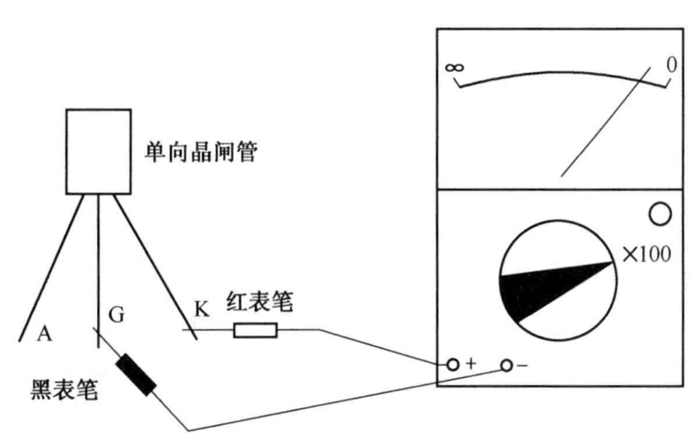

图 4-1-3　单向晶闸管的极性判别

②好坏检测。正常的单向晶闸管除了 G、K 极之间的正向电阻小、反向电阻大外，其他各极

之间的正、反向电阻均接近无穷大。

在检测单向晶闸管时，将万用表拨至 $R\times1$ k 挡，测量单向晶闸管任意两极之间的正、反向电阻，若出现 2 次或 2 次以上电阻值小，说明单向晶闸管内部有短路；若 G、K 极之间的正、反向电阻均为无穷大，说明单向晶闸管 G、K 极之间开路；若测量时只出现一次电阻值小，并不能确定单向晶闸管一定正常（如 G、K 极之间正常，而 A、G 极之间出现开路），在这种情况下，需要进一步测量单向晶闸管的触发能力。

③触发能力检测。检测单向晶闸管的触发能力实际上就是检测 G 极控制 A、K 极之间的导通能力。单向晶闸管触发能力的检测过程如图 4-1-4 所示。

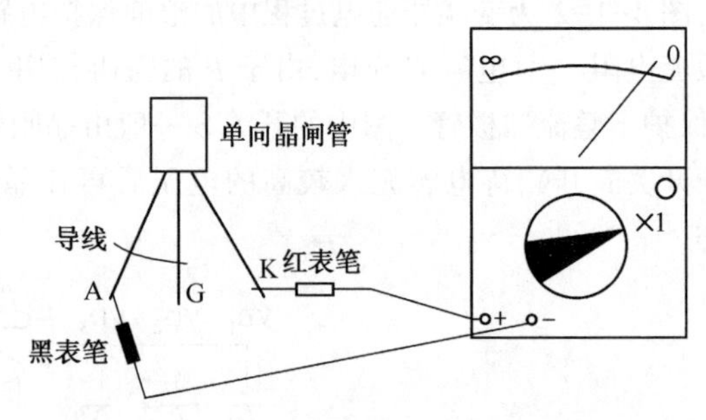

图 4-1-4　单向晶闸管的触发能力检测

首先将万用表拨至 $R\times1$ k 挡，测量单向晶闸管 A、K 极之间的正向电阻（黑表笔接 A 极，红表笔接 K 极），A、K 极之间的电阻值正常应接近无穷大；然后用一根导线将 A、G 极短路，为 G 极提供触发电压，如果单向晶闸管良好，A、K 极之间应导通，A、K 极之间的电阻值马上变小；再将导线移开，让 G 极失去触发电压，此时单向晶闸管还应处于导通状态，A、K 极之间的电阻值仍很小。

在上面的检测中，若用导线短路 A、G 极，A、K 极之间的电阻值变化不大，说明 G 极失去触发能力，单向晶闸管损坏；若移开导线，单向晶闸管 A、K 极之间电阻值又变大，则为单向晶闸管开路（即使单向晶闸管正常，如果使用万用表高阻挡测量，由于在高阻挡时万用表提供给单向晶闸管的维持电流比较小，有可能不足以维持单向晶闸管继续导通，也会出现断开导线后 A、K 极之间电阻值变大的情况，为了避免检测判断失误，应采用 $R\times1$ 挡测量）。

2. 门极关断晶闸管

门极关断晶闸管（GTO）是晶闸管的一种派生器件。它除了具有普通晶闸管的触发导通功能，还可以通过在 G、K 极之间加反向电压将晶闸管关断，如图 4-1-5 所示。GTO 与 SCR 结构相似，但为了实现关断功能，GTO 的 2 个等效晶体管的放大倍数比 SCR 小，另外制造工艺上也有所改进。

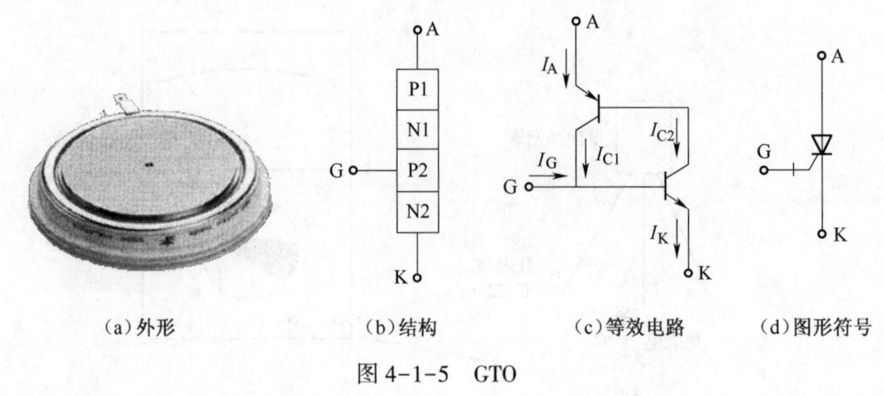

图 4-1-5　GTO

(1) 控制特性

GTO 和 SCR 的共同点是给 G 极加正电压后都会触发导通，撤去 G 极电压后仍处于导通状态:不同点在于 SCR 的 G 极施加负电压时仍会导通,而 GTO 的 G 极加负电压时会关断。

(2)检测

①极性检测。由于 GTO 的结构与 SCR 相似,G、K 极之间都有一个 PN 结,故两者的极性检测与普通晶闸管相同。检测时,万用表选择 $R\times100$ 挡,测量 GTO 各引脚之间的正、反向电阻,当出现一次电阻值小时,以这次测量为准,黑表笔接的是门极 G,红表笔接的是阴极 K,剩下的一只引脚为阳极 A。

②好坏检测。GTO 的好坏检测可按下面的步骤进行:

a. 检测各引脚间的电阻值。用万用表 $R\times1$ k 挡检测 GTO 各引脚之间的正、反向电阻,正常只会出现一次电阻值小。若出现 2 次或 2 次以上电阻值小,可确定 GTO 一定损坏;若只出现一次电阻值小,还不能确定 GTO 一定正常,需要进行触发能力和关断能力的检测。

b. 检测触发能力和关断能力。将万用表 $R\times1$ 挡,黑表笔接 GTO 的 A 极,红表笔接 GTO 的 K 极,此时指针指示的电阻值为无穷大,然后用导线瞬间将 A、G 极短接,让万用表的黑表笔为 G 极提供正向触发电压,如果指针指示的电阻值马上由大变小,表明 GTO 被触发导通,GTO 触发能力正常。然后按图 4-1-6 将 1 节 1.5 V 电池与 50 Ω 的电阻串联,再反接在 GTO 的 G、K 极之间,给 GTO 的 G 极提供负电压,如果指针指示的电阻值马上由小变为∞,表明 GTO 被关断,GTO 关断能力正常。

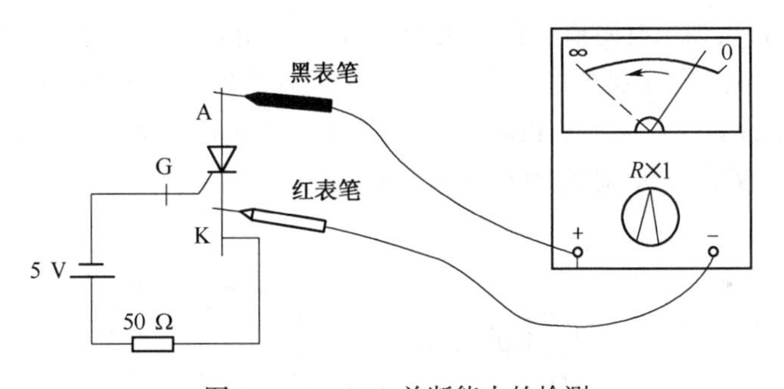

图 4-1-6　GTO 关断能力的检测

检测时,如果测量结果与上述不符,则为 GTO 损坏或性能不良。

3. 双向晶闸管

从图 4-1-7 可以看出,双向晶闸管(BTT)相当于 2 个单向晶闸管反向并联而成。双向晶闸管有 3 个电极,即主电极 T_1、主电极 T_2 和门极 G。

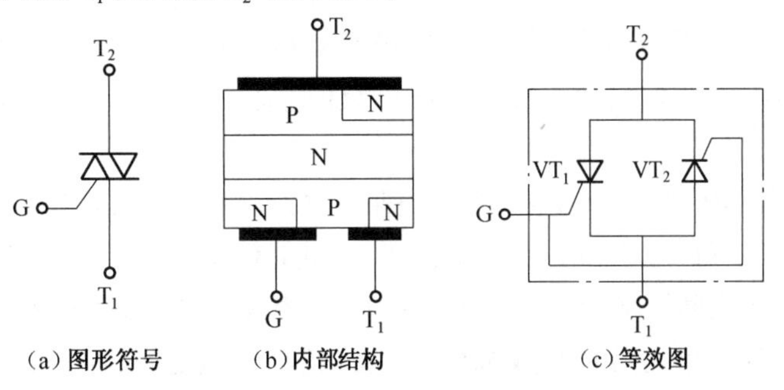

图 4-1-7　双向晶闸管

(1)控制特性

双向晶闸管可以双向导通。双向晶闸管导通后,撤去 G 极电压,会继续处于导通状态,在这种情况下,要使双向晶闸管由导通进入截止,可采用以下任意一种方法:

①让流过主电极 T_1、T_2 的电流减小至维持电流以下。

②让主电极 T_1、T_2 之间电压为 0 V 或改变两极间电压的极性。

(2)检测

①极性检测。双向晶闸管极性检测可分 2 步进行:

a. 找出 T_2 极。从图 4-1-7 所示的双向晶闸管内部结构可以看出,T_1、G 极之间为 P 型半导体,P 型半导体的电阻很小,为几十欧,而 T_2 极距离 G 极和 T_1 极都较远,故它们之间的正、反向电阻值都接近无穷大。在检测时,万用表拨至 $R\times1$ 挡,测量任意两极之间的正、反向电阻,当测得某两个极之间的正、反向电阻均很小(几十欧)时,则这两个极为 T_1 极和 G 极,另一个电极为 T_2 极。

b. 判断 T_1 极和 G 极。在找出双向晶闸管的 T_2 极后,才能判别 T_1 极和 G 极。在测量时,万用表拨至$R\times10$ 挡,先假定一个电极为 T_1 极,另一个电极为 G 极,将黑表笔接假定的 T_1 极,红表笔接 T_2 极,测量的电阻值应为无穷大。接着用红表笔笔尖把 T_2 极与 G 极短路,如图 4-1-8 所示。给 G 极加上触发信号,电阻值应为几十欧,说明双向晶闸管已经导通。再将红表笔笔尖与 G 极脱开(但仍接 T_2),如果电阻值变化不大,表明双向晶闸管在触发之后仍能维持导通状态,先前的假设正确,即黑表笔笔接的电极为 T_1 极,红表笔接的电极为 T_2 极(先前已判明),另一个电极为 G 极。如果红表笔笔尖与 G 极脱开后,电阻值马上由小变为"∞",说明先前假设错误,即先前假定的 T_1 极实为 G 极,假定的 G 极实为 T_1 极。

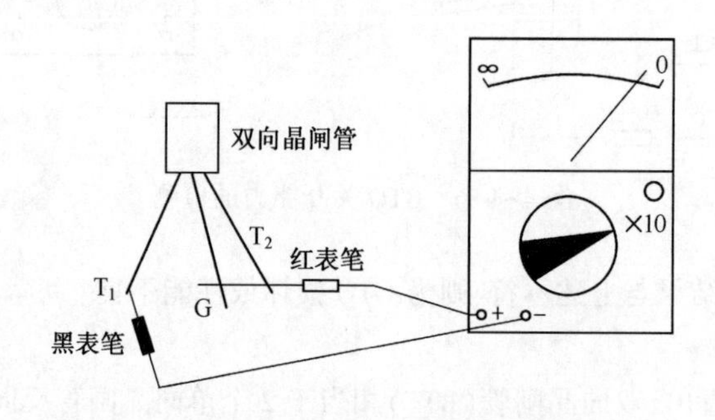

图 4-1-8　双向晶闸管 T_1 极和 G 极的判别

②好坏检测。正常的双向晶闸管除了 T_1 极和 G 极之间的正、反向电阻较小外,T_1 极和 T_2 极之间的正、反向电阻和 T_2 极和 G 极之间的正、反向电阻均接近无穷大。双向晶闸管好坏检测可分两步进行:

a. 测量双向晶闸管 T_1 极和 G 极之间的电阻。将万用表拨至 $R\times10$ 挡,测量双向晶闸管 T_1 极和 G 极之间的正、反向电阻,正常时,正、反向电阻都很小,为几十欧。若正、反向电阻均为 0 Ω,则 T_1 极和 G 极之间短路;若正、反向电阻均为无穷大,则 T_1 极和 G 极之间开路。

b. 测量 T_2 极和 G 极之间的正、反向电阻及 T_2 极和 T_1 极之间的正、反向电阻。将万用表拨至 $R\times1$ k 挡,测量双向晶闸管 T_2 极和 G 极之间及 T_2 极和 T_1 极之间的正、反向电阻。正常时,它们之间的电阻均接近无穷大,若某两极之间出现电阻值小,表明它们之间有短路。

如果检测时发现 T_1 极和 G 极之间的正、反向电阻小,T_1 极和 T_2 极之间及 T_2 极和 G 极之间的正、反向电阻均接近无穷大,不能说明双向晶闸管一定正常,还应检测它的触发能力。

③触发能力检测。双向晶闸管触发能力的检测可分 2 步进行:

a. 将万用表拨至 $R\times10$ 挡,红表笔接 T_1 极,黑表笔接 T_2 极,测量的电阻值应为无穷大,再用导线将 T_1 极与 G 极短路,如图 4-1-9(a)所示。给 G 极加上触发信号,若双向晶闸管触发能力正常,双向晶闸管马上导通,T_1 极和 T_2 极之间的电阻值应为几十欧,移开导线后,双向晶闸管仍维持导通状态。

b. 将万用表拨至 $R\times10$ 挡,黑表笔接 T_1 极,红表笔接 T_2 极,测量的电阻值应为无穷大,再用导线将 T_2 极与 G 极短路,如图 4-1-9(b)所示。给 G 极加上触发信号,若双向晶闸管触发能力正常,双向晶闸管马上导通,T_1 极和 T_2 极之间的电阻值应为几十欧,移开导线后,双向晶闸管维持导通状态。

对双向晶闸管进行以上 2 步测量后,若测量结果都表现正常,说明双向晶闸管触发能力正常,否则说明双向晶闸管损坏或性能不良。

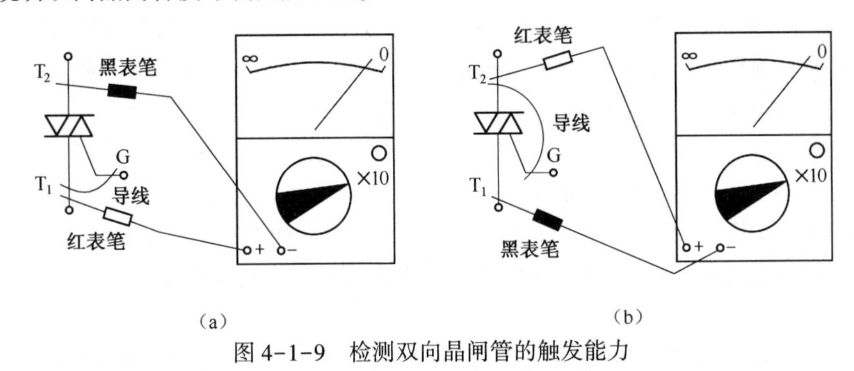

图 4-1-9　检测双向晶闸管的触发能力

4. 电力场效应晶体管

场效应晶体管可分为结型和绝缘栅型,电力场效应晶体管通常是指绝缘栅型场效应晶体管,又称金属-氧化物-半导体场效应晶体管(MOSFET),简称 MOS 场效应晶体管,绝缘栅型场效应晶体管又分为耗尽型和增强型,还分为 P 型沟道和 N 型沟道。绝缘栅型场效应晶体管图形符号如图 4-1-10 所示。

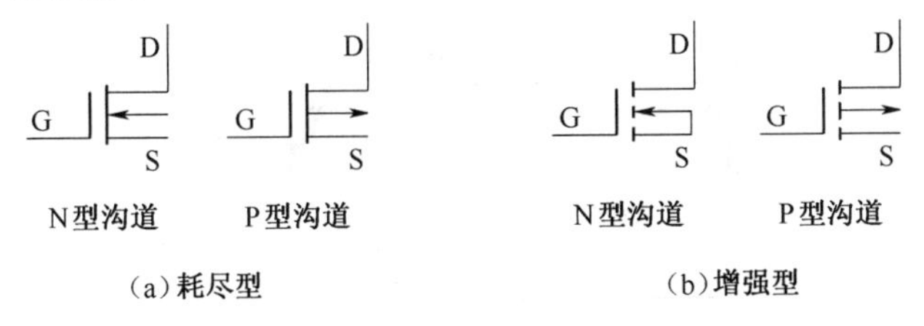

图 4-1-10　绝缘栅型场效应晶体管的图形符号

下面以增强型 N 型沟道场效应晶体管为例予以说明。

(1)控制特性

场效应晶体管是一种电压控制型器件。增强型 NMOSFET 管具有以下的特点:

①在 G 极和 S 极之间未加电压(即 $U_{GS}=0$ V)时,D 极和 S 极之间没有形成沟道,$I_D=0$ A;当 G 极和 S 极之间加上合适的电压(大于开启电压)时,D 极和 S 极之间有沟道形成,U_{GS}电压变化

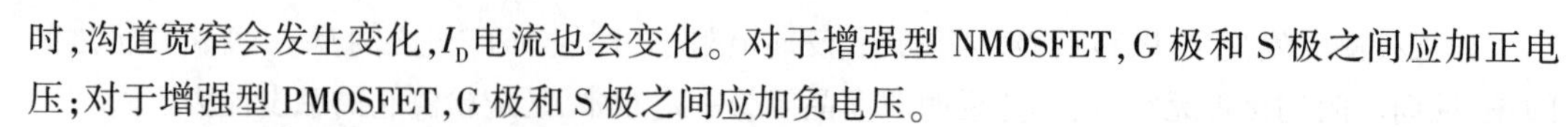

时，沟道宽窄会发生变化，I_D电流也会变化。对于增强型 NMOSFET，G 极和 S 极之间应加正电压；对于增强型 PMOSFET，G 极和 S 极之间应加负电压。

②对于变频器等，场效应晶体管一般工作在开关状态。为了可靠导通，G 极和 S 极之间电压应大于开启电压，功率 MOSFET 的开启电压通常为 2~6 V；为了可靠截止，G 极和 S 极之间可加负电压。

对栅极驱动电路的要求：

①触发脉冲要具有足够快的上升和下降速度，即脉冲前后沿要求陡峭。

②开通时以低电阻对栅极电容充电，关断时为栅极电荷提供低电阻放电回路，以提高功率 MOSFET 的开关速度。

③为了使功率 MOSFET 可靠触发导通，触发脉冲电压应高于功率 MOSFET 的开启电压；为了防止误导通，在其截止时应提供负的栅源电压。

④功率 MOSFET 开关时所需的驱动电流为栅极电容的充放电电流。功率 MOSFET 的板间电容越大，在开关驱动中所需的驱动电流也越大。

通常功率 MOSFET 的栅极电压最大额定值为±20 V，若超出此值，栅极会被击穿。另外，由于器件工作于高频开关状态，栅极输入容抗小，为使开关波形具有足够的上升和下降陡度，仍需要足够大的驱动电流。

（2）检测

①极性检测。正常的增强型 NMOSFET 的 G 极与 D、S 极之间均无法导通。它们之间的正、反向电阻均为无穷大。在 G 极无电压时，增强型 NMOSFET 的 D 极和 S 极之间无沟道形成，故 D 极和 S 极之间也无法导通，但由于 D 极和 S 极之间存在一个反向寄生二极管，所以 D 极和 S 极反向电阻较小。

在检测增强型 NMOSFET 的电极时，万用表拨至 $R\times1$ k 挡，测量 NMOSFEF 各引脚之间的正、反向电阻，当出现一次电阻值小的情况时（测得为寄生二极管正向电阻），红表笔接 D 极，黑表笔接 S 极，余下的为 G 极，如图 4-1-11 所示。

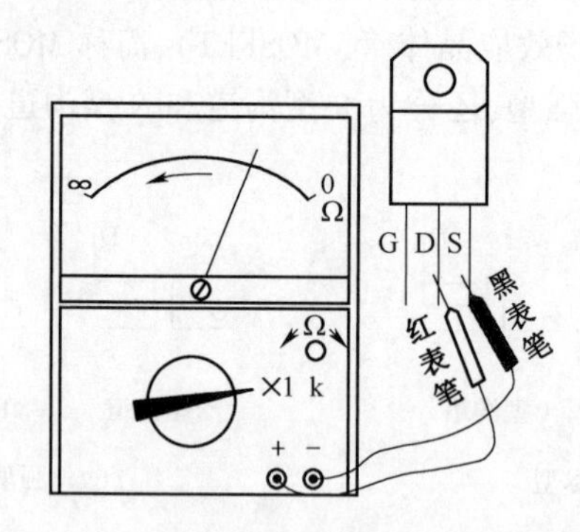

图 4-1-11　增强型 NMOSFET 的极性判别

②好坏检测。增强型 NMOSFET 的好坏检测可按下面的步骤进行：

a. 用万用表 $R\times1$ k 挡测量 NMOSFET 各引脚之间的正、反向电阻，正常时，只会出现 1 次电阻值小。若出现 2 次或 2 次以上电阻值小的情况，则 NMOSFET 损坏；若只出现 1 次电阻值小，还不能确定 NMOSFET 一定正常，需要进行以下测量。

b. 先用导线将 NMOSFET 的 G 极和 S 极短接，释放 G 极上的电荷（G 极与其他两极间的绝缘电阻很大,感应或测量充得的电荷很难释放,故 G 极易积累较多的电荷而带有很高的电压),再将万用表拨至 $R\times10$ k 挡(该挡内接 9 V 电源),红表笔接 NMOSFET 的 S 极,黑表笔接 D 极,此时指针指示的电阻值为"∞"或接近"∞"。然后用导线瞬间将 D 极和 G 极短接,万用表内电池的正电压经黑表笔和导线加给 G 极,如果 NMOSFET 正常,内部沟道会消失,指针指示的电阻值马上由小变为"∞",如图 4-1-12 所示。

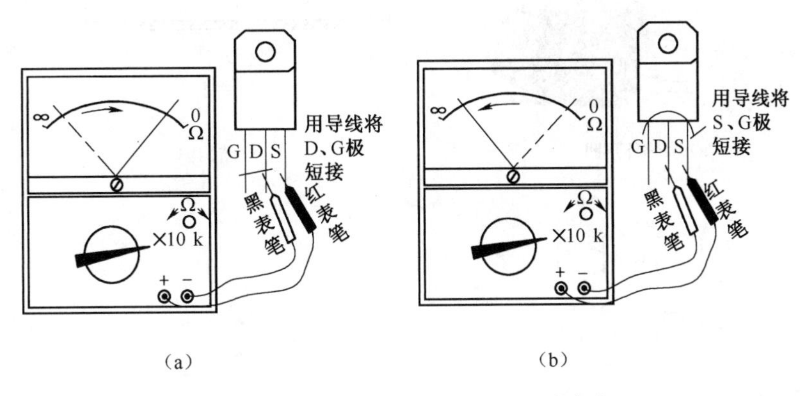

图 4-1-12 检测增强型 NMOSFET 的好坏

进行以上 2 步检测时,如果有一次测量不正常,则为 NMOSFET 损坏或性能不良。

5. 绝缘栅双极型晶体管

绝缘栅双极型晶体管是一种由场效应晶体管和晶体管组合成的复合器件,英文简称为 IGBT。它综合了晶体管和 MOSFET 的优点,故有很好的特性,因此广泛应用在各种中小功率的电力电子设备中。

IGBT 的外形、结构、等效图和图形符号如图 4-1-13 所示。从等效图可以看出,IGBT 相当于一个 PNP 型晶体管和增强型 NMOSFET 组合而成。IGBT 有 3 个电极:C 极(集电极)、G 极(栅极)和 E 极(发射极)。

(1)基本控制特性

由于 IGBT 的 G 极实际上就是增强型 NMOSFET 的 G 极。因此,IGBT 的控制特性与增强型 NMOSFET 基本相同。

(2)检测

IGBT 检测包括极性检测和好坏检测,检测方法与增强型 NMOSFET 相似。

①极性检测。正常 IGBT 的 G 极与 C 极和 E 极之间不能导通,正、反向电阻均为∞。在 G 极无电压时,IGBT 的 C 极和 E 极之间不能正向导通,但由于 C 极和 E 极之间存在一个反向寄生二极管,所以 C 极和 E 极正向电阻为无穷大,反向电阻较小。

检测 IGBT 引脚极性与检测增强型 NMOSFET 相似。在检测 IGBT 引脚极性时,万用表拨至 $R\times1$ k 挡,测量 IGBT 各引脚之间的正、反向电阻,当出现 1 次电阻值小时,红表笔接的为 C 极,黑表笔接的为 E 极,余下的为 G 极。

②好坏检测。IGBT 的好坏检测可分 2 步进行:

a. 将万用表拨至 $R\times1$ k 挡检测 IGBT 各引脚之间的正、反向电阻,正常只会出现 1 次电阻值小的情况。若出现 2 次或 2 次以上电阻值小的情况,可确定 IGBT 已损坏;若只出现 1 次电阻值小的情况,还不能确定 IGBT 正常,需要进行以下测量。

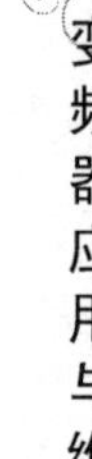

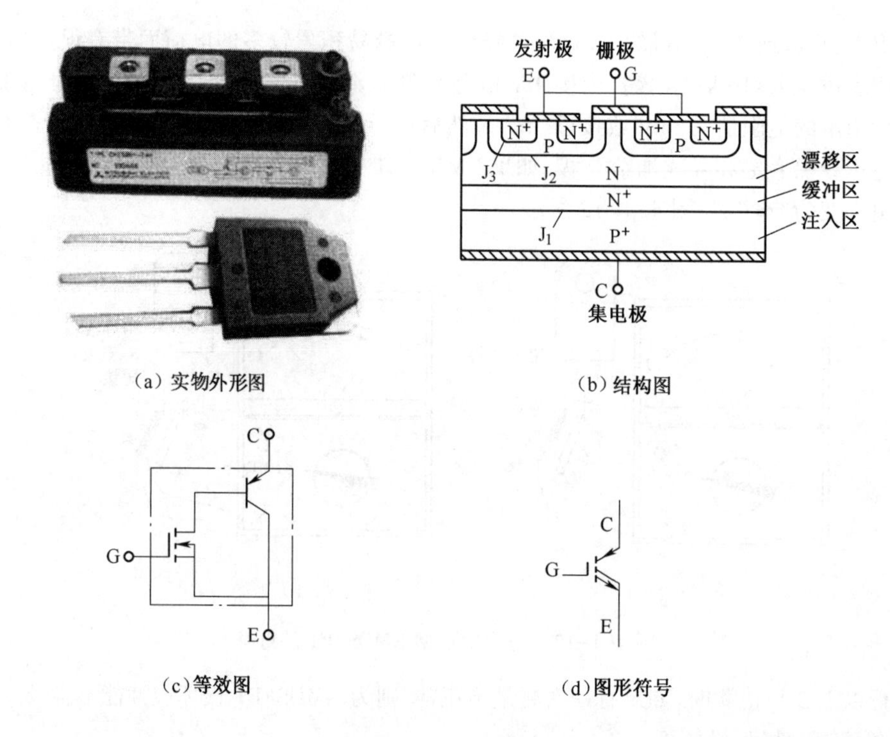

(a) 实物外形图　(b) 结构图　(c) 等效图　(d) 图形符号

图 4-1-13　IGBT

b. 用导线将 IGBT 的 G 极和 E 极短接，释放 G 极上的电荷，再将万用表拨至 $R\times10$ k 挡，红表笔接 IGBT 的 E 极，黑表笔接 C 极，此时指针指示的电阻值为“∞”或接近“∞”；然后用导线瞬间将 C 极和 G 极短接，让万用表内部电池经黑表笔和导线给 G 极充电，让 G 极获得电压，如果 IGBT 正常，内部会形成沟道，指针指示的电阻值马上由大变小；再用导线将 G 极和 E 极短路，释放 G 极上的电荷来消除 G 极电压，如果 IGBT 正常，内部沟道会消失，指针指示的电阻值马上由小变为“∞”。

进行以上 2 步检测时，如果有一次测量不正常，则为 IGBT 损坏或性能不良。

6. 功率模块与功率集成电路

近十多年来，功率半导体器件研制和开发中的一个共同趋势是模块化。功率半导体开关模块(功率模块)是把同类的开关器件或不同类的一个或多个开关器件，按一定的电路拓扑结构连接并封装在一起的开关器件组合体。模块化可以缩小开关电路装置的体积、降低成本、提高可靠性，便于电力电子电路的设计、研制，更重要的是由于各开关器件之间的连线紧凑，减小了电路电感，在高频工作时可以简化对保护、缓冲电路的要求。

(1) 功率模块

常用功率模块有单相整流桥模块、三相整流桥模块、6 管 IGBT 模块、7 管 IGBT 模块等。图 4-1-14所示为 6 管 IGBT 模块，该模块集成了 6 个 IGBT 及其相应的保护二极管、续流二极管、热敏电阻等，主要用于三相桥式整流电路或逆变电路。

(2) 功率集成电路

功率集成电路(Power Integrated Circuit，PIC)是把电力电子技术与微电子技术有机地融合在一起，将电力电子器件及其具有逻辑、控制、驱动、保护、传感、检测和自诊断等功能的电路集成在一块芯片上，如图 4-1-15 所示。PIC 中有高压集成电路(High Voltage IC,HVIC)、智能功率集成电路(Smart Power IC,SPIC)、智能功率模块(Intelligent Power Module,IPM)等，这些功率模块已得到了较为广泛的应用。

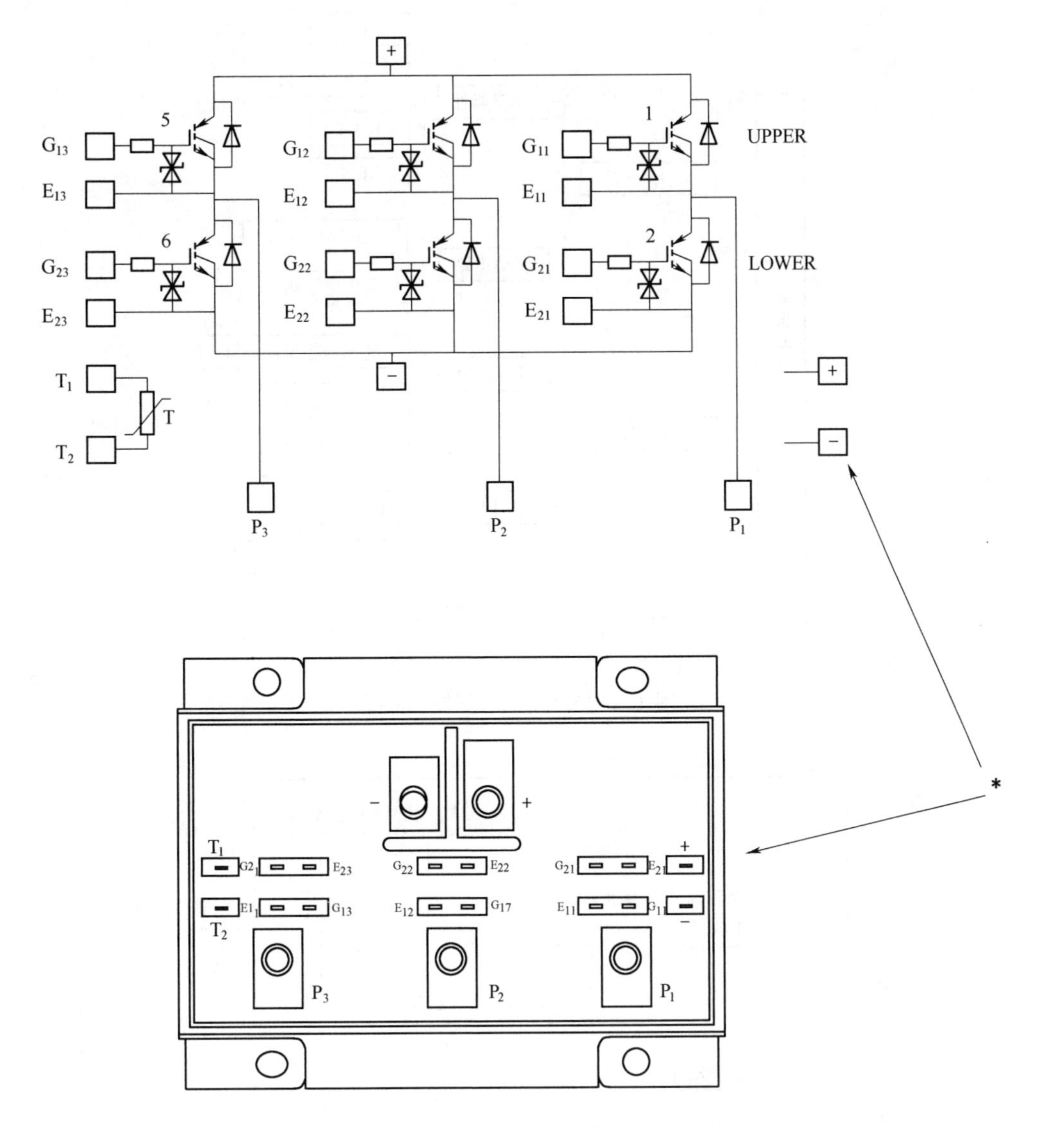

图 4-1-14　IGBT 模块

三菱电机有限公司在 1991 年推出智能功率模块(IPM)，是较为先进的混合集成功率器件。它由高速、低功耗的 IGBT 芯片和优化的门极驱动及保护电路构成，其基本结构如图 4-1-16 所示。由于采用了能连续监测功率器件电流的，具有电流传感功能的 IGBT 芯片，从而实现了高效的过电流保护和短路保护。IPM 集成了过热和欠电压锁定保护电路，系统的可靠性得到了进一步提高。目前，IPM 已经在中频(<20 kHz)、中功率范围内得到了应用。

IPM 的特点：采用低饱和电压降、高开关速度、内设低损耗电流传感器的 IGBT 功率器件，采用单电源、逻辑电平输入、优化的栅极驱动。实行实时逻辑栅压控制模式，以严密的时序逻辑，对过电流、欠电压、短路、过热等故障进行监控保护。提供系统故障输出,向系统控制器提供报警信号。对输出三相故障,如桥臂直通、三相短路、对地短路故障也提供了良好的保护。

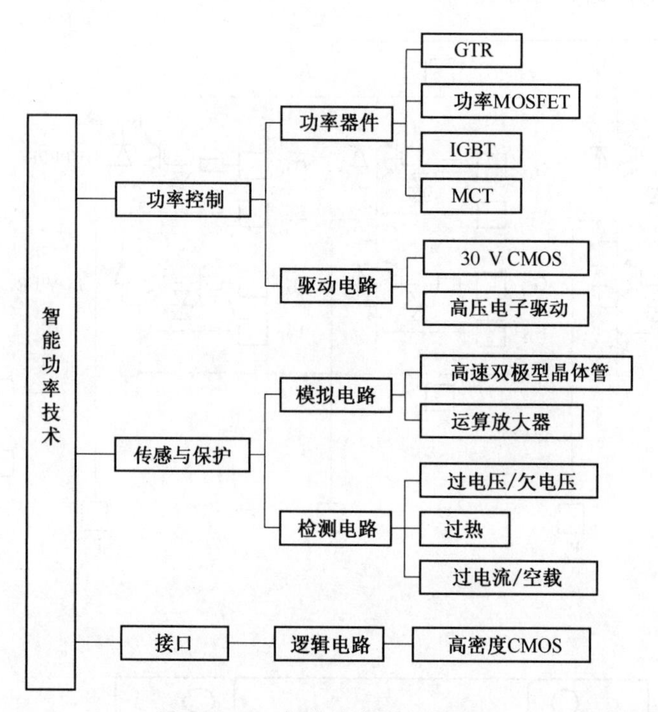

图 4-1-15　智能功率技术概况

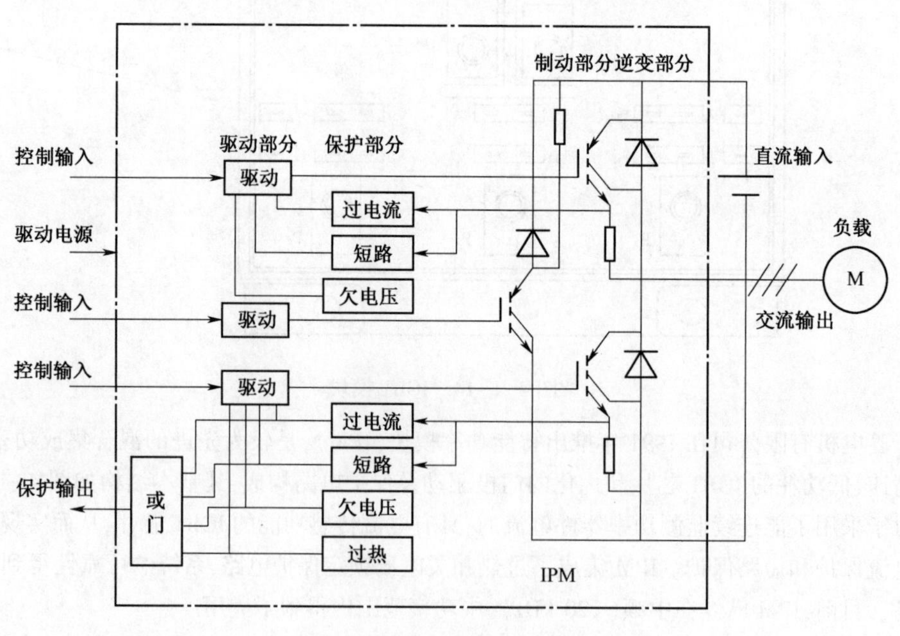

图 4-1-16　IPM 基本结构

任务实施

①书面整理变频器的整流模块、IGBT 模块、电解电容、接口电路等易损元器件的型号及其电气参数,可替换的元器件型号。

②拆开变频器,找到整流模块、IGBT 模块、电解电容、接口电路的光耦合器芯片,记下型号、封装形式、生产厂家,查阅手册,记录主要工作参数。

③查阅手册,找到可替换元器件的生产厂家和型号。

④IGBT 模块的测试。根据图 4-1-14 所示的变频器 IGBT 模块的结构,测试 IGBT 模块的参数。

a. 测量 IGBT 模块 C 极和 E 极之间的电阻,见表 4-1-1。

用万用表的电阻挡进行测量。

表 4-1-1　IGBT 模块 C 极和 E 极之间的电阻测量

正 极 探 头	负 极 探 头	实 际 值	正 常 显 示
+	P_1		OL
+	P_2		OL
+	P_3		OL
P_1	—		OL
P_2	—		OL
P_3	—		OL

b. 测量 IGBT 模块的二极管。用万用表的二极管挡进行测量,见表 4-1-2。

表 4-1-2　IGBT 模块的二极管的测量

正 极 探 头	负 极 探 头	实 际 值	显 示
P_1	+		≈0. 35 V
P_2	+		≈0. 35 V
P_3	+		≈0. 35 V
-	P_1		≈0. 35 V
-	P_2		≈0. 35 V
-	P_3		≈0. 35 V

c. 测量 IGBT 的栅极。用万用表的电阻挡进行测量,见表 4-1-3。

表 4-1-3　IGBT 栅极的测量

正 极 探 头	负 极 探 头	实 际 值	显 示
G_{11}	E_{11}		OL(负载电容)
G_{21}	E_{21}		OL(负载电容)
G_{12}	E12		OL(负载电容)
G_{22}	E_{22}		OL(负载电容)
G_{13}	E_{31}		OL(负载电容)
G_{23}	E_{23}		OL(负载电容)

d. 测量功率板的热敏电阻。用万用表的电阻挡进行测量,见表 4-1-4。

表 4-1-4　功率板的热敏电阻的测量

正极探头	负极探头	实际值	显示
T_1	T_2		10×(1±10%)kΩ

e. 测量对外壳的电阻。用万用表的电阻挡进行测量,见表 4-1-5。

表 4-1-5　外壳电阻的测量

正极探头	负极探头	实际值	显示
T_1	外壳		OL
T_2	外壳		OL
辅助+	外壳		OL
辅助-	外壳		OL
P_1	外壳		OL
P_2	外壳		OL
P_3	外壳		OL

f. 测量 IGBT 的发射极。用万用表的电阻挡进行测量,见表 4-1-6。

表 4-1-6　IGBT 发射极的测量

正极探头	负极探头	显示
E_{11}	P_1	≈0 Ω
E_{12}	P_2	≈0 Ω
E_{13}	P_3	≈0 Ω
E_{21}	—	≈0 Ω
E_{22}	—	≈0 Ω
E_{23}	—	≈0 Ω

电力电子器件是变频器的关键器件,大部分变频器采用 IGBT 模块或 IPM 模块。IGBT 模块属于电压驱动型器件,集 MOSFET 和 GTR 于一身,具有输入阻抗高、开关速度快、通态电压降低、阻断电压高、承受电流大、驱动电路简单等优点。

智能功率模块(IPM)是功率集成电路的一种。它将功率开关器件、驱动电路和保护电路集成为一体,具有智能化、体积小、可靠性高、开关速度快、功耗低等优点,广泛用于中频(<20 kHz)、中功率范围的电力电子设备中。小型变频器一般采用 IPM 等模块。

①如何判断 IGBT 模块的好坏?能用普通万用表判断吗?

②电解电容损坏有哪些表现?如何用万用表进行简单判断?在测试前,应注意什么?

任务2　主电路维修

主电路主要包括整流器和逆变器，集中了变频器的主要功率变换单元，是变频器故障较多的单元。通过本任务的学习，达到以下要求：

①熟悉变频器主电路的电路组成、基本工作原理。

②熟悉变频器主电路的常见故障及其处理方法。

一、变频器主电路工作原理分析

变频器主电路主要由整流电路、直流中间电路和逆变电路等组成，交-直-交变频器的主电路如图 4-2-1 所示。由于主电路通常工作在高电压、大电流的状态下，所以主电路是变频器故障率最高的部分。

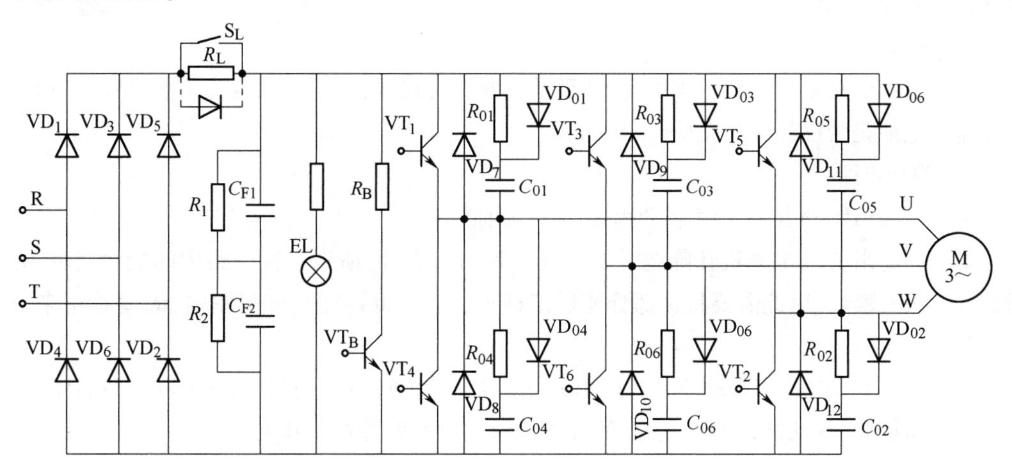

图 4-2-1　交-直-交变频器主电路的基本组成

1. 整流电路

整流电路由二极管 $VD_1 \sim VD_6$ 组成，其功能是将三相交流电整流成直流，平均直流电压可用下式表示：

$$U_D = 1.35U_L = 1.35 \times 380\ \text{V} = 513\ \text{V}$$

式中：U_L为电源的线电压。

2. 直流中间电路

直流中间电路位于整流电路和逆变电路之间，主要包括滤波电路、均压电路、开启电流吸收回路、电源指示电路和制动电路等。

(1)滤波电路

将图 4-2-1 中，C_{F1} 和 C_{F2} 等效为 C_F，原因是单个电解电容的耐压不够，电容串联后总容量

减小，但每个串联电容两端承受的电压也减小。滤波电容 C_F 的主要作用就是对整流电压进行滤波。它在整流电路与逆变器之间起去耦作用，以消除相互干扰。C_F 同时还具有储能作用。它是电压型变频器的主要标志。滤波电路使用的电容要求容量大、耐压高，若单个电容无法满足要求，可采用多个电容并联增大容量或多个电容串联提高耐压。

(2) 均压电路

由于电容容量有较大的变化性，即使型号、容量都相同的电容，也可能有一定的差别。这样，两电容串联后，容量小的电容两端承受的电压高，易被击穿，该电容击穿短路后，另一个电容要承受全部电压，也会被击穿。为了避免这种情况的出现，往往需在串联的电容两端并联电阻值相同的均压电阻，使容量不同的电容两端承受的电压相同。图中的电阻 R_1、R_2 就是均压电阻。它们的电阻值相同，并且都并联在电容两端，当容量小的电容两端电压高时，该电容会通过并联的电阻放电来降低其两端电压，使 2 个电容两端的电压保持相同。

(3) 开启电流吸收回路

由于在变频器接通电源时，滤波电容 C_F 的充电电流很大，该电流过大时能使三相整流桥损坏，还可能干扰电网。为了限制 C_F 的充电电流，在变频器开始接通电源的一段时间内，电路串入限流电阻 R_L，当 C_F 充电到一定程度时，开关 S_L 闭合，将 R_L 短接。S_L 可由接触器或晶闸管来实现，由控制电路控制。

(4) 电源指示电路

电源指示电路主要有 2 个作用：一是显示电源是否接通，二是变频器切断电源后，显示电容 C_F 存储的电能是否已经释放完毕。

(5) 制动电路

制动电路由制动电阻 R_B 和制动单元（VT_B）组成。

①制动电阻 R_B。电动机在降速时处于再生制动状态，回馈到直流电路中的能量将使 U_D 不断上升，存在危险。因此需要将这部分能量消耗掉，使 U_D 保持在允许范围内，R_B 就是用来消耗这部分能量的。

②制动单元（VT_B）。制动单元一般由 GTR（电力晶体管）或 IGBT（绝缘栅双极型晶体管）及其驱动电路构成，其功能是为流经 R_B 的放电电流提供通路并控制其大小。

3. 逆变电路

逆变电路的作用是将直流电转换为频率可调、电压可调的三相交流电。

(1) 逆变电路（$VT_1 \sim VT_6$）

由逆变管 $VT_1 \sim VT_6$ 组成三相逆变桥，$VT_1 \sim VT_6$ 交替通断，将整流后的直流电压变成交流电压，这是变频器的核心部分。目前，常用的逆变管有 GTR、IGBT 等。

(2) 续流二极管（$VD_1 \sim VD_{12}$）

续流二极管主要有以下功能：

①由于电动机是一种感性负载，其电流具有无功分量，工作时 $VD_7 \sim VD_{12}$ 为无功电流返回直流电源提供通道。

②降速时，电动机处于再生制动状态，$VD_7 \sim VD_{12}$ 为再生电流返回直流电源提供通道。

③逆变管 $VT_1 \sim VT_6$ 交替通断，同一桥臂的 2 个逆变管在切换过程中 $VD_7 \sim VD_{12}$ 为电路的分布电感提供释放能量的通道。

(3)缓冲电路(R_{01}~R_{06}、VD_{01}~VD_{06}、C_{01}~C_{06})

逆变管 VT_1~VT_6 每次由导通状态切换到截止状态的关断瞬间,C 极和 E 极之间的电压 U_{CE} 由 0 V 迅速上升到直流电压 U_D,过高的电压增长率将导致逆变管的损坏, C_{01}~C_{06}的作用就是减小电压增长率。

逆变管 VT_1~VT_6 每次由截止状态切换到导通状态的开通瞬间,C_{01}~C_{06}上所充的电压(等于 U_D)将向 VT_1~VT_6 放电,由于该放电电流很大,能导致逆变管的损坏,R_{01}~R_{06}的作用就是限制放电电流的大小。

VD_{01}~VD_{06}的接入,使 VT_1~VT_6 在关断过程中 R_{01}~R_{06}不起作用;而在 VT_1~ VT_6 开通过程中,迫使 C_{01}~C_{06}的放电电流流经 R_{01}~R_{06}。

二、主电路常见故障分析

1. 整流电路故障

①整流电路中的一个或多个整流二极管开路,会导致主电路直流电压(P、N 间的电压)下降或无电压,出现欠电压报警。

②整流电路中的一个或多个整流二极管短路,会导致变频器的输入电源短路,如果变频器输入端接有断路器,断路器会跳闸,变频器无法接通输入电源。

2. 充电限流电路故障

变频器在刚接通电源时,充电接触器触点断开,输入电源通过整流电路、限流电阻对滤波电容(又称储能电容)充电,当电容两端电压达到一定值时,充电接触器触点闭合,短接充电限流电阻。

充电限流电路的常见故障如下:

①充电接触器触点接触不良,会使主电路的输入电流始终流过限流电阻,主电路电压会下降,使变频器出现欠电压故障,限流电阻会因长时间通过电流而易烧坏。

②充电接触器触点短路不能断开,在开机时充电限流电阻不起作用,整流电路易被过大的开机电流烧坏。

③充电接触器绕组开路或接触器控制电路损坏,触点无法闭合,主电路的输入电流始终流过限流电阻,限流电阻易烧坏。

④充电限流电阻开路,主电路无直流电压,高压指示灯不亮,变频器面板无显示。

对于一些采用晶闸管的充电限流电路,晶闸管相当于接触器触点,晶闸管控制电路相当于接触器绕组及控制电路,其故障特点同上。

3. 滤波电路故障

滤波电路的作用是接受整流电路的充电而得到较高的直流电压,再将该电压作为电源供给逆变电路。

滤波电路的常见故障如下:

①滤波电容老化、容量变小或开路,会使主电路电压下降,当容量低于标称容量的 85%时,变频器的输出电压低于正常值。

②滤波电容漏电或短路,会使主电路输入电流过大,易损坏接触器触点、限流电阻和整流电路。

③均压电阻损坏,会使两只电容承受电压不同,承受电压高的电容易先被击穿,然后另一个电容承受全部电压也被击穿。

4. 制动电路故障

在变频器减速过程中,制动电路导通,让再生电流回流电动机,增加电动机的制动转矩,同时也释放再生电流对滤波电容过充的电压。

制动电路的常见故障如下:

①制动管或制动电阻开路,制动电路失去对电动机的制动功能,同时滤波电容两端存在过高电压,易损坏主电路中的元器件。

②制动管短路,制动电阻一直处于通电状态。一方面直流母线电压会降低,出现欠电压;另一方面,制动电阻容易烧坏。

5. 逆变电路

逆变电路是主电路中故障率最高的电路。

逆变电路的常见故障如下:

①6 个开关器件中只要有 1 个器件损坏,就会造成输出电压抖动、断相或无输出电压的现象。

②同一桥臂的 2 个开关器件同时短路,则会使主电路的 P、N 之间直接短路,充电接触器触点、整流电路会有过大的电流通过而被烧坏。

③很多逆变电路的故障实际上是与驱动电路相关的,因此分析、检修逆变电路故障的同时,一定要检查驱动电路。

三、主电路检修方法

1. 不带电检修

由于主电路电压高、电流大,如果在主电路未排除故障前通电检修,有可能使电路的故障范围进一步扩大。为了安全起见,在检修时通常先不带电检修,然后带电检修。

(1)整流电路(模块)的检修

整流电路由 6 个整流二极管组成,有的变频器将 6 个二极管做成一个整流模块。从图 4-2-2可以看出,整流电路输入端接外部的 R、S、T 端子,上桥臂输出端接 P_1 端子,下桥臂输出端接 N 端子,故检修整流电路可不用拆开变频器外壳。检修过程如下:

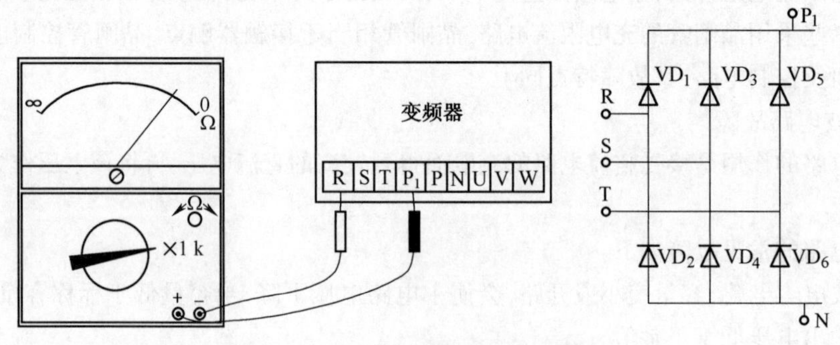

图 4-2-2　变频器整流电路检修

万用表拨至 $R\times1$ k 挡,红表笔接 P_1 端子,黑表笔依次接 R、S、T 端子,测量上桥臂 3 个二极管的正向电阻,然后调换表笔,测量上桥臂的 3 个二极管的反向电阻。用同样的方法测 N 与 R、S、T 端子间下桥臂的 3 个二极管的正、反向电阻。

对于一个正常的二极管，其正向电阻小、反向电阻大。若测得正、反向电阻都为无穷大，则被测二极管开路；若测得正、反向电阻都为 0 或电阻值很小，则被测二极管短路；若测得正向电阻偏大、反向电阻偏小，则被测二极管性能不良。

（2）逆变电路（模块）的检修

逆变电路由 6 个 IGBT（或晶体管）组成，有的变频器将 6 个 IGBT 及有关电路做成一个逆变模块。从图 4-2-3 可以看出，逆变电路输出端接外部的 U、V、W 端子，上桥臂输入端接 P 端子，下桥臂输入端接 N 端子，故检测逆变电路可不用拆开变频器外壳。由于正常的 IGBT 的 C 极和 E 极之间的正、反向电阻均为无穷大，故检测逆变电路时可将 IGBT 视为不存在，逆变电路的检修与整流电路相同。

逆变电路的检修流程如下：

万用表拨至 $R\times1$ k 挡，红表笔接 P 端子，黑表笔依次接 U、V、W 端子，测量上桥臂的 3 个二极管的正向电阻和 IGBT 的 E 极和 C 极之间的电阻，然后调换表笔，测上桥臂的 3 个二极管的反向电阻，和 IGBT 的 C 极和 E 极之间的电阻。用同样的方法测量 N 与 U、V、W 端子间的下桥臂 3 个二极管和 IGBT 的电阻。

对于一个正常的桥臂，IGBT 的 C 极和 E 极之间正、反向电阻均为无穷大，而二极管的正向电阻小、反向电阻大。若测得某桥臂正、反向电阻都为无穷大，则被测桥臂的二极管开路；若测得正、反向电阻都为 0 Ω 或电阻值很小，则可能是被测桥臂二极管短路或 IGBT 的 C 极和 E 极之间短路；若测得正向电阻偏大、反向电阻偏小，则被测二极管性能不良或 IGBT 的 C 极和 E 极之间漏电。

在采用上述方法检测逆变电路时，只能检测二极管是否正常及 IGBT 的 C 极和 E 极之间是否短路。如果需要进一步确定 IGBT 是否正常，可打开机器测量逆变电路 IGBT 的 G 极和 E 极之间的正、反向电阻，如果取下驱动电路与 G 极和 E 极之间的连线测量，G 极和 E 极之间的正、反向电阻应均为无穷大，若不符合，则所测 IGBT 损坏。如果在驱动电路与 G 极和 E 极保持连接的情况下测量，G 极和 E 极之间的正、反向电阻为几千欧到十几千欧。由于逆变电路具有对称性，上桥臂的 3 个 IGBT 的 G 极和 E 极之间电阻相同，下桥臂的 3 个 IGBT 的 G 极和 E 极之间电阻相同，如果某个桥臂 IGBT 的 G 极和 E 极之间的电阻与其他 2 个差距很大，则可能是该 IGBT 损坏或该路驱动电路有故障。

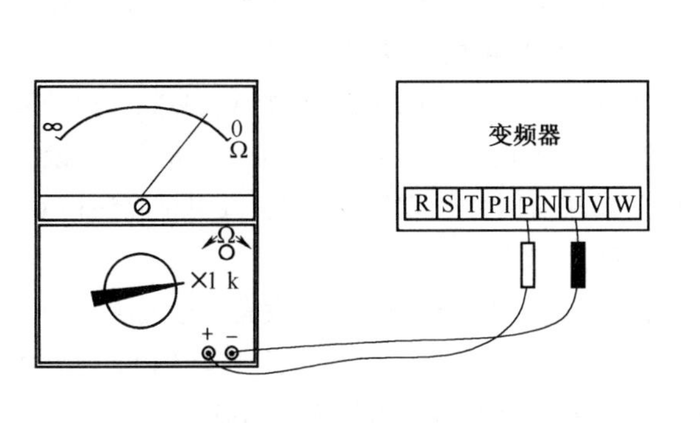

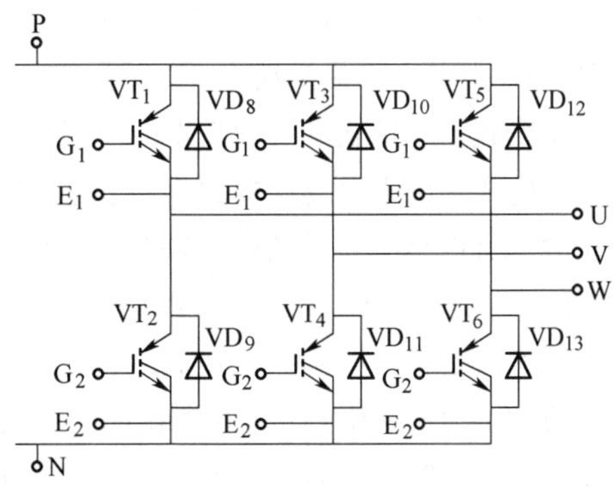

图 4-2-3　逆变电路的检修

2. 带电检修

逆变模块与驱动电路在故障上有极强的关联性。逆变模块炸坏后,驱动电路势必受到冲击而损坏;逆变模块的损坏也可能正是因驱动电路的故障而引起的。因而驱动电路和逆变输出电路任何一个发生故障时,都必须将它们同时检查。主电路通电试机,必须在确定驱动电路能正常输出 6 路激励脉冲的前提下进行。检查驱动电路正常后,将损坏的逆变模块换掉,才能通电试机。

整机装配后的通电试机必须慎重。必须采取相应的保护措施,以保证在异常出现时,新换的 IGBT 模块不至于损坏。方法是接入 2 只 25 W 交流 220 V 灯泡,作为限流。

将图 4-2-4 中 P(+)与 P 之间断开,电路中为一段连接铜排,即将三相逆变电路的正供电端断开。注意,断开点必须在储能电容之后。假定在 KM 或 P 之处断开,储能电容上存储的电量会在逆变电路故障发生时,释放足够的能量将逆变模块炸毁。然后,在断开处串联 2 只 25 W 交流 220 V 灯泡,因变频器直流电压约为 530 V,1 只灯泡的耐压不够,需串联 2 只灯泡以满足耐压要求。即使逆变电路有短路故障存在,因灯泡限流,可将逆变电路的供给电流限于 100 mA 以内,逆变模块也不会再有损坏的危险。

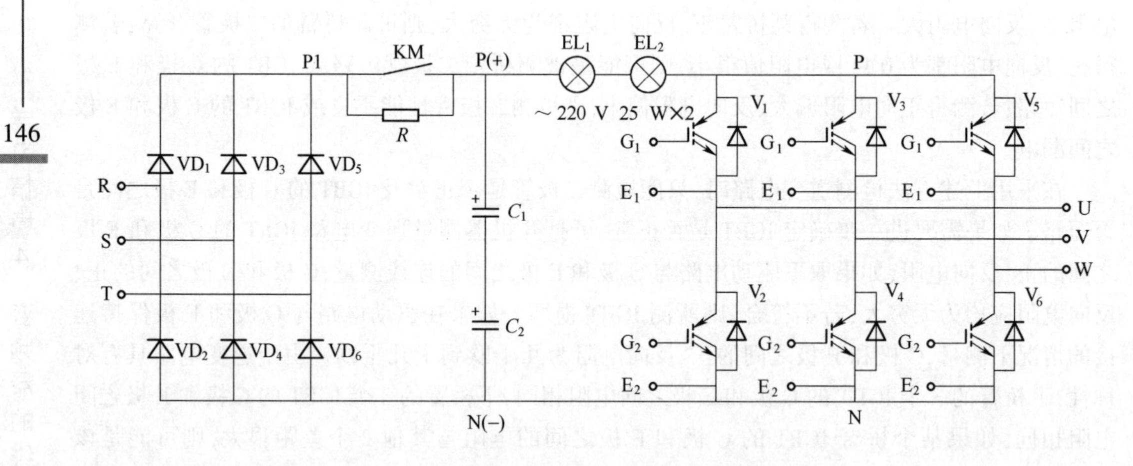

图 4-2-4 变频器逆变电路的带电检修电路接线图

在变频器空载情况下,即 U、V、W 端子不接任何负载,先切断驱动电路的模块 OC 信号输出回路, PU 出现停机保护动作,则中断试机过程。再通电后可能出现如下情况:

①变频器在停机状态,灯泡亮。3 个模块中有 1 个上、下臂 IGBT 漏电,如 V_1 或 V_2。这种漏电在低电压情况下不易暴露,如万用表不能测出,但引入直流高压后,出现了较大的漏电,说明模块内部有严重的绝缘缺陷。购买的拆机品中的模块有时候出现这种情况,可用排除法检修,如拆除 U 相模块(V_1、V_2)后灯泡不亮了,说明该模块已损坏。

②通电后,灯泡不亮,但接收运行信号后,灯光随频率的上升同步闪烁发亮。这说明三相逆变模块中,出现一相上臂或下臂 IGBT 损坏。如当 V_1 受激励信号而导通时,已损坏的 V_2 与导通的 V_1 一起形成了对供电电源的短路。2 只串联灯泡接 530 V 直流电压而发出亮光。

③通电后,灯泡不亮,接收运行信号后,灯泡仍不亮。用指针式万用表的交流 500 V 挡,测量 U、V、W 端子输出电压其电压值,其电压值随频率上升而均匀上升,三相输出电压平衡。这

说明逆变输出模块基本上是好的,可以带负载试验。

④通电后,灯泡不亮,起动变频器后,灯泡仍不亮。测量三相输出电压,不平衡,严重偏相。故障原因:某一臂 IGBT 内部已呈开路性损坏;某一臂 IGBT 导通内阻变大,接近开路状态。

任务实施

①书面整理主电路引起的过电流、欠电压故障的诊断流程图。

②主电路模拟故障排除操作。在变频器维修平台上,指导教师设置模拟故障点,学生根据故障现象排除故障、恢复正常工作,并填写检修工作单。

学习小结

变频器由主电路单元、驱动控制单元、中央处理单元、保护与报警单元、参数设定与监视单元等组成,主电路主要由整流电路、直流中间电路和逆变器 3 部分组成。直流中间电路位于整流电路和逆变电路之间,主要包括滤波电路、均压电路、开启电流吸收回路、电源指示电路和制动电路等。主电路是变频器故障率最高的部分。

自我评估

①为什么变频器的输入端与输出端不允许接反?如果接反,会出现什么后果?

②简述变频器主电路的常见故障及其可能的原因。

③滤波电容两端为什么要接 2 个电阻?

任务 3　接口电路维修

任务描述

变频器的接口电路主要包括数字量输入接口、数字量输出接口、模拟量输入接口、模拟量输出接口和通信接口。通过本任务的学习,达到以下要求:

①熟悉变频器主要接口电路的电气特性。

②掌握变频器主要接口电路的检测方法。

知识准备

一、变频器主要接口电路

变频器有大量的输入/输出端子,图 4-3-1 所示为典型的变频器输入/输出端子图,除了 R、S、T、U、V、W、P_1、P、N 端子内接主电路外,其他端子大多通过内部接口电路与 CPU 连接,可分为 3 类:数字量输入/输出端子、模拟量输入/输出端子和 RS-485 通信接口。

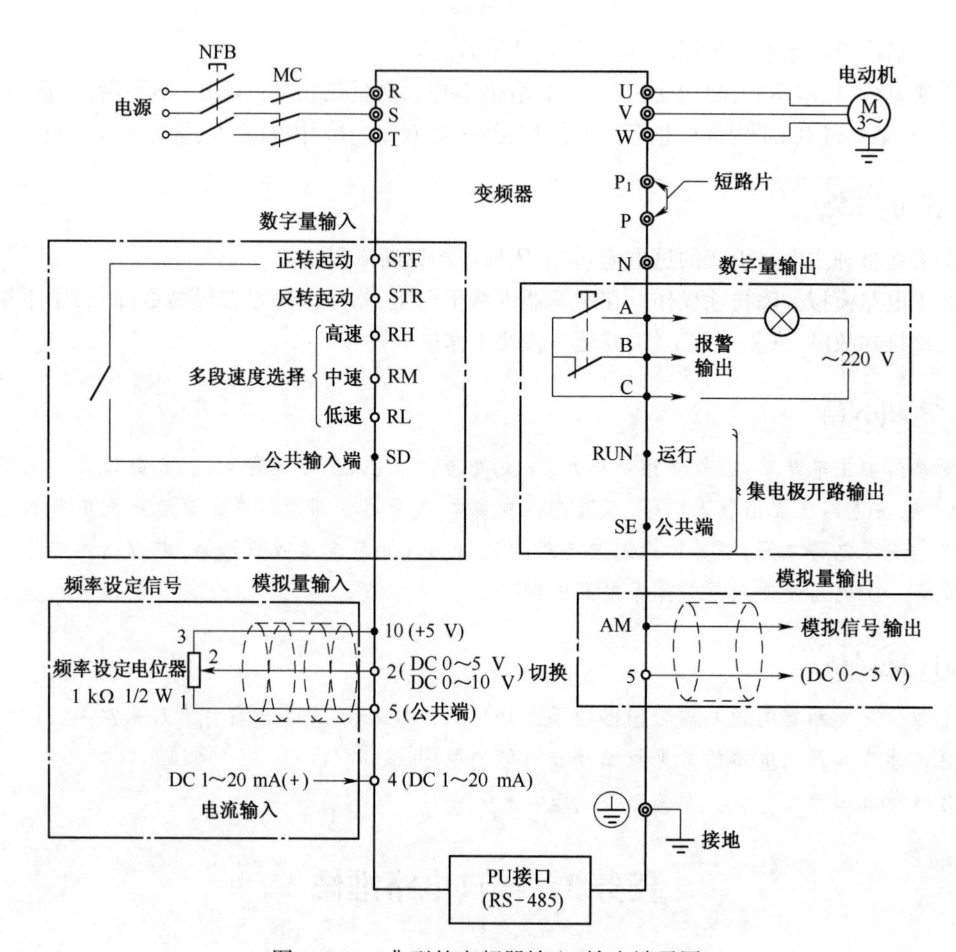

图 4-3-1　典型的变频器输入/输出端子图

二、数字量端子接口电路及检修

数字量端子又称开关量端子，用于开关量的输入或输出，如 STF、STR、RH、RM、RL 端为数字量输入端子，A、B、C、RUN 端为数字量输出端子，当 STF、SD 端子之间的开关闭合时，变频器的 STF 端子输入为 ON，变频器驱动电动机正转；如果 A 端输出为 ON，则 A、C 端子内部开关闭合，A 端外接灯泡会被点亮，由于 A、B 端子内部开关是联动的，A、C 端子内部接通时 B、C 端子内部断开。RUN 端为集电极开路输出，其外接负载时需要接通电阻或电源，否则输出晶体管不能导通。

1. 数字量接口电路分析

图 4-3-2 所示为数字量输入接口电路。以 S_1 路为例。当 S_1 与 COM 接通，S_1 输入0 V，光耦合器 PS2703K 的发光二极管导通，发光二极管发光，光耦合器的输出晶体管导通，输出 0 V；当 S_1 与 COM 断开，光耦合器 PS2703K 的发光二极管截止，发光二极管不发光，光耦合器的输出晶体管截止，输出 5 V。由此可见，接口电路的作用：

①实现电压转换，把外部输入的 24 V 电压转换为 5 V 电压。

②实现电气隔离，防止外部干扰进入 CPU。

③实现限流和信号滤波，R_{123} 和 C_{65} 组成阻容滤波电路，R_{182} 为限流电阻。

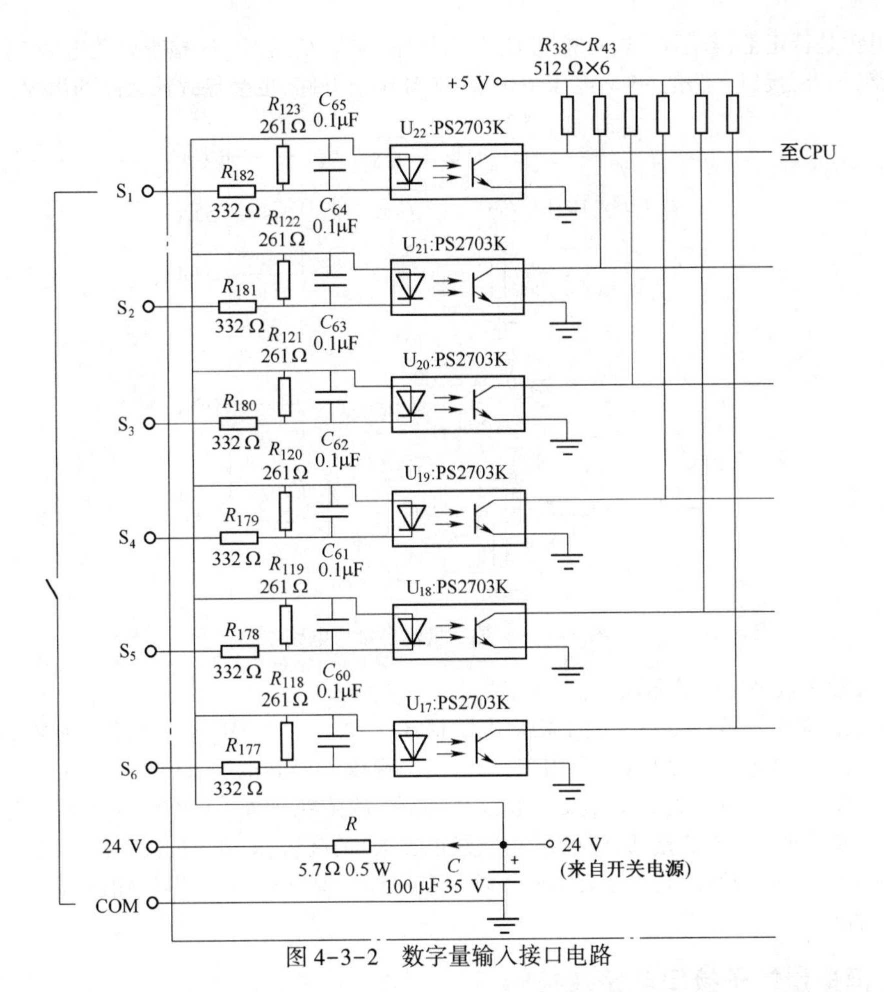

图 4-3-2　数字量输入接口电路

图 4-3-3 所示为数字量输出接口电路，以 READY 这一路为例分析，READY 为+5 V，晶体管 VT_4 导通，继电器 K_2 绕组得电，触点开关 K_2 闭合。由此可见，晶体管 VT_4 实际上就是继电器 K_2 的驱动电路。

2. 数字量接口电路故障检修

数字量接口电路的常见故障主要有：

(1)某一数字量输入端子的输入无效

这种故障是由该数字输入端子接口电路损坏所致。以 S_1 端子输入无效为例，检查时测量光耦合器接到 CPU 的引脚，正常应为高电平，然后将 S_1 端子外接开关闭合，CPU 对应引脚电压应降为低电平，如果闭合开关后 CPU 对应引脚电压仍为高电平，则可能是 R_{182} 开路、光耦合器 U_{22} 短路、R_{123} 短路、C_{65} 短路等。

大部分的故障均来自光耦合器电路，因此，可通过测量数字输入端子的对地电阻或对电源端的电阻来判别。

由于大多数变频器的数字量输入端子均可通过参数设置改变该端子的功能，因此，当某一输入端子无效时，可通过设置参数，用另一空闲的输入端子来临时替代。

(2)所有的数字量输入端子均无效

这种故障是由数字量输入端子公共电路损坏所致。先检测数字量输入端子接口电路的

+24 V 电源是否正常，若不正常，可检测 C_8 是否短路，如果 C_8 正常，应检查开关电源 24 V 电压输出电路，另外，接口电路的+5 V 电压不正常、COM 端子开路，也会导致该故障的出现。

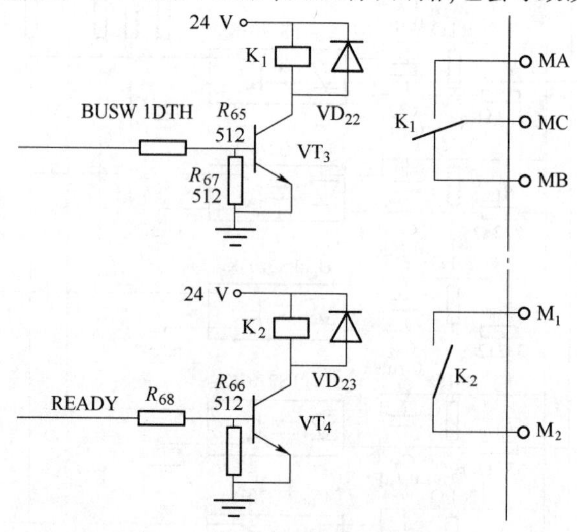

图 4-3-3　数字量输出接口电路

(3)某数字量输出端子无输出

这种故障是由该数字量输出端子接口电路损坏所致。以 M_1、M_2 端子为例，在 VT_4 的基极与+5 V电源之间串联一个 2 kΩ 的电阻，为 VT_4 基极提供一个高电平，同时测量 M_1、M_2 端子是否接通，如果两端子接通，表明 VT_4 及继电器 K_2 正常，故障在于 R_{68}开路或 CPU 对应引脚内部电路损坏，如果两端子不能接通，应检查 VT_4、继电器 K_2 的绕组、K_2 的输出触点和 2 个端子。在确定某输出端是否有故障前，一定要明确该端子在何种情况下有输出，即该输出端子的功能参数设置是否正确。

三、模拟量端子接口电路及检修

1. 模拟量端子接口电路分析

模拟量端子用于输入或输出连续变化的电压或电流，如图 4-3-4 所示。

FS 为频率设定电源输出端，变频器内部 24V 电压送入 U_9 的 1 引脚，经稳压调整后从 7 引脚输出 10 V 电压，再送到 FS 端子。

FV 为频率/电压设定输入端子，该端子可以输入 0~10 V 电压，电压先经 R_{17}和 R_{18}分压成0~5 V电压，再由 U_{23}：LF347a 送到 CPU 的 50 引脚，FV 端子输入电压越高，CPU 的 50 引脚输入电压也越高，CPU 会送出高频率的驱动脉冲去逆变电路，驱动逆变电路输出高频率的三相电源，提高电动机转速。在采用电压方式调节输出频率时，通常在 FS 端子和模拟量公共端子之间接一个 1 kΩ 的电位器，电位器的滑动端接 FV 端子，调节电位器即可调节变频器输出三相电源的频率。

FI 为频率/电流设定输入端子，该端子可以输入 0~20 mA 电流，电流在流入 R_{20}、R_{172}、R_{173}时，在电阻上会得到 0~5 V 的电压，电压经 U_{23}：LF347b 送到 CPU 的 49 引脚，FI 端子输入电流越大，CPU 的 49 引脚输入电压越高，CPU 送出驱动脉冲使逆变电路输出高频率的三相电源，让电动机转速变快。该接口电路实际上就是一个电流/电压变换电路。

AM 为模拟信号输出端子，可以输出 0~10 V 电压，常用于反映变频器输出电源的频率，输出电压越高，表示输出电源频率越高，当该端子外接量程 10 V 的电压表时，可以通过该表监视变频器输出电源的频率变化情况。

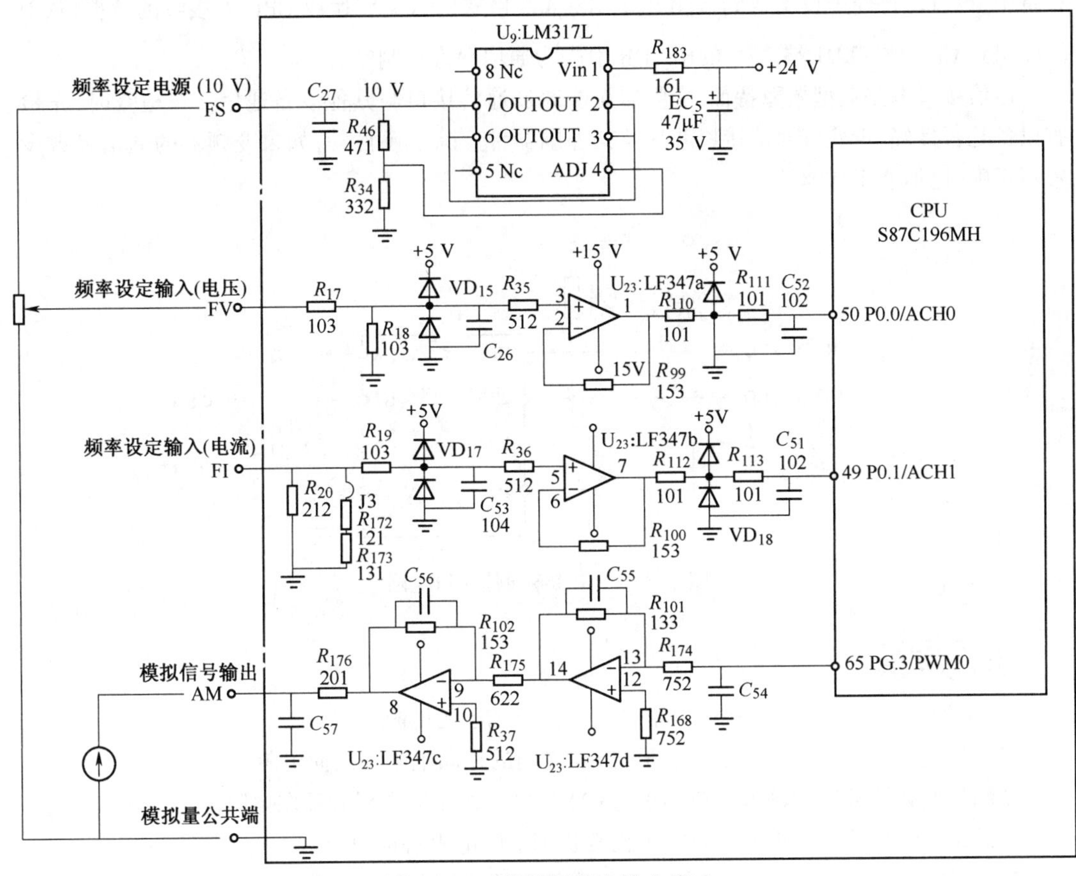

图 4-3-4　模拟量输入输出接口

2. 模拟量端子接口电路故障检修

模拟量端子接口电路的常见故障主要有：

(1)使用模拟输入端子无法调节变频器的输出频率

该故障是由该模拟量输入接口电路损坏所致。以 FV 端子为例，如果调节 FV 端子外接电位器无法调节变频器的输出频率，先测量 FS 端子有无 10 V 电压输出，若无电压输出，可检查稳压器 U_9 及外围元器件，若 FS 端子有 10 V 电压输出，可调节 FV 端子外接的电位器，同时测量 CPU 50 引脚电压，正常情况下，50 引脚电压有变化，若电压无变化，故障应出现在 FV 端子至 CPU 50 引脚之间的电路，如 R_{17}、R_{35}、R_{110}、R_{111} 开路，C_{26}、C_{52} 短路，或者 U_{23}：LF347a 及外围元器件损坏。

(2)模拟信号端子无信号输出

该故障是由模拟量输出接口电路损坏所致。在调节变频器输出频率时，AM 端子电压应发生变化，如果电压不变，可进一步测量 CPU 的 65 引脚电压是否变化，若电压变化，故障应出现在 CPU 的 50 引脚至 AM 端子之间的电路，如 R_{174}、R_{176} 开路，C_{54}、C_{57} 短路，U_{23}：LF347C、U_{23}：LF347d 及外围元器件损坏。

3. 通信接口及检修

变频器的通信接口通常采用 RS-485 接口，如图 4-3-5 所示。U_6(15176B)为 RS-485 收发接口芯片。它能将 CPU 发送到 R 端的数据转换成 RS-485 格式的数据，再从 A、B 端送到外围设备中,也可以将外围设备送到 A、B 端的 RS-485 格式的数据转换成 CPU 可接收的数据,从 D 端输出到 CPU 的 TXD1 端。U_6 的$\overline{RE}$、DR 引脚为通信允许控制端。

通信接口电路典型故障特征:变频器无法通过通信接口与其他设备通信。在检查时,先检查设备是否良好,再检查通信接口芯片及其外围器件。除了硬件外,如果变频器的通信参数设置不正确,也不能正常通信。

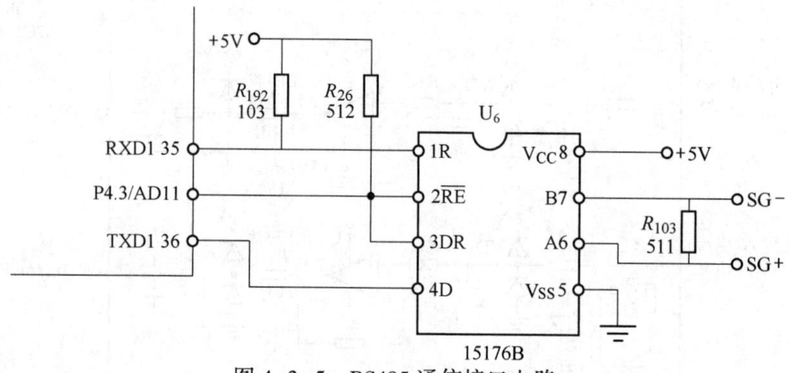

图 4-3-5　RS485 通信接口电路

任务实施

1. 结合图 4-3-1,测量变频器数字量输入接口端子的电阻

①测量变频器数字量输入接口端子与 SD 之间的正向电阻和反向电阻。

②测量变频器数字量输入接口端子与+24 V 之间的正向电阻和反向电阻。

③总结变频器数字量输入接口端子正常状态下的电阻特征值。

2. 结合图 4-3-1,测量变频器数字量输出接口端子的电阻

①测量变频器数字量输出接口端子 RUN、FU 与 SE 之间的正向电阻和反向电阻。

②总结变频器数字量输出接口端子正常状态下的电阻特征值。

3. 结合图 4-3-1,测量变频器模拟电压输入端 5 引脚的电阻

①测量变频器模拟电压输入端 2 引脚与模拟输入地 5 引脚之间的正向电阻和反向电阻。

②测量变频器模拟电压输入端 2 引脚与模拟输入电源 10 引脚之间的正向电阻和反向电阻。

③总结变频器模拟电压输入端 2 引脚正常状态下的电阻特征值。

4. 结合图 4-3-1,测量变频器模拟电流输入端 4 引脚的电阻

①测量变频器模拟电压输入端 4 引脚与模拟输入地 5 引脚之间的正向电阻和反向电阻。

②测量变频器模拟电压输入端 4 引脚与模拟输入电源 10 引脚之间的正向电阻和反向电阻。

③总结变频器模拟电压输入端 4 引脚正常状态下的电阻特征值。

5. 结合图 4-3-1,测量变频器模拟电输出端 AM 引脚的电阻

①测量变频器模拟输出端 AM 引脚与模拟输出地 5 引脚之间的正向电阻和反向电阻。

②总结变频器模拟电压输入端 4 引脚正常状态下的电阻特征值。

学习小结

变频器的接口电路主要包括数字量输入接口、数字量输出接口、模拟量输入接口、模拟量输出接口和通信接口。数字量输入接口通常采用光耦合器芯片实现电气隔离、电平转换等,数字

量输出接口有继电器输出和晶体管集电极开路输出 2 种类型。模拟量输入输出接口通常采用运算放大器芯片实现信号变换、滤波等。

①简述变频器数字量输入接口电路中光耦合器芯片的主要作用。

②假设某变频器的正转输入端子功能失效,设计该故障的检修方法。

任务 4　日常维护与保养

对变频器进行定期维护与检查有利于延长变频器的使用寿命。通过本任务的学习要达到以下要求:

①熟悉变频器维护的主要内容及注意事项。

②了解变频器的常见故障及原因。

一、变频器维护的主要内容

尽管新一代通用变频器的可靠性已经很高,但如果使用不当,仍可能发生故障或出现运行状况不佳的情况,从而缩短设备的使用寿命。如果使用合理、维护得当,则能延长变频器的使用寿命,并减少因突发故障造成的生产损失。因此,变频器的日常维护与检查是不可缺少的,变频器的维护与定期检查见表 4-4-1。

表 4-4-1　变频器的维护与定期检查

检查部位	检查项目	检查事项	检查周期		检查方法	使用仪器	判定基准
			日常	定期1年			
整机	周围环境	确认周围温度、湿度、有毒气体、油雾等	√		注意检查现场情况是否与变频器防护等级相匹配;是否有灰尘、水蒸气、有害气体影响变频器;通风或换气装置是否完好	温度计、湿度计、红外线温度测量仪	温度在-10~40 ℃、湿度在 90%以下,不凝露。如有积尘,应用压缩空气清扫,并考虑改善安装环境
	整机装置	是否有异常振动、温度、声音等	√		观察法和听觉法,振动测量仪	振动测量仪	无异常
	电源电压	主回路电压、控制电源电压是否正常	√		测定变频器电源输入端子排上的相间电压和不平衡度	万用表、数字式多用仪表	根据变频器的不同电压级别测量线电压,不平衡度≤30%

续表

检查部位	检查项目	检查事项	检查周期		检查方法	使用仪器	判定基准
			日常	定期1年			
主回路	整体	检查接线端子与接地端子间的电阻		√	①拆下变频器接线，将端子R、S、T、U、V、W一起短路，用绝缘电阻表测量它们与接地端子间的绝缘电阻。 ②加强紧固件。 ③观察导体条、导线是否连接良好，是否有破损。 ④清扫各个部位	500 V绝缘电阻表	①接地端子之间的绝缘电阻应大于5 MΩ。 ②没有异常。 ③无油污
		各个接线端子有无松动		√			
		各个零件有无过热的迹象		√			
		清扫	√				
	连接导体、导线	导体有无移位		√	观察法	—	没有异常
		电线表皮有无破损、劣化、裂缝、变色等		√			
	变压器、电抗器	有无异味、异常声音	√	√	观察法和听觉法	—	没有异常
	端子排	有无脱落、损伤和锈蚀		√	观察法	—	没有异常。如有锈蚀应清洁，并减少湿度
	IGBT模块整流模块	检查各端子间电阻、测漏电流		√	拆下变频器接线，在端子R、S、T与PN间，U、V、W与PN间用万用表测量电阻值	指针式万用表、整流型电压表	—
	滤波电容	有无漏液		√	观察法；用电容表测量	电容表、LCR测量仪	①没有异常。 ②测定容量为额定容量的85%以上。与接地端子的绝缘电阻不少于5 MΩ，有异常时及时更换，一般使用寿命为5年
		安全阀是否突出、表面是否有膨胀现象	√				
		测定电容量和绝缘电阻		√			
	继电器、接触器	动作时是否有异常声音		√	观察法；用万用表测量	指针式万用表	没有异常；有异常时及时更换新件
		接点是否有氧化、粗糙、接触不良等现象		√			
	电阻	电阻的绝缘是否损坏		√	①观察法； ②对可疑点的电阻拆下一侧连接，用万用表测量	万用表、数字式多用仪表	①没有异常。 ②误差在标称阻值的±10%以内。有异常时，应及时更换新件
		有无断线	√	√			

续表

检查部位	检查项目	检查事项	检查周期 日常	检查周期 定期1年	检查方法	使用仪器	判定基准
控制回路、电源、驱动与保护回路	动作检查	变频器单独运行		√	①测量变频器输出端子U、V、W相间电压。各相输出电压是否平衡。 ②模拟故障，观察或测量变频器保护回路输出状态	数字式多用仪表、整流型电压表	①相间电压平衡，200 V级在4 V以内、400 V级在8 V以内。各相之间的差值应在2%以内。 ②显示正确、动作正确
		顺序做回路保护动作试验、显示，判断保护回路是否常		√			
	零件	全体：有无异味、变色		√	观察法	—	没有异常。如铝电解电容顶部有凸起，中部有膨胀，应及时更换
		全体：有无明显锈蚀		√	观察法		
		铝电解电容：有无漏液、变形现象		√			
冷却系统	冷却风扇	有无异常振动、声音	√	√	①在不通电时用手拨动旋转。 ②加强固定。 ③必要时拆下清扫	—	没有异常。有异常时，应及时更换新件，一般使用2~3年应考虑更换
		接线有无松动	√	√			
		清扫	√	√			
显示	LED显示	显示是否缺损或变淡	√		①LED的显示是否有断点。 ②用棉纱清扫	—	确认其能发光。显示异常或变暗时更换新的显示板
		清扫		√			
	外接仪表	指示值是否正常	√		确认盘面仪表的指示值满足规定值	电压表、电流表等	指示正常
电动机	全部	是否有异常振动、温度和声音	√	√	①听觉，触觉，观察。 ②过热等产生的异味。 ③清扫	—	①没有异常。 ②无污垢、油污
		是否有异味	√	√			
		清扫	√	√			
	绝缘电阻	全部端子与接地端子之间、外壳对地之间	√		拆下U、V、W的连接线，包括电动机接线在内。用绝缘电阻表测量电动机接线端子与接地端子外壳对地之间的绝缘电阻	500 V绝缘电阻表	≥5 MΩ

二、日常维护与检查

日常检查和定期检查的主要目的是尽早发现异常现象，排除事故隐患，如清除尘埃，检查紧固件是否松动等。在通用变频器运行过程中，可以从设备外部目视检查运行状况有无异常，通过键盘面板转换键查阅变频器的运行参数，如输出电压、输出电流、输出转矩、电动机转速等，掌握变频器日常运行值的范围，以便及时发现变频器及电动机的问题。

日常检查包括不停止通用变频器运行或不拆卸其盖板进行通电和起动试验，通过目测通用

变频器的运行状况,确认有无异常情况,通常检查如下内容:

①键盘面板显示是否正常,是否缺少字符。仪表指示是否正确,是否有振动、振荡等现象。

②冷却风扇部分是否运转正常,是否有异常声音等。

③变频器及引出电缆是否有过热、变色、变形、异味、噪声、振动等异常情况。

④变频器周围环境是否符合标准规范,温度与湿度是否正常。

⑤变频器的散热器温度是否正常,电动机是否有过热、异味、噪声、振动等异常情况。

⑥变频器控制系统是否有集聚尘埃的情况。

⑦变频器控制系统的各连接线及外围电气元件是否有松动等异常现象。

⑧检查变频器的进线电源是否异常,电源开关是否有电火花、缺相,引线压接螺栓是否松动,电压是否正常等。

变频器属于静止电源型设备,其核心部件基本上可以视为免维护部件。在日常运行中,可能引起系统失效的因素主要是操作失当、散热条件变化以及部分损耗件的老化和磨损。

对于常见的操作失当,在设计中应该通过控制逻辑加以防止,对于个别操作人员的偶然性操作不当,通过对操作规范的逐步熟悉也会逐渐减少。

散热条件的变化,主要是粉尘、油雾等吸附在逆变器和整流器的散热片以及印制电路板表面,使这些部件的散热能力降低所致。印制电路板表面的积污还会降低表面绝缘,产生电气故障。此外,柜体散热风机或者空调设备的故障以及变频器内部散热风机的故障,也会对变频器散热条件产生严重影响。

在日常运行维护中,每班运行前都应该对柜体风机、变频器散热风机以及柜用空调是否正常工作进行直观检查,发现问题及时处理。运行期间,应该不定期检查变频器散热片的温度,通过数字面板的监视参数可以完成这项检查。如果在同样负载情况以及同样环境温度下发现温度高于往常的现象,很可能是散热条件发生了变化,要及时查明原因。

经常检查输出电流,如果输出电流有在同样工况下高于往常的现象,也应查明原因。例如,机械设备方面的因素、电动机方面的因素、变频器设置被更改、变频器隐性故障等。

监视参数中没有散热片温度或者类似参数的变频器,可以将预警温度值降到默认值以下,观察有无预警报警信号,此时应将预警发生后变频器的动作方式设置为继续运行。

振动通常是由于电动机的脉动转矩及机械系统的共振引起的,特别是当脉动转矩与机械系统的共振点恰好一致时更为严重。振动是通用变频器的电子器件造成机械损伤的主要原因。对于振动冲击较大的场合,应在保证控制精度的前提下,调整通用变频器的输出频率和载波频率,使脉冲转矩尽量小,或通过调试确认机械系统的共振点,利用通用变频器的跳跃频率功能使机械系统的共振点排除在运行范围之外。除此之外,也可采用橡胶垫减振等措施。

潮湿、腐蚀性气体及尘埃等会造成电子器件生锈、接触不良、绝缘部分电阻降低,甚至形成短路故障。作为防范措施,必要时可对控制电路板进行防腐、防尘处理,并尽量采用封闭式开关柜结构。

温度是影响通用变频器电子器件使用寿命及可靠性的重要因素,特别是半导体开关器件,若结温超过规定值将立刻造成器件损坏。因此,应根据装置要求的环境条件使通风装置运行流畅并避免日光直射。另外,因为通用变频器输出波形中含有谐波,会不同程度地增加电动机的功率损耗,再加上电动机在低速运行时冷却能力下降,将造成电动机过热。电动机过热时,应对电动机进行强制冷却通风或限制运行范围,避开低速区。对于特殊的高寒场合,为防止通用变频器的微处理器因温度过低而不能正常工作,应采取设置空间加热器等必要措施。如果现场的海拔超过 1 000 m,气压降低,空气会变稀薄,将影响通用变频器的散热,系统冷却效果降低,因此需要注意负载率的变化。一般海拔每升高 1 000 m,应将负载电流下降 10%。

引起电源异常的原因很多,如配电线路受风、雪、雷击影响;同一供电系统内,其他地点出现对地短路及相间短路;附近有直接起动的大容量电动机及电热设备等引起电压波动。由自然因素造成的电源异常因地域和季节有很大差异。除电压波动外,有些电网或自发电供电系统也会出现频率波动,并且这些现象有时在短时间内重复出现。如果经常发生附近设备投入运行时电压降低的情况,应使通用变频器与供电系统分离,减小相互影响。对于要求瞬时停电后仍能继续运行的场合,除选择合适规格的通用变频器外,还应预先考虑负载电动机的降速比例,当电压恢复后,变频器通过检测并跟踪电动机的转速来防止再加速中的过电流。对于要求必须连续运行的设备,要对通用变频器加装自动切换的不停电电源装置。对于维护保养工作,应注意检查电源开关的接线端子、引线外观及电压是否有异常,如果有异常,应根据上述判断或排除故障。由自然因素造成的电源异常,因地域和季节有很大差异。雷击或感应雷击形成的冲击电压有时会造成通用变频器的损坏。此外,当电源系统变压器一次侧带有真空断路器,当断路器通断时也会产生较高的冲击电压,并耦合到二次侧形成很高的电压尖峰。为防止因冲击电压造成过电压损坏,通常需要在变频器的输入端加装压敏电阻等吸收器件,保证输入电压不高于通用变频器主回路器件所允许的最大电压。因此,维护保养时还应试验过电压保护装置是否正常。

三、定期检查

变频器需要作定期检查时,须在停止运行后切断电源打开机壳后进行。但必须注意,变频器即使切断了电源,主电路直流部分的滤波电容放电也需要时间,须待充电指示灯熄灭后,用万用表确认直流电压已降到安全电压,然后再进行检查。

运行期间应定期(如每 3 个月或 1 年)停机检查以下项目:

①功率元器件、印制电路板、散热片等表面有无粉尘、油雾吸附,有无腐蚀及锈蚀现象。粉尘吸附时可用压缩空气吹扫,散热片油雾吸附可用清洗剂清洗。出现腐蚀和锈蚀现象时要采取防潮、防蚀措施,严重时要更换受蚀部件。

②检查滤波电容和印制电路板上电解电容有无鼓肚变形现象,有条件时可测定实际电容值。出现鼓肚变形现象或者实际电容量低于标称值的 85%时,要更换新件。更换的电容要求电容量、耐压等级以及外形和连接尺寸与原件一致。

③散热风机和滤波电容属于变频器的损耗件,有定期强制更换的要求。散热风机的更换标准通常是正常运行 3 年,或者风机累计运行 15 000 h。若能够保证每班检查风机运行状况,也可以在检查发现异常时再更换。当变频器使用的是标准规格的散热风机时,只要风机功率、尺寸和额定电压与原件一致就可以使用。当变频器使用的是专用散热风机时,请向变频器厂家订购备件。滤波电容的更换标准通常是正常运行 5 年,或者变频器累计通电时间达30 000 h。有条件时,也可以在检测到实际电容量低于标称值的 85%时更换。

一般变频器的定期检查应每年进行 1 次,绝缘电阻检查可以 3 年进行 1 次。由于变频器是由多种部件组装而成的,某些部件经长期使用后,性能降低、劣化,这是故障发生的主要原因。为了长期安全生产,某些部件必须及时更换。变频器定期检查的目的,主要就是根据键盘面板上显示的维护信息,估算零部件的使用寿命,及时更换。

四、常见故障排除

故障分析及处理是一件实践性非常强的工作，需要不断积累经验。出现变频器故障时，有可能是外部因素引起的可恢复故障，也可能是变频器自身的器件故障。分析的主要依据是变频器内记录的故障代码，处理原则是说明书提供的指导性处理提示，如常见故障原因及处理一览表等。

下面对部分常见故障类型进行一些介绍，分析其可能的原因。表 4-4-2 列出了变频器的常见故障及原因。

表 4-4-2　变频器的常见故障及原因

故　障	原　　　因
过电流	过电流故障分以下情况： ①重新起动时，若升速后变频器跳闸，表明过电流很严重，一般是负载短路、机械部件卡死、逆变模块损坏或电动机转矩过小等引起。 ②通电后即跳闸，这种现象通常不能复位，主要原因是驱动电路损坏、电流检测电路损坏等。 ③重新起动时并不马上跳闸，而是加速时跳闸。主要原因可能是加速时间设置太短、电流上限设置太小或转矩补偿设定过大等
过电压	过电压报警通常出现在停机时，主要原因可能是减速时间太短或制动电阻及制动单元有问题
欠电压	欠电压是指主电路电压太低，主要原因可能是电源断相、整流电路的一个桥臂开路、内部限流切换电路损坏（正常工作时无法短路限流电阻，电阻上产生很大电压降，导致送到逆变电路的电压偏低），另外电压检测电路损坏会出现欠电压
过热	过热是变频器一种常见故障，主要原因可能是周围环境温度高、散热风扇停转、温度传感器不良或电动机过热等
输出电压不平衡	输出电压不平衡一般表现为电动机转速不稳、有抖动，主要原因可能是驱动电路损坏或电抗器损坏
过载	过载是一种常见的故障，出现过载时应先分析是电动机过载还是变频器过载。一般情况下，由于电动机过载能力强，只要变频器参数设置得当，电动机不易出现过载；对于变频器过载报警，应检查变频器输出电压是否正常

五、维护注意事项

在对变频器进行维护时，要注意以下事项：

①操作前必须切断电源，并且在主电路滤波电容放电完毕，电源指示灯熄灭后进行维护，以保证操作安全。

②在出厂前，变频器都进行了初始设定，一般不要改变这些设定，若改变了设定又需要恢复出厂设定，可对变频器进行初始化操作。

③变频器的控制电路采用了很多 CMOS 芯片，应避免用手接触这些芯片，防止手上的静电损坏芯片。若必须接触，应先释放手上的静电。

④严禁带电改变接线和拔插连接件。

⑤当变频器出现故障时，不要轻易通电，以免扩大故障范围，这种情况下可断电后用电阻法对变频器电路进行检测。

任务实施

①根据表 4-4-1 的要求,对变频器的风扇、散热片等进行检查和清洁,通过面板参数查看IGBT 模块的温度。

②根据表 4-4-1 的要求,对变频器内部的接线插头、插座进行检查,并做紧固处理。

③根据表 4-4-1 的要求,对变频器外部接线端子进行检查,并做紧固处理。

学习小结

变频器的维护与保养,主要包括日常检查和定期检查,主要目的是尽早发现异常现象,排除事故隐患等。在通用变频器运行过程中,可以从设备外部目视检查运行状况有无异常,通过键盘面板转换键查阅变频器的运行参数,如输出电压、输出电流、输出转矩、电动机转速等,掌握变频器日常运行值的范围,以便及时发现变频器及电动机的问题。

日常检查包括不停止通用变频器运行或不拆卸其盖板进行通电和起动试验,通过目测通用变频器的运行状况,确认有无异常情况。运行期间应定期停机检查功率元器件、印制电路板、散热片等表面有无粉尘、油雾吸附,有无腐蚀及锈蚀现象;检查滤波电容和印制电路板上电解电容有无鼓肚变形现象。散热风机和滤波电容属于变频器的损耗件,需要定期更换。散热风机的更换标准通常是正常运行 3 年,或者风机累计运行 15 000 h。滤波电容的更换标准通常是正常运行 5 年,或者变频器累计通电时间达 30 000 h。一般变频器的定期检查应每年进行 1 次,绝缘电阻检查可以 3 年进行 1 次。

自我评估

①简述变频器日常检查的主要内容。

②简述变频器定期检查的主要内容。

③为什么变频器切断电源后不能立刻进行维护?

④散热风机使用多长时间必须更换?

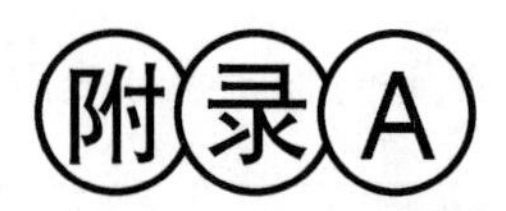

FR-A540/E540 变频器参数表

FR-A540 变频器与 FR-E540 变频器的参数大部分相同，表中带阴影部分参数为 FR-A540 特有，而 FR-E540 没有的参数，如 5 段 U/f 曲线设置、第三功能、工频变频切换、程序控制、顺序制动等。FR-A540/E540 变频器参数如表 A-1 所示。

表 A-1　FR-A540/E540 变频器参数

功能	参数号	名　称	设 定 范 围	最小设定单位	出厂设定
基本功能	0	转矩提升	0~30%	0.1%	6%/4%/3%/2%
	1	上限频率	0~120 Hz	0.01 Hz	120 Hz
	2	下限频率	0~120 Hz	0.01 Hz	0 Hz
	3	基本频率	0~400 Hz	0.01 Hz	50 Hz
	4	多段速设定(高速)	0~400 Hz	0.01 Hz	60 Hz
	5	多段速设定(中速)	0~400 Hz	0.01 Hz	30 Hz
	6	多段速设定(低速)	0~400 Hz	0.01 Hz	10 Hz
	7	加速时间	0~3 600 s/0~360 s	0.1 s/0.01 s	5 s/15 s
	8	减速时间	0~3 600 s/0~360 s	0.1 s/0.01 s	5 s/15 s
	9	电子过电流保护	0~500 A	0.01 A	额定输出电流
标准运行功能	10	直流制动动作频率	0~120 Hz,9 999	0.01 Hz	3 Hz
	11	直流制动动作时间	0~10 s,8 888	0.1 s	0.5 s
	12	直流制动电压	0~30%	0.1%	4%/2%
	13	起动频率	0~60 Hz	0.01 Hz	0.5 Hz
	14	适用负荷选择	0~5	1	0
	15	点动频率	0~400 Hz	0.01 Hz	5 Hz
	16	点动加/减速时间	0~3 600 s/0~360 s	0.1 s/0.01 s	0.5 s
	17	MRS 输入选择	0.2	1	0
	18	高速上限频率	120 Hz~400 Hz	0.01 Hz	120 Hz
	19	基本频率电压	0~1 000 V,8 888,9 999	0.1V	9 999
	20	加/减速参考频率	1~400 Hz	0.01 Hz	50 Hz
	21	加/减速时间单位	0.1	1	0
	22	失速防止动作水平	0~200%,9 999	0.1%	150%
	23	失速防止动作水平补偿系数(倍速时)	0~200%,9 999	0.1%	9 999
	24	多段速设定(速度 4)	0~400 Hz,9 999	0.01 Hz	9 999
	25	多段速设定(速度 5)	0~400 Hz,9 999	0.01 Hz	9 999
	26	多段速设定(速度 6)	0~400 Hz,9 999	0.01 Hz	9 999

续表

功能	参数号	名称	设定范围	最小设定单位	出厂设定
标准运行功能	27	多段速设定(速度7)	0~400 Hz,9 999	0.01 Hz	9 999
	28	多段速输入补偿	0.1	1	0
	29	加/减速曲线	0,1,2,3	1	0
	30	再生制动使用率变更选择	0,1,2	1	0
	31	频率跳变1A	0~400 Hz,9 999	0.01 Hz	9 999
	32	频率跳变1B	0~400 Hz,9 999	0.01 Hz	9 999
	33	频率跳变2A	0~400 Hz,9 999	0.01 Hz	9 999
	34	频率跳变2B	0~400 Hz,9 999	0.01 Hz	9 999
	35	频率跳变3A	0~400 Hz,9 999	0. 01 Hz	9 999
	36	频率跳变3B	0~400 Hz,9 999	0.01 Hz	9 999
	37	旋转速度表示	0.1~9 998	1	0
输出端子功能	41	频率到达动作范围	0~100%	0.1%	10%
	42	输出频率检测	0~400 Hz	0.01 Hz	6 Hz
	43	反转时输出频率检测	0~400 Hz, 9 999	0.01 Hz	9 999
第2功能	44	第2加/减速时间	0~3 600 s/0~360 s	0.1 s/0.01 s	5s
	45	第2减速时间	0~3 600 s/0~360 s,9 999	0.1 s/0.01 s	9 999
	46	第2转矩提升	0~30%,9 999	0.1%	9 999
	47	第2*U/f*(基本频率)	0~400 Hz,9 999	0.01 Hz	9 999
	48	第2失速防止动作电流	0~200%	0.1%	150%
	49	第2失速防止动作频率	0~400 Hz,9 999	0.01	0
	50	第2输出频率检测	0~400 Hz	0.01 Hz	30 Hz
显示功能	52	DU/PU主显示数据选择	0~20,22,23,24,25, 100	1	0
	53	PU水平显示数据选择	0~3,5~14,17,18	1	1
	54	FM端子功能选择	1~3, 5 ~14, 17,18, 21	1	1
	55	频率监视基准	0~400 Hz	0.01 Hz	50 Hz
	56	电流监视基准	0~500 A	0.01 A	额定输出电流
自动再启动功能	57	再起动自由运行时间	0,0.1~5 s,9 999	0.1 s	9 999
	58	再起动上升时间	0~60 s	0.1 s	1.08
附加功能	59	遥控设定功能选择	0,1,2	1	0
运行选择	60	智能模式选择	0~8	1	0
	61	智能模式基准电流	0~500A,9 999	0.01 A	9 999
	62	加速时电流基准值	0~200% ,9 999	0.1%	9 999
	63	减速时电流基准值	0~200%,9 999	0.1%	9 999

续表

功能	参数号	名称	设定范围	最小设定单位	出厂设定
运行选择	64	提升模式起动频率	0~10 Hz,9 999	0.01 Hz	9 999
	65	再试选择	0~5	1	0
	66	失速防止动作降低开始频率	0~400 Hz	0.01 Hz	50 Hz
	67	报警发生时再试次数	0~10,101~110	1	0
	68	再试等待时间	0~10 s	0.1 s	1 s
	69	再试次数显示和消除	0	—	0
	70	特殊再生制动使用率	0~15%/0~30%/0%	0.1%	0%
	72	PWM 频率选择	0~15	1	2
	73	0~5 V/0~10 V 选择	0~5,10~15,0	1	0
	74	输入滤波器时间常数	0~8	1	1
	75	复位选择/PU 脱离检测/PU 停止选择	0~3,14~17	1	14
	76	报警编码输出选择	0,1,2,3	1	0
	77	参数写入禁止选择	0,1,2	1	0
	78	逆转防止选择	0,1,2	1	0
	79	操作模式选择	0~8	1	0
电动机参数	80	电动机容量	0.4~55 kW,9 999	0.01 kW	9 999
	81	电动机极数	2,4,6,12,14,16,9 999	1	9 999
	82	电动机励磁电流	0~500 A,9 999	0.01 A	9 999
	83	电动机额定电压	0~1 000 V	0.1 V	400 V
	84	电动机额定频率	50~120 Hz	0.01 Hz	50 Hz
	89	速度控制增益	0~200%	0.1%	100%
	90	电动机常数(R_1)	0~50 Ω,9 999	0.001 Ω	9 999
	91	电动机常数(R_2)	0~50 Ω,9 999	0.001 Ω	9 999
	92	电动机常数(L_1)	0~50 Ω,9 999	0.1 mH	9 999
	93	电动机常数(L_2)	0~9 999	0.1 mH	9 999
	94	电动机常数(X)	0~9 999	0.1%	9 999
	95	在线自动调速选择	0.1	1	0
	96	自动调整设定/状态	0,1,101	1	0
V/F 5点可调整特性	100	U/f_1(第 1 频率值)	0~400 Hz,9 999	0.01 Hz	9 999
	101	U/f_1(第 1 电压值)	0~1 000 V	0.1 V	0
	102	U/f_2(第 2 频率值)	0~400 Hz,9 999	0.01 Hz	9 999
	103	U/f_2(第 2 电压值)	0~1 000 V	0.1V	0
	104	U/f_3(第 3 频率值)	0~400 Hz,9 999	0.01 Hz	9 999
	105	U/f_3(第 3 电压值)	0~1 000 V	0.1 V	0
	106	U/f_4(第 4 频率值)	0~400 Hz,9 999	0.01 Hz	9 999
	107	U/f_4(第 4 电压值)	0~1 000 V	0.1 V	0

续表

功能	参数号	名　　称	设定范围	最小设定单位	出厂设定
U/f 5点可调整特性	108	U/f_5(第5频率值)	0~400 Hz,9 999	0.01 Hz	9 999
	109	U/f_5(第5电压值)	0~1 000 V	0.1V	0
第3功能	110	第3加/减速时间	0~3 600 s/0~360 s,9 999	0.1 s/0.01 s	9 999
	111	第3减速时间	0~3 600 s/0~360 s,9 999	0.1 s/0.01 s	9 999
	112	第3转矩提升	0~30.0%,9 999	0.1%	9 999
	113	第3U/f(基本频率)	0~400 Hz,9 999	0.01 Hz	9 999
	114	第3失速防止动作电流	0~200%	0.1%	150%
	115	第3失速防止动作频率	0~400 Hz	0.01 Hz	0
	116	第3输出频率检测	0~400 Hz,9 999	0.01 Hz	9 999
通信功能	117	站号	0~31	1	0
	118	通信速率	48,96,192	1	192
	119	停止位长/字长	0,1(数据长8) 10,11(数据长7)	1	1
	120	有/无奇偶检验	0,1,2	1	2
	121	通信再试次数	0~10,9 999	1	1
	122	通信检验时间间隔	0,0.1~999.8s,9 999	0.1 s	0
	123	等待时间设定	0~150 ms,9 999	1 ms	9 999
	124	有/无CR,LF选择	0,1,2	1	1
PID控制	128	PID动作选择	10,11,20,21	—	10
	129	PID比例常数	0.1~1 000% ,9 999	0.1%	100%
	130	PID积分时间	0.1~3 600 s,9 999	0.1 s	1 s
	131	上限	0~100%,9 999	0.1%	9 999
	132	下限	0~100%,9 999	0.1%	9 999
	133	PU操作时的PID目标设定值	0~100%	0.01%	0%
	134	PID微分时间	0.01~10.00 s,9 999	0.01 s	9 999
工频切换功能	135	工频电源切换输出端子选择	0.1	1	0
	136	接触器(MC)切换互锁时间	0~100.0 s	0.1 s	1.0 s
	137	起动等待时间	0~100.0 s	0.1 s	0.5 s
	138	报警时的工频电源-变频器切换选择	0.1	1	0
	139	自动变频器-工频电源切换选择	0~60.00 Hz,9 999	0.01 Hz	9 999
齿隙	140	齿隙加速停止频率	0~400 Hz	0.01 Hz	1.00 Hz
	141	齿隙加速停止时间	0~360 s	0.1 s	0.5 s
	142	齿隙减速停止频率	0~400 Hz	0.01 Hz	1.00 Hz
	143	齿隙减速停止时间	0~360 s	0.1 s	0.5 s
显示	144	速度设定转换	0,2,4,6,8,10,102,104, 106,108,110	1	4

续表

功能	参数号	名　　称	设定范围	最小设定单位	出厂设定
附加功能	145	选择(FR－PU04)用的参数			
	148	在0 V输入时的失速防止水平	0~200%	0.1%	150%
	149	在10 V输入时的失速防止水平	0~200%	0.1%	200%
电流检测	150	输出电流检测水平	0~200%	0.1%	150%
	151	输出电流检测时间	0~10 s	0.1 s	0
	152	零电流检测水平	0~200.0%	0.1%	5.0%
	153	零电流检测时间	0~1 s	0.01 s	0.5 s
子功能	154	选择失速防止动作时电压下降	0.1	1	1
	155	RT信号执行条件选择	0.10	1	0
	156	失速防止动作选择	0~31,100,101	1	0
	157	OL信号输出延时	0~25 s,9 999	0.1 s	0
	158	AM端子功能选择	1~3,5~14,17,18,21	1	1
附加功能	160	用户参数组读出选择	0,1,10,11	1	0
瞬时停电再起动	162	瞬停再起动动作选择	0,1	1	0
	163	再起动第1缓冲时间	0~20 s	0.1 s	0 s
	164	再起动第1缓冲电压	0~100%	0.1%	0%
	165	再起动失速防止动作水平	0~200%	0.1%	150%
子功能	168	厂家设定用参数,请不要设定			
	169				
初始化监视器	170	电能表清零	0	—	0
	171	实际运行时间清零	0	—	0
用户功能	173	用户第1组参数注册	0~999	1	0
	174	用户第1组参数删除	0~999,9 999	1	0
	175	用户第2组参数注册	0~999	1	0
	176	用户第2组参数删除	0~999,9 999	1	0
端子安排功能	180	RL端子功能选择	0~99,9 999	1	0
	181	RM端子功能选择	0~99,9 999	1	1
	182	RH端子功能选择	0~99,9 999	1	2
	183	RT端子功能选择	0~99,9 999	1	3
	184	AU端子功能选择	0~99,9 999	1	4
	185	JOG端子功能选择	0~99,9 999	1	5
	186	CS端子功能选择	0~99,9 999	1	6
	190	RUN端子功能选择	0~199,9 999	1	0
	191	SU端子功能选择	0~199,9 999	1	1
	192	IPF端子功能选择	0~199,9 999	1	2

续表

功能	参数号	名　　称	设定范围	最小设定单位	出厂设定
端子安排功能	193	OL 端子功能选择	0~199,9 999	1	3
	194	FU 端子功能选择	0~199,9 999	1	4
	195	A,B,C 端子功能选择	0~199,9 999	1	99
附加功能	199	用户初始值设定	0~999,9 999	1	0
程序运行	200	程序运行时间单位	0,2:分,秒 1,3:时,分	1	0
	201~210	程序设定 1~10	0~2:旋转方向 0~400,9 999:频率 0~99.59:时间	1 0.1 Hz 分或秒	0 9 999 0
	211~220	程序设定 11~20	0—2:旋转方向 0~400,9 999:频率 0~99.59:时间	1 0.1 Hz 分或秒	0 9 999 0
	221~230	程序设定 21~30	0—2:旋转方向 0~400,9 999:频率 0~99.59:时间	1 0.1 Hz 分或秒	0 9 999 0
	231	时间设定	0~99,59	—	0
多段速度运行	232	多段速度设定(速度 8)	0~400 Hz,9 999	0.01 Hz	9 999
	233	多段速度设定(速度 9)	0~400 Hz,9 999	0.01 Hz	9 999
	234	多段速度设定(速度 10)	0~400 Hz,9 999	0.01 Hz	9 999
	235	多段速度设定(速度 11)	0~400 Hz,9 999	0.01 Hz	9 999
	236	多段速度设定(速度 12)	0~400 Hz,9 999	0.01 Hz	9 999
	237	多段速度设定(速度 13)	0~400 Hz,9 999	0.01 Hz	9 999
	238	多段速度设定(速度 14)	0~400 Hz,9 999	0.01 Hz	9 999
	239	多段速度设定(速度 15)	0~400 Hz,9 999	0.01 Hz	9 999
子功能	240	柔性-PWM 设定	0,1	1	1
	244	冷却风扇动作选择	0,1	1	0
停止选择	250	停止方式选择	0~100 s,9 999	0.1 s	9 999
附加功能	251	输出欠相保护选择	0,1	1	1
	252	速度变化偏置	0~-200%	0.1%	50%
	253	速度变化增益	0~-200%	0.1%	150%
断电、停机方式选择	261	断电停机方式选择	0,1	1	0
	262	起始减速频率降	0~20 Hz	0.01 Hz	3 Hz
	263	起始减速频率	0~120 Hz,9 999	0.01 Hz	50 Hz
	264	断电减速时间 1	0~3 600 s/0~ 360 s	0.1 s/0.01 s	5s
	265	断电减速时间 2	0~3 600 s/0~360 s,9 999	0.1 s/0.01 s	9 999
	266	断电减速时间转换频率	0~400 Hz	0.01 Hz	50 Hz

续表

<table>
<tr><th>功能</th><th>参数号</th><th>名　　称</th><th colspan="2">设定范围</th><th>最小设定单位</th><th colspan="2">出厂设定</th></tr>
<tr><td>功能选择</td><td>270</td><td>挡块定位/负荷转矩高速频率选择</td><td colspan="2">0,1,2,3</td><td>1</td><td colspan="2">0</td></tr>
<tr><td rowspan="4">高速频率控制</td><td>271</td><td>高速设定最大电流</td><td colspan="2">0~200%</td><td>0.1%</td><td colspan="2">50%</td></tr>
<tr><td>272</td><td>中速设定最小电流</td><td colspan="2">0~200%</td><td>0.1%</td><td colspan="2">100%</td></tr>
<tr><td>273</td><td>电流平均范围</td><td colspan="2">0~00 Hz,9 999</td><td>0.01 Hz</td><td colspan="2">9 999</td></tr>
<tr><td>274</td><td>电流平均滤波常数</td><td colspan="2">1~4 000</td><td>1</td><td colspan="2">16</td></tr>
<tr><td rowspan="2">挡块定位</td><td>275</td><td>挡块定位励磁电流低速倍速</td><td colspan="2">0~1 000%,9 999</td><td>1%</td><td colspan="2">9 999</td></tr>
<tr><td>276</td><td>挡块定位 PWM 载波频率</td><td colspan="2">0~15,9 999</td><td>1</td><td colspan="2">9 999</td></tr>
<tr><td rowspan="10">顺序制动功能</td><td>278</td><td>制动开启频率</td><td colspan="2">0~30 Hz</td><td>0.01 Hz</td><td colspan="2">3 Hz</td></tr>
<tr><td>279</td><td>制动开启电流</td><td colspan="2">0~200%</td><td>0.1%</td><td colspan="2">130%</td></tr>
<tr><td>280</td><td>制动开启电流检测时间</td><td colspan="2">0~2 s</td><td>0.1 s</td><td colspan="2">0.3s</td></tr>
<tr><td>281</td><td>制动操作开始时间</td><td colspan="2">0~5 s</td><td>0.1 s</td><td colspan="2">0.3s</td></tr>
<tr><td>282</td><td>制动操作频率</td><td colspan="2">0~30 Hz</td><td>0.01 Hz</td><td colspan="2">6 Hz</td></tr>
<tr><td>283</td><td>制动操作停止时间</td><td colspan="2">0~5 s</td><td>0.1 s</td><td colspan="2">0. 3s</td></tr>
<tr><td>284</td><td>减速检测功能选择</td><td colspan="2">0,1</td><td>1</td><td colspan="2">0</td></tr>
<tr><td>285</td><td>超速检测频率</td><td colspan="2">0~30 Hz,9 999</td><td>0.01 Hz</td><td colspan="2">9 999</td></tr>
<tr><td>286</td><td>增益偏差</td><td colspan="2">0~100%</td><td>0.1%</td><td colspan="2">0%</td></tr>
<tr><td>287</td><td>滤波器偏差时定值</td><td colspan="2">0.00~1.00 s</td><td>0.01 s</td><td colspan="2">0.3 s</td></tr>
<tr><td rowspan="6">校准功能</td><td>900</td><td>FM 端子校正</td><td colspan="2">—</td><td>—</td><td colspan="2">—</td></tr>
<tr><td>901</td><td>AM 端子校正</td><td colspan="2">—</td><td>—</td><td colspan="2">—</td></tr>
<tr><td>902</td><td>频率设定电压偏置</td><td>0~10 V</td><td>0~60 Hz</td><td>0.01 Hz</td><td>0 V</td><td>0 Hz</td></tr>
<tr><td>903</td><td>频率设定电压增益</td><td>0~10 V</td><td>1~400 Hz</td><td>0.01 Hz</td><td>5 V</td><td>50 Hz</td></tr>
<tr><td>904</td><td>频率设定电流偏置</td><td>0~20 mA</td><td>0~60 Hz</td><td>0.01 Hz</td><td>4 mA</td><td>0 Hz</td></tr>
<tr><td>905</td><td>频率设定电流增益</td><td>0~20 mA</td><td>1~400 Hz</td><td>0.01 Hz</td><td>20 mA</td><td>50 Hz</td></tr>
<tr><td rowspan="2">附加功能</td><td>990</td><td>蜂鸣器控制</td><td colspan="2">0.1</td><td>1</td><td colspan="2">1</td></tr>
<tr><td>991</td><td colspan="6">选件(FR－PU04)用的参数</td></tr>
</table>

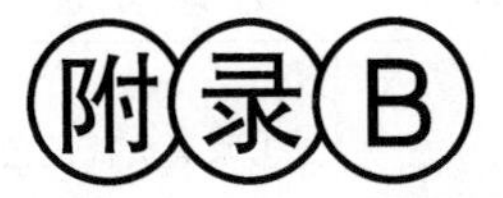

三菱FR-E540变频器故障代码及其处理

如果变频器发生异常,保护功能动作报警停止后,显示下列错误异常:

①异常输出信号的保持。如果保护功能动作,变频器的电源侧设置的电磁接触器 MC 动作,变频器的控制电源将消失,异常输出不会保持。

②异常显示。如果保护功能动作,操作面板显示会自动切换。

③复位方法。如果保护功能动作,变频器将保持输出停止状态,复位后才能再起动。可将电源关闭后再打开或维持 RES 信号在 ON 状态 0.1 s 以上来复位变频器。

保护功能动作后,应先排除故障,再复位变频器。

(1)严重故障

出现严重故障时,保护功能动作,切断变频器输出,输出异常信号。严重故障代码及其处理方法如表 B-1 所示。

表 B-1　严重故障代码及其处理方法

故障代码	面板显示	故 障 内 容	检 查 要 点	处 理 方 法
E.OC1	E.OC 1	加速中过电流断路(OC During Acc)。 加速运行中,当变频器输出电流达到或超过大约额定电流的 200%时,保护回路动作,停止变频器输出	①是否急加速运转; ②输出是否短路,接地是否良好	延长加速时间
E.OC2	E.OC 2	定速中过电流断路(Steady Spd OC)。 定速运行中,变频器输出电流达到额定电流约 200%时,保护回路动作,停止变频器输出	①负荷是否有急速变化; ②输出是否短路,接地是否良好	取消负荷的急速变化
E.OC3	E.OC 3	减速中过电流断路(OC During Dec)。 在减速运行中(加速或低速运行之外),当变频器输出电流达到或超过大约额定电流的 200%时,保护回路动作,停止变频器输出	①是否急减速运转; ②输出是否短路,接地是否良好; ③电动机的机械制动是否过早	①延长减速时间; ②检查制动动作
E.OV1	E.Ou 1	加速中再生过电压断路(OV During Acc)。 因再生能量使变频器内部的主回路直流电压超过规定值,保护回路动作,停止变频器输出。电源系统发生的浪涌电压也可能引起动作	加速度是否太缓慢	缩短加速时间

续表

故障代码	面板显示	故障内容	检查要点	处理方法
E.OV2	E.Ou2	定速中再生过电压断路(Steady Spd OV)。 当再生能量使变频器内部的主回路直流电压超过规定值时,保护回路动作,停止变频器输出。电源系统的浪涌电压也可能引起动作	负荷是否有急速变化	①取消负荷的急速变化; ②根据需要使用制动单元或功率因数变换器 FR-HC
E.OV3	E.Ou3	减速停止过程中,再生过电压断路(OV During Dec)。 因再生能量使变频器内部的主回路直流电压超过规定值,保护回路动作,变频器停止输出。电源系统的浪涌电压也可能引起动作	是否急减速运转	①延长减速时间使减速时间符合负荷的转动惯量; ②减少制动频度; ③根据需要使用制动单元或功率因数变换器 FR-HC
E.THM	E.THM	电动机过负荷断路(电子过电流保护)(Motor Overload)。 当变频器的内置电子过电流保护装置检测到由于过负荷或定速运行时冷却能力降低,电动机过热使电子过电流保护动作,停止变频器输出。多极电动机或 2 台以上电动机运行时,应在变频器输出侧安装热继电器	电动机是否处于过负荷	①减轻负荷; ②定转矩电动机时,将 Pr. 71 设定为定转矩电动机
E.THT	E.THT	变频器过负荷断路(电子过电流保护)(INV. Overload)。 如果电流超过额定电流的 150%而未发生电流断路(200%以下),为保护输出晶体管,电子过电流保护装置动作,停止变频器输出	电动机是否处于过负荷	①减轻负荷; ②如果变频器复位,电子过电流保护的内部热积算数据将被初始化
E.FIN	E.FIn	散热片过热(H/Sink O/Temp)。 如果散热片过热,温度传感器动作,使变频器停止输出	①周围温度是否过高; ②冷却散热片是否堵塞	周围温度调节到规定范围内
E.BE	E. bE	制动晶体管报警(Br.Cct. Fault) 从电动机返回的再生能量太大会使制动晶体管发生异常,在此情况下,变频器电源必须立刻关断	制动的使用频度是否合适	更换变频器与经销商联系(连接制动电阻后,该功能才有效)

续表

故障代码	面 板 显 示	故 障 内 容	检 查 要 点	处 理 方 法
E.GF	E. GF	输出侧接地过电流保护(Ground Fault)。 变频器起动时,变频器的输出侧负荷发生接地故障,对地有漏电流时,变频器的输出停止	电动机连接线是否接地	接地处理
E.OHT	E.OHT	外部热继电器动作(OH Fault)。 为防止电动机过热,安装在外部热继电器或电动机内部安装的温度继电器动作时(接点打开),使变频器输出停止,即使继电器接点自动复位,变频器不复位也不能重新起动	①电动机是否过热; ②在 Pr.180 ~ Pr.183(输入端子功能选择)中任一个,设定值 7 (OH 信号)是否正确设定	①降低负荷和运行频度; ②仅当 Pr.180 ~ Pr.183(输入端子功能选择)中设定为 OH 时,外部热继电器功能才有效
E.OLT	E.OLT	失速防止(Stll Prev STP)。 当失速防止动作,运行频率降到 0 Hz时,失速防止动作中显示 OL	电动机是否过负荷使用	减轻负荷
E.OPT	E.OPT	选件异常(Option Fault)。 当内置选件的异常通信异常时,变频器停止输出。在网络模式时,若本站为解除状态,则变频器停止输出	通信电缆是否有断线	与经销商联系
E.PE	E. PE	参数记忆异常(Corrupt Memory)。 存储的参数里发生异常(如 E^2PROM 故障)	参数写入次数是否太多	与经销商联系
E.PUE	E.PUE	参数单元脱落(PU Leave Out)。 当 Pr.75 设定在"2"、"3"、"16"或"17"状态下拆开 PU ,使变频器和 PU 之间的通信中断,变频器的输出停止。用 RS-485 通过 PU 接口通信,当 Pr.121 ="9 999"时,如果连续发生通信错误次数超过允许次数,变频器输出停止	操作面板 FR-PA02-02 或 FR-PU04 的安装是否太松, 确认 Pr.75 的设定值	牢固安装操作面板
E.RET	E.rET	再试次数超出(Retry No. Over)。 如果在再试设定次数内,运行没有恢复,此功能将停止变频器的输出	调查异常发生的原因	处理该异常之前的一个异常

续表

故障代码	面板显示	故障内容	检查要点	处理方法
E.CPU	E.CPU	CPU 错误(CPU Fault)。 如果内置 CPU 算术运算在预定时间内没有结束,变频器自检将发出报警并且停止输出	内置 CPU 运算错误,变频器停止输出	请与经销店联系
E. 3	E. 3	选件异常(Fault 3)。 使用变频器专用的通信选件时,设定错误或接触接口不良时,变频器停止输出	①选件的功能设定操作是否有误; ②通信选件连接插头插座是否连接好	将通信选件连接插头插座连接上
E. 6或 E. 7	E. 6、 E. 7	CPU 错误	内置 CPU 的通信异常发生时变频器停止输出	请与经销店联系
E.LF	E.LF	输出欠相保护。 当变频器输出侧(负荷侧)三相(U、V、W)中有一相断开时,停止变频器的输出	①确认接线电动机是否正常; ②是否使用比变频器容量小得多的电动机	①正确接线; ②确认 Pr.251 输出欠相保护选择的设定值

(2)轻微故障

轻微故障代码及其处理方法如表 B-2 所示。保护功能动作时,不切断输出。用参数设定可以输出轻微故障信号,请设定 Pr.190~Pr.192 输出端子功能选择为 98。

表 B-2 轻微故障代码及其处理方法

故障代码	面板显示	故障内容	检查要点	处理方法
E.FN	Fn	风扇故障。 变频器内含有一冷却风扇,当冷却风扇由于故障或运行状态与 Pr.244(冷却风扇动作选择)的设定不同时,操作面板上显示 FN	冷却风扇是否异常	更换风扇

(3)报警故障

报警故障代码及其处理方法如表 B-3 所示。

表 B-3 报警故障代码及其处理方法

故障代码	面板显示	报警内容	检查要点	处理方法
OL	OL	失速防止(过电流): ①加速时:电流超过变频器额定输出电流的150%时,停止频率的上升,直到过负荷电流减少为止,以防止变频器出现过电流断路。当电流降到150%以下再增大频率。 ②恒速运行时:电流超过变频器额定输出电流的 150%时,降低频率直到过负荷电流减少为止,以防止变频器出现过电流断路。当电流降到 150%以下再回到设定频率。 ③减速时:电流超过变频器额定输出电流的150%时,停止频率的下降,直到过负荷电流减少为止,以防止变频器出现过电流断路。当电流降到 150%以下时再下降频率	电动机是否过负荷使用	①可以改变加减速的时间; ②用 Pr.22 提高失速防止的动作电平;或者用 Pr.156 的失速防止动作选择,不让失速防止动作

续表

故障代码	面板显示	报警内容	检查要点	处理方法
oL	oL	失速防止过电压。 电动机的再生能量过大，超过制动能力时，要停止频率下降，以防止变频器出现过电压断路。直到再生能量减少，再继续减速	是否是急减速运行	①可以改变减速时间； ②用Pr.8的减速时间延长减速时间
PS	PS	PU停止。 在Pr.75的PU停止选择状态下用PU的STOP RESET键设定停止	是否在外部运行时按下操作面板的STOP RESET键使其停止	正确选择操作模式
Err.	Err.	此报警在下述情况下显示： RES信号处于ON时； 在外部运行模式下试图设定参数； 运行中试图切换运行模式； 在设定范围之外试图设定参数； 运行中信号STF、STR为ON时试图设定参数； 在Pr.77的“参数写入禁止选择”状态下试图设定参数	检查接线或参数设置	请准确地进行运行操作

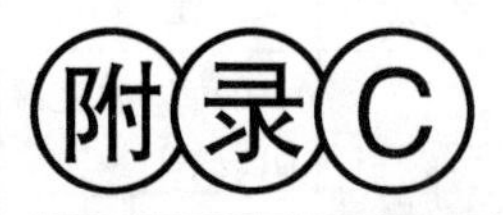

FR-A740 变频器参数表

FR-A740 变频器参数如表 C-1 所示。

表 C-1　FR-A740 变频器参数

功能	参数号	名　称	最小单位	初始值	范　围	说　　明
基本功能	0	转矩提升	0.1%	6%/4%/3%/2%/1%	0~30%	初始值根据变频器容量的不同而定(0.4 kW,0.75 kW,1.5~3.7 kW,5.5 kW,7.5 kW,11~55 kW,75 kW 以上)
	1	上限频率	0.01 Hz	120 Hz/60 Hz	0~120 Hz	根据变频器容量的不同而定(55 kW 以下,75 kW以上)
	2	下限频率	0.01 Hz	0 Hz	0~120 Hz	设定输出频率的下限
	3	基准频率	0.01 Hz	50 Hz	0~400 Hz	设定电动机的额定频率(50 Hz/60 Hz)
	4	多段速设定(高速)	0.01 Hz	50 Hz	0~400 Hz	设定 RH-ON 时的频率
	5	多段速设定(中速)	0.01 Hz	30 Hz	0~400 Hz	设定 RM-ON 时的频率
	6	多段速设定(低速)	0.01 Hz	10 Hz	0~400 Hz	设定 RL-ON 时的频率
	7	加速时间	0.1 s/0.01 s	5 s/15 s	0~3 600 s/0~360 s	初始值根据变频器容量的不同而定(7.5 kW 以下,11 kW 以上)
	8	减速时间	0.1 s/0.01 s	5 s/15 s	0~3 600 s/0~360 s	初始值根据变频器容量的不同而定(7.5 kW 以下,11 kW 以上)
	9	电子过电流保护	0.01 A/0.1A	额定输出电流	0~500 A/0~3 600 A	根据变频器容量的不同而定(55 kW 以下,75 kW以上)
直流制动	10	直流制动动作频率	0.01 Hz	3/0.5 Hz	0~120 Hz	从矢量控制以外的控制方式变为矢量控制时,初始值从 3 Hz 变为 0. 5 Hz
					9 999	输出频率低于 Pr.13 起动频率时动作
	11	直流制动动作时间	0.1 s	0.5 s	0	无直流制动
					0.1~10 s	设定直流制动的动作时间
					8 888	在 X13 信号为 ON 期间动作
	12	直流制动动作电压	0.1%	4%/2%/1%	0.1%~30%	根据变频器容量的不同而定(7.5 kW 以下,11~55 kW,75 kW 以上)
标准运行功能	13	起动频率	0.01 Hz	0.5 Hz	0~60 Hz	可以设定起动时的频率
	14	适用负载选择	1	0	0	用于恒定转矩负载
					1	用于低转矩负载
					2	恒转矩　反转时提升 0%
					3	电梯等提升类负载　正转时提升 0%
					4	RT 信号 ON,恒转矩负载用(同参数号 0);RT 信号 OFF,恒转矩负载用(同参数号 2);反转时提升 0%

续表

功能	参数号	名　称	最小单位	初始值	范　围	说　　明
标准运行功能	14	适用负载选择	1	0	5	RT 信号 ON,恒转矩负荷用(同参数号 0);RT 信号 OFF,恒转矩电梯等提升类负荷(同参数号 3);正转时提升 0%
	15	点动频率	0.01 Hz	5 Hz	0~400 Hz	设定点动时的频率
	16	点动加减速时间	0.1/0.01 s	0.5 s	0~3 600 s/0~360 s	加减速时间设定为加速到 Pr.20 中设定的加减速基准频率的时间
	17	MRS 输入的选择	1	0	0	动断输入
					2	动合输入
					4	外部端子:常闭输入;通信:常开输入
	18	高速上限频率	0.01 Hz	120 Hz/60 Hz	120~400 Hz	在 120 Hz 以上运转时用,根据变频器容量而定(55 kW 以下/75 kW 以上)
	19	基准频率电压	0.1 V	9 999	0~1 000 V	设定基准电压
					8 888	电源电压的 95%
					9 999	与电源电压一样
	20	加减速基准频率	0.01 Hz	50 Hz	1~400 Hz	设定加减速时间的基准频率
	21	加减速时间单位	1	0	0	单位:0.1 s,范围:0~3 600 s
					1	单位:0.01 s,范围:0~360 s
	22	失速防止动作水平	0.10%	150%	0	失速防止动作无效
					0.1%~400%	可设定失速防止动作开始的电流值
	23	倍速时失速防止动作水平补偿系数	0.1%	9 999	0%~200%	可降低额定频率以上的高速运行时的失速动作水平
					9 999	无此补偿功能,仅根据 Pr. 22 设定值动作
多段速设定	24	多段速设定 4	0.01 Hz	9 999	0~400 Hz,9 999	用 RH、RM、RL、REX 的组合来设定 4~15 速的频率,设定为 9 999:不选择
	25	多段速设定 5	0.01 Hz	9 999		
	26	多段速设定 6	0.01 Hz	9 999		
	27	多段速设定 7	0.01 Hz	9 999		
	28	多段速补偿选择	1	0	0	无补偿
					1	有补偿

续表

功能	参数号	名称	最小单位	初始值	范围	说明
避免机械共振	31	频率跳变1A	0.01 Hz	9 999	0~400 Hz,9 999	1A-1B,2A-2B,3A-3B为跳变的频率,9 999为功能无效
	32	频率跳变1B	0.01 Hz	9 999		
	33	频率跳变2A	0.01 Hz	9 999		
	34	频率跳变2B	0.01 Hz	9 999		
	35	频率跳变3A	0.01 Hz	9 999		
	36	频率跳变3B	0.01 Hz	9 999		
标准运行功能	42	频率检测	0.01 Hz	6 Hz	0~400 Hz	设定FU(FB)置为ON时的频率
	44	第2加减速时间	0.1/0.01 s	5 s	0~3 600 s/0~360 s	设定RT信号为ON时的加减速时间
	45	第2减速时间	0.1/0.01 s	9 999	0~3 600 s/0~360 s,9 999	设定RT信号为ON时的减速时间,设定9 999时,加速时间=减速时间
	50	第2频率检测	0.01 Hz	30 Hz	0~400 Hz	设定FU2 (FB2)置为ON时的频率
	71	适用电动机	1	0	0~8	根据电动机适配的特性进行选择
	73	模拟量输入选择	1	1	0~7,10~17	对端子2(0~5 V/0~-10 V/4~20 mA)和端子1(0~+5V,0~+10 V)的选择
	76	报警代码输出选择	1	0	0	报警代码不输出
					1	报警代码输出
					2	仅在异常时输出报警代码
	77	参数写入选择	1	0	0	仅在停止时可写入参数
					1	不可写入参数
					2	可不受运行限制写入参数
	78	反转防止选择	1	0	0	正转和反转均可
					1	不可反转
					2	不可正转
	79	运行模式选择	1	0	0	外部/PU切换模式
					1	PU运行模式固定
					2	外部运行模式固定
					3	外部/PU组合运行模式1
					4	外部/PU组合运行模式2
					6	电源溢出模式
					7	外部运行模式(PU运行互锁)

续表

功能	参数号	名　称	最小单位	初始值	范　围	说　明
电动机额定参数选择	80	电动机容量	0.01 kW/0.1 kW	9 999	0.4~55 kW/0~3 600 kW	根据变频器容量的不同而定(55 kW 以下/75 kW 以上)
					9 999	成为 V/F 控制
	81	电动机极数	1	9 999	8,10, 112	设定值为 112 时,是 12 极
					12,14,16,18,20,122	X18 信号 ON: V/F 控制。设定电动机极数,122 为 12 极
					9 999	成为 V/F 控制
	82	电动机励磁电流	0.01 A/0.1 A	9 999	0~ 500 A/0~ 3 600 A	根据变频器容量的不同而定(55 kW 以下/75 kW 以上)
					9 999	使用三菱电机 SF-JR,SF-HRCA 常数
	83	电动机额定电压	0. 1 V	400 V	0~1 000 V	设定电动机额定电压
	84	电动机额定频率	0.01 Hz	50 Hz	10~120 Hz	设定电动机额定频率
第 3 加减速选择	110	第 3 加减速时间	0.1 s/0.01 s	9 999	0~3 600 s/360 s	设定 X9 信号为 ON 时的加减速时间
					9 999	功能无效
	111	第 3 减速时间	0.1 s/0.01 s	9 999	0~3 600 s/360 s	设定 X9 信号为 ON 时的加减速时间
					9 999	加速时间=减速时间
模拟端子频率设定	125	端子 2 频率设定的增益频率	0.01 Hz	50 Hz	0~ 400 Hz	设定端子 2 输入增益(最大)频率
	126	端子 4 频率设定的增益频率	0.01 Hz	50 Hz	0~400 Hz	设定端子 4 输入增益(最大)频率,[Pr. 858=0(初始值)时有效]
PID 控制	127	PID 控制自动切换频率	0.01 Hz	9 999	0~400 Hz	设定自动 PID 控制切换的频率
					9 999	无 PID 自动切换功能
	128	PID 动作选择	1	10	10	PID 负作用 / 偏差值信号输入(端子 1)
					11	PID 正作用 / 偏差值信号输入(端子 1)
					20	PID 负作用 / 测定值输入(端子 4),目标值输入(端子 2)
					21	PID 正作用 / 测定值输入(端子 4),目标值输入(端子 2)
					50	PID 负作用 / 偏差信号输入(LONWORKS 通信,cc-LINK 通信)
					51	PID 正作用 / 偏差信号输入(LONWORKS 通信,cc-LINK 通信)
					60	PID 负作用 / 测定值目标值信号,输入(LONWORKS 通信,cc-LINK 通信)
					61	PID 正作用 / 测定值目标值信号,输入(LONWORKS 通信,cc-LINK 通信)

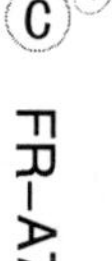

续表

功能	参数号	名 称	最小单位	初始值	范 围	说 明
PID控制	129	PID 比例带	0.1%	100%	0.1%~1 000%,9 999	比例带小时,测定值的微小变化可得到大的输出变化。随比例带的变小,响应会更好,但会引起超调,降低稳定性。9 999:无比例控制
	130	PID 积分时间	0.1 s	1s	0.1~3 600 s,9 999	仅用积分动作完成比例动作相同操作量所需要的时间。随着积分时间减少,完成速度加快,但容易超调。9 999:无积分控制
	131	PID 上限	0.1%	9 999	0%~100%,9 999	设定上限,超过反馈量设定值,输出 FUP 信号,测定值(端子 4)的最大输入(20 mA,5 V,10 V)相当于 100%;9 999:无此功能
	132	PID 下限	0.1%	9 999	0%~100%,9 999	设定下限,测定值降到设定值,输出 FDN 信号,测定值(端子 4)的最大输入(20 mA,5 V,10 V)相当于 100% ;9 999:无此功能
	133	PID 动作目标值	0.01%	9 999	0~100%	设定 PID 控制时的目标值
					9 999	端子 2 输入电压成为目标值
	134	PID 微分时间	0.01 s	9 999	0.01~10.00 s 9 999	只用微分动作完成比例动作相同操作量所需要的时间,随微分时间增大,对偏差的反应越大;9 999:无微分
变频与工频的切换	135	工频电源切换输出端子选择	1	0	0	无工频切换
					1	有工频切换
	136	MC 切换互锁时间	0.1 s	1 s	0~100 s	设定 MC_2 与 MC_3 的动作互锁时间
	137	起动等待时间	0.1 s	0.5 s	0~100 s	在设定时间时,所设定的时间应比从 MC_3 中输入 ON 信号到实际吸引之间的时间稍长一些(0.3~0.5 s)
	138	异常时工频切换选择	1	0	0	变频器异常时停止输出
					1	变频器异常时自动切换工频运行(过电流故障时不能切换)
	139	变频/工频自动切换频率	0.01 Hz	9 999	0~60 Hz	变频运转切换到工频运转的频率
					9 999	不能自动切换

续表

<table>
<tr><th>功能</th><th>参数号</th><th>名　称</th><th>最小单位</th><th>初始值</th><th>范　围</th><th colspan="2">说　明</th></tr>
<tr><td rowspan="4">频率设定选择</td><td rowspan="4">161</td><td rowspan="4">频率设定/键盘锁定操作选择</td><td rowspan="4">1</td><td rowspan="4">0</td><td>0</td><td>M旋钮频率设定模式</td><td>键盘锁定</td></tr>
<tr><td>1</td><td>M旋钮电位器设定模式</td><td>模式无效</td></tr>
<tr><td>10</td><td>M旋钮频率设定模式</td><td>键盘锁定</td></tr>
<tr><td>11</td><td>M旋钮电位器设定模式</td><td>模式有效</td></tr>
<tr><td rowspan="12">输入端子功能</td><td>178</td><td>STF 端子功能选择</td><td>1</td><td>60</td><td>0~20,22~28,37,42~44,60,62,64~71,9 999</td><td colspan="2" rowspan="12">0:低速运行;1:中速运行;2:高速运行;3:第2功能选择;4:端子4的输入选择;5:点动运行选择;6:顺停再起动选择,非强制驱动功能(高速起步);7:外部热继电器输入;8:15速选择;9:第3功能选择;10:变频器运行许可信号;11:FR-HC.MT-HC连接(瞬时掉电检测);12:PU运行外部互锁;13:外部直流制动开始;14:PID控制有效端子;15:制动器开放完成信号;16:PU运行,外部运行互换;17:适用负荷选择正反转提升;18:V/F切换;19:负荷转矩高速频率;20:S加减速曲线C方式的切换端子;22:定向指令;23:预备励磁;24:输出停止;25:起动自我保持选择;26:控制模式切换;27:转矩限制选择;28:起动时调整;37:三角波功能选择;42:转矩偏置选择1*;43:转矩偏置选择2*;44:P/PI控制切换;60:正转指令(只能分配给STF端子);61:反转指令(只能分配给STR端子);62:变频器复位,63:Prc热敏电阻输入(只能分配给AU端子);64:PID正负作用切换;65:PU-NET运行切换;66:外部-NET运行切换;67:指令权切换;68:简易位置脉冲列符号*;69:简易位置残留脉冲清除*;70:直流供电运行许可;71:直流供电解除;9 999:无功能。
*仅在使用FR-A7AP时,功能有效</td></tr>
<tr><td>179</td><td>STR 端子功能选择</td><td>1</td><td>61</td><td>0~20,22~28,37,42~62,64~71,9 999</td></tr>
<tr><td>180</td><td>RL端子功能选择</td><td>1</td><td>0</td><td rowspan="4">0~20,22~28,37,42~44,61,62,64~71,9 999</td></tr>
<tr><td>181</td><td>RM端子功能选择</td><td>1</td><td>1</td></tr>
<tr><td>182</td><td>RH端子功能选择</td><td>1</td><td>2</td></tr>
<tr><td>183</td><td>RT端子功能选择</td><td>1</td><td>3</td></tr>
<tr><td>184</td><td>AU端子功能选择</td><td>1</td><td>4</td><td>0~20,22~28,37,42~44,60,62~71,9 999</td></tr>
<tr><td>185</td><td>点动端子功能选择</td><td>1</td><td>5</td><td rowspan="3">0~20,22~28,37,42~44,62,64~71,9 999</td></tr>
<tr><td>186</td><td>CS端子功能选择</td><td>1</td><td>6</td></tr>
<tr><td>187</td><td>MRS 端子功能选择</td><td>1</td><td>24</td></tr>
<tr><td>188</td><td>STOP 端子功能选择</td><td>1</td><td>25</td><td rowspan="2"></td></tr>
<tr><td>189</td><td>RES 端子功能选择</td><td>1</td><td>62</td></tr>
</table>

续表

功能	参数号	名　称	最小单位	初始值	范　围	说　明
输出端子功能分配	190	RUN 端子功能选择	1	0	0～8，10～20，25～28，30～36，39，41～47，64，70，84，85，90～99，100～108，110～116，120，125～128，130～136，139，141～147，164，170，184，185，190，191，194～199，9 999	0，100：变频器运行；1，101：频率到达；2，102：瞬时掉电/低电压。3，103：过负荷报警；4，104：输出频率检测；5，105：第 2 输出频率检测；6，106：第 3 输出频率检测；7，107：再生制动预报警；8，108：电子过电流保护预报警；10，110：PU 运行模式；11，111：变频器运行准备就绪；12，112：输出电流检测；13，113：零电流检测；14，114：PID 下限；15，115：PID 上限；16，116：PID 正反动作输出；17：工频切换 MC_1；18：工频切换 MC_2；19：工频切换 MC_3；20，120：制动器开放要求；25，125：风扇故障输出；26，126：散热片过热预报警；27，127：定向结束 *；28，128：定向错误 *；30，130：正转中输出 *；31，131：反转中输出 *；32，132：再生状态输出 *；33，133：运行准备完成 2；34，134：低速输出；35，135：转矩检测；36，136：定位结束 *；39，139：起动时调谐完成信号；41，141：速度检测；42，142：第二速度检测；43，143：第三速度检测；44，144：变频器运行中 2；45，145：变频器运行中和起动指令 ON；46，146：停电减速中（保持到解除）；47，147：PID 控制中；64，164：再试中；70，170：PID 输入中断中；84，184：位置控制准备完成 *；85，185：直流供电中；90，190：寿命报警；91，191：异常输出 3（电源切断信号）；92，192：省电平均值更新时间；93，193：电流平均值监视器信号；94，194：异常输出 2；95，195：维修时钟信号；96，196：远程输出；97，197：轻故障输出 2；98，198：轻故障输出；99，199：异常输出。9 999：无功能；0，99：正逻辑；100～199：负逻辑。 *仅在使用 FR-A7AP 时，功能有效
	191	SU 端子功能选择	1	1		
	192	IPF 端子功能选择	1	2		
	193	OL 端子功能选择	1	3		
	194	FU 端子功能选择	1	4		
	195	ABC1 端子功能选择	1	99	0～8，10～20，25～28，30～36，39，41～47，64，70，84，85，90，91，94～99，100～108，110～116，120，125～128，130～136，139，141～147，164，170，184，185，190，191，194～199，9 999	
	196	ABC2 端子功能选择	1	9 999		

续表

功能	参数号	名 称	最小单位	初始值	范 围	说 明
多段速设定	232	多段速设定 8	0.01 Hz	9 999	0~400 Hz，9 999	用 RH、RM、RL、REX 的组合来设定 4~15 段速的频率，设定为 9 999：不选择
	233	多段速设定 9	0.01 Hz	9 999		
	234	多段速设定 10	0.01 Hz	9 999		
	235	多段速设定 11	0.01 Hz	9 999		
	236	多段速设定 12	0.01 Hz	9 999		
	237	多段速设定 13	0.01 Hz	9 999		
	238	多段速设定 14	0.01 Hz	9 999		
	239	多段速设定 15	0.01 Hz	9 999		
模拟输入端子功能分配	858	端子 4 功能分配	1	0	0	频率、速度指令
					1	磁通指令
					4	失速防止、转矩限制
					9 999	无功能
	868	端子 1 功能分配	1	0	0	频率设定辅助
					1	磁通指令
					2	再生转矩限制
					3	转矩指令
					4	失速防止、转矩限制、转矩指令
					5	正转、反转速度限制
					6	转矩偏置
					9 999	无功能
模拟输入电压、电流频率调整校正参数	C0900	CA 端子校正				校正接在端子 CA 上的仪表的标度
	C1901	AM 端子校正				校正接在端子 AM 上的模拟仪表的标度
	C2902	端子 2 频率设定偏置频率	0.01 Hz	0 Hz	0~400 Hz	设定端子 2 输入的频率偏置
	C3902	端子 2 频率设定偏置	0.1%	0%	0%~300%	设定端子 2 输入的电压（电流）偏置的百分数换算值

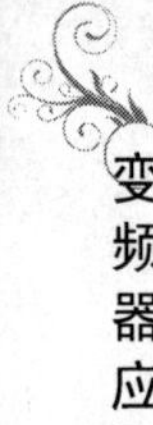

续表

功能	参数号	名　称	最小单位	初始值	范　围	说　明
模拟输入电压、电流频率调整校正参数	C4903	端子2频率设定增益	0.1%	100%	0%~300%	设定端子2输入的电压(电流)增益的百分数换算值
	C5904	端子4频率设定偏置频率	0.01 Hz	0 Hz	0%~400 Hz	设定端子4输入的频率偏置Pr.858 =0(初始值)时有效
	C6904	端子4频率设定偏置	0.1%	20%	0%~300%	设定端子4输入的电流(电压)偏置的百分数换算值。[Pr.858=0(初始值)时有效]
	C7905	端子4频率设定增益	0.1%	100%	0%~300%	设定端子4输入的电流(电压)增益的百分数换算值。[Pr.858=0(初始值)时有效]

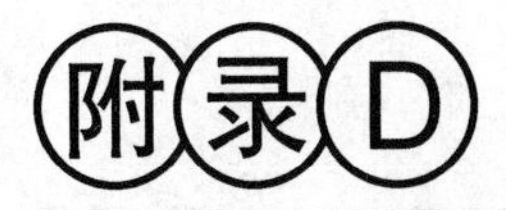

台达 VFD-A3.7 kW 变频器主电路 / 驱动电路

台达 VFD-A3.7 kW 变频器主电路/驱动电路如图 D-1 所示。

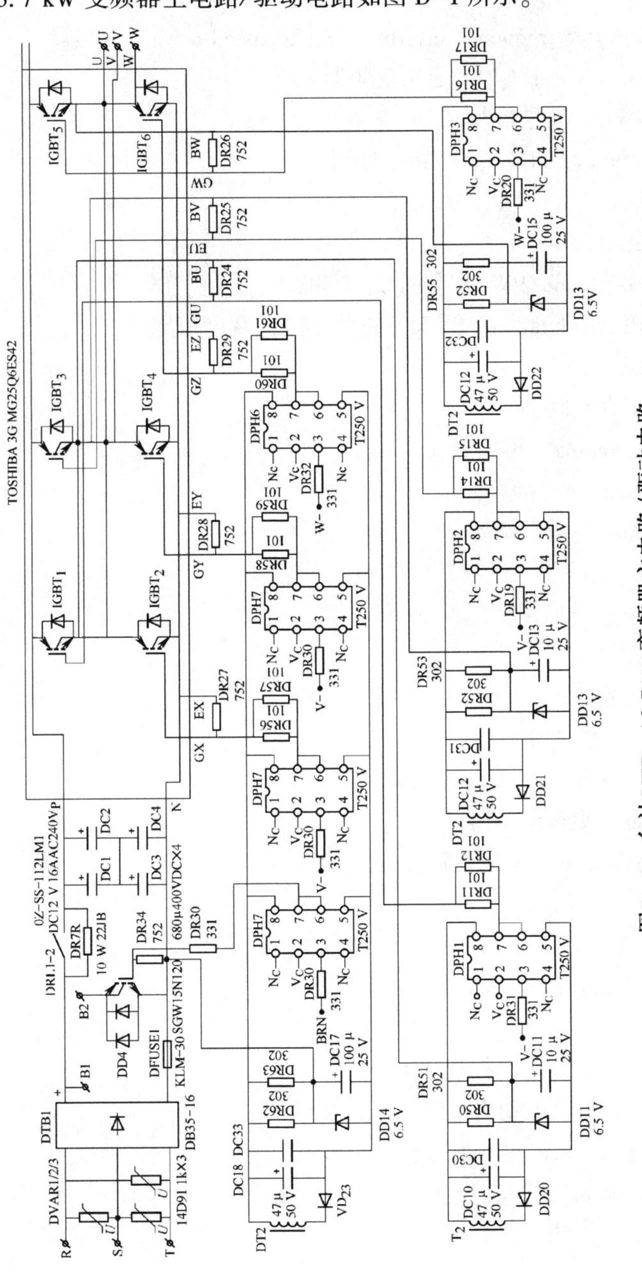

图D-1 台达VFD-A3.7 kW变频器主电路/驱动电路

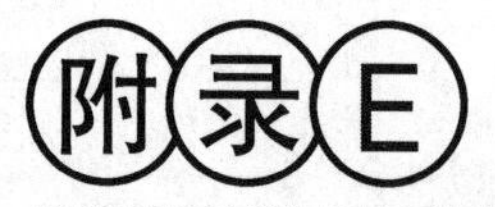

常用专业英语词汇

1. motor driver inverter/frequency inverter/variable speed drive　变频器
2. general purpose inverter/GPI　通用变频器
3. vector control/VC　矢量控制
4. direct torque control/DTC　直接转矩控制
5. rectifier　整流器
6. inverter　逆变器
7. pulse width modulation/PWM　脉冲宽度调制
8. sine pulse width modulation/SPWM　正弦波脉冲宽度调制
9. harmonic　谐波
10. DC braking　直流制动
11. regeneration braking　再生制动
12. external braking　外部制动
13. dynamic braking　动态制动
14. braking unit　制动单元
15. braking resistor　制动电阻
16. filter　滤波器
17. reactor　电抗器
18. potentiometer　电位器
19. encoder,PLG(pulse generator)　编码器
20. rotary encoder　旋转编码器
21. isolation transformer　隔离变压器
22. stator　定子
23. rotor　转子
24. standard frequency/main frequency　工频
25. nameplate　铭牌
26. motor rated current　电动机额定电流
27. motor rated voltage　电动机额定电压
28. motor stator resistance　电动机定子阻抗
29. asynchronous motor　异步电动机
30. U/f curve　U/f 曲线

31. acc. time　加速时间
32. dec. time　减速时间
33. S-shape curve　S 形曲线
34. MS speed　多段速度
35. torque　转矩
36. moment of inertia　转动惯量
37. torque boost　转矩提升
38. torque boost at low revolution　低速运转时的转矩提升
39. braking resistor power　制动电阻功率
40. braking resistor thermic constant　制动电阻热常数
41. DC bus voltage　直流母线电压
42. default value　默认值
43. Jog　点动
44. forward/FWD　正(方向)
45. revese/REV　负(方向)
46. mechanical interlock　机械互锁
47. parameter initialization　参数初始化
48. rotation direction　旋转方向
49. acceleration　加速
50. deceleration　减速
51. reference setting　给定设置
52. maximum frequency　最高频率
53. modulation frequency　调制频率
54. frequency analog reference　频率模拟给定
55. gain for frequency analog reference　频率模拟给定增益
56. slip compensation　滑差补偿
57. jump frequency　跳频
58. slip frequency　滑差频率
59. carrier frequency　载波频率
60. output frequency upper limit　输出频率上限
61. output frequency lower limit　输出频率下限
62. frequency reference selection　频率给定选择
63. PI regulator　PI 调节器
64. PID regulator reference　PID 调节器给定
65. Internal PID control　内置 PID 控制
66. close loop feedback　闭环反馈
67. integration time　积分时间
68. differential time　微分时间
69. sampling time　采样时间

70. proportional gain　比例增益
71. earth fault　接地故障
72. electronic thermal overload protection　电子热过载保护
73. stall over current　过电流失速
74. stall over voltage　过电压失速
75. low DC bus voltage　直流母线欠电压
76. motor overload　电动机过载
77. delay time　延迟时间
78. undervoltage threshold　欠电压阈值
79. stall　失速
80. external alarm input　外部报警输入
81. tripping mode of momentary overload control　瞬时过载控制跳闸模式
82. enabling of momentary overload control　瞬时过载控制允许
83. motor phase loss　电动机缺相
84. IPM　智能功率模块
85. servo control　伺服控制
86. air compressor　空气压缩机
87. variable speed air conditioner　变频空调
88. conveying belt　传送带
89. coiler　卷取机
90. pump　水泵
91. constant pressure water supply　恒压供水
92. tension control　张力控制
93. smooth switchover　平滑切换
94. position control　位置控制
95. pressure control　压力控制
96. control terminal　控制端子
97. communication port　通信端口
98. analog input terminal　模拟输入端子
99. analog output terminal　模拟输出端子
100. remote terminal　远程终端
101. pre-reserved terminal　预留端子
102. relay output　继电器输出
103. open collector output　集电极开路输出
104. indicating panel　显示面板
105. operation panel　操作面板
106. data format　数据格式
107. communication protocol　通信协议
108. baud rate　波特率

109. odd parity　奇检验
110. even parity　偶检验
111. no parity　无检验
112. start bit　起始位
113. stop bit　停止位
114. local address　本地地址
115. variable frequency motor　变频电动机
116. number of pole pairs　极对数
117. setting range　整定/设定范围
118. stepless speed adjustment　无级调速

参 考 文 献

[1] 郑凤翼. 三菱 PLC 与变频器控制电路识图自学通[M]. 北京:电子工业出版社,2013.
[2] 王建，徐洪亮. 三菱变频器入门与典型应用[M]. 北京:中国电力出版社,2009.
[3] 蔡杏山. 图解变频器使用与电路检修[M]. 北京:机械工业出版社,2013.
[4] 陶权，吴尚庆.变频器应用技术[M]. 广州:华南理工大学出版社,2007.
[5] 咸庆信. 变频器电路维修与故障实例分析[M]. 北京:机械工业出版社,2013.
[6] 张燕宾. 小孙学变频[M]. 北京:中国电力出版社,2011.
[7] 张燕宾.变频器应用教程[M]. 北京:机械工业出版社,2011.